高等职业教育药学类与食品药品类专业第四轮教材

U0196430

无机化学 第4版

（供药学类、药品与医疗器械类、食品类专业用）

主　编　蒋　文　石宝珏

副主编　倪　汀　肖立军　姜　斌　蒋立英

编　者　（以姓氏笔画为序）

王　宽（哈尔滨医科大学大庆校区）　　　　王　静（赣南卫生健康职业学院）

牛亚慧（重庆医药高等专科学校）　　　　石宝珏（济南护理职业学院）

肖立军（济南护理职业学院）　　　　　　张稳稳（重庆医药高等专科学校）

姜　斌（山东医学高等专科学校）　　　　勇飞飞（山东药品食品职业学院）

倪　汀（江苏省常州技师学院）　　　　　蒋　文（重庆医药高等专科学校）

蒋立英（江苏医药职业学院）　　　　　　蓝林欣（山东中医药高等专科学校）

中国健康传媒集团

中国医药科技出版社

内容提要

　　本教材是"高等职业教育药学类与食品药品类专业第四轮教材"之一，根据本课程教学大纲的基本要求和课程特点编写而成。内容涵盖溶液、胶体分散系、化学反应速率和化学平衡、电解质溶液、氧化还原反应与电极电势、原子结构、分子结构、配位化合物、生命元素和有毒元素等内容。本教材为书网融合教材，即纸质教材有机融合电子教材、教学配套资源（PPT、微课、视频等）、题库、数字化教学服务（在线教学、在线作业、在线考试）。

　　本教材主要供高等职业院校药学类、药品与医疗器械类、食品类专业教学使用，也可供其他相关专业师生、化学技术人员和自学者参考使用。

图书在版编目（CIP）数据

无机化学/蒋文，石宝珏主编. —4 版. —北京：中国医药科技出版社，2021.7
高等职业教育药学类与食品药品类专业第四轮教材
ISBN 978 - 7 - 5214 - 2564 - 2

Ⅰ. ①无…　Ⅱ. ①蒋…②石…　Ⅲ. ①无机化学—高等职业教育—教材　Ⅳ. ①O61

中国版本图书馆 CIP 数据核字（2021）第 129614 号

美术编辑　陈君杞
版式设计　友全图文

出版　**中国健康传媒集团** | 中国医药科技出版社
地址　北京市海淀区文慧园北路甲 22 号
邮编　100082
电话　发行：010 - 62227427　邮购：010 - 62236938
网址　www. cmstp. com
规格　889 × 1194mm ¹⁄₁₆
印张　13
彩插　1
字数　344 千字
初版　2008 年 7 月第 1 版
版次　2021 年 7 月第 4 版
印次　2023 年 7 月第 4 次印刷
印刷　三河市万龙印装有限公司
经销　全国各地新华书店
书号　ISBN 978 - 7 - 5214 - 2564 - 2
定价　**39.00 元**

获取新书信息、投稿、为图书纠错，请扫码联系我们。

出 版 说 明

"全国高职高专院校药学类与食品药品类专业'十三五'规划教材"于 2017 年初由中国医药科技出版社出版,是针对全国高等职业教育药学类、食品药品类专业教学需求和人才培养目标要求而编写的第三轮教材,自出版以来得到了广大教师和学生的好评。为了贯彻党的十九大精神,落实国务院《国家职业教育改革实施方案》,将"落实立德树人根本任务,发展素质教育"的战略部署要求贯穿教材编写全过程,中国医药科技出版社在院校调研的基础上,广泛征求各有关院校及专家的意见,于 2020 年 9 月正式启动第四轮教材的修订编写工作。在教育部、国家药品监督管理局的领导和指导下,在本套教材建设指导委员会专家的指导和顶层设计下,依据教育部《职业教育专业目录(2021 年)》要求,中国医药科技出版社组织全国高职高专院校及相关单位和企业具有丰富教学与实践经验的专家、教师进行了精心编撰。

本套教材共计 66 种,全部配套"医药大学堂"在线学习平台,主要供高职高专院校药学类、药品与医疗器械类、食品类及相关专业(即药学、中药学、中药制药、中药材生产与加工、制药设备应用技术、药品生产技术、化学制药、药品质量与安全、药品经营与管理、生物制药专业等)师生教学使用,也可供医药卫生行业从业人员继续教育和培训使用。

本套教材定位清晰,特点鲜明,主要体现在如下几个方面。

1. 落实立德树人,体现课程思政

教材内容将价值塑造、知识传授和能力培养三者融为一体,在教材专业内容中渗透我国药学事业人才必备的职业素养要求,潜移默化,让学生能够在学习知识同时养成优秀的职业素养。进一步优化"实例分析/岗位情景模拟"内容,同时保持"学习引导""知识链接""目标检测"或"思考题"模块的先进性,体现课程思政。

2. 坚持职教精神,明确教材定位

坚持现代职教改革方向,体现高职教育特点,根据《高等职业学校专业教学标准》要求,以岗位需求为目标,以就业为导向,以能力培养为核心,培养满足岗位需求、教学需求和社会需求的高素质技能型人才,做到科学规划、有序衔接、准确定位。

3. 体现行业发展,更新教材内容

紧密结合《中国药典》(2020 年版)和我国《药品管理法》(2019 年修订)、《疫苗管理法》(2019 年)、《药品生产监督管理办法》(2020 年版)、《药品注册管理办法》(2020 年版)以及现行相关法规与标准,根据行业发展要求调整结构、更新内容。构建教材内容紧密结合当前国家药品监督管理法规、标准要求,体现全国卫生类(药学)专业技术资格考试、国家执业药师职业资格考试的有关新精神、新动向和新要求,保证教育教学适应医药卫生事业发展要求。

4.体现工学结合，强化技能培养

专业核心课程吸纳具有丰富经验的医疗机构、药品监管部门、药品生产企业、经营企业人员参与编写，保证教材内容能体现行业的新技术、新方法，体现岗位用人的素质要求，与岗位紧密衔接。

5.建设立体教材，丰富教学资源

搭建与教材配套的"医药大学堂"（包括数字教材、教学课件、图片、视频、动画及习题库等），丰富多样化、立体化教学资源，并提升教学手段，促进师生互动，满足教学管理需要，为提高教育教学水平和质量提供支撑。

6.体现教材创新，鼓励活页教材

新型活页式、工作手册式教材全流程体现产教融合、校企合作，实现理论知识与企业岗位标准、技能要求的高度融合，为培养技术技能型人才提供支撑。本套教材部分建设为活页式、工作手册式教材。

编写出版本套高质量教材，得到了全国药品职业教育教学指导委员会和全国卫生职业教育教学指导委员会有关专家以及全国各相关院校领导与编者的大力支持，在此一并表示衷心感谢。出版发行本套教材，希望得到广大师生的欢迎，对促进我国高等职业教育药学类与食品药品类相关专业教学改革和人才培养作出积极贡献。希望广大师生在教学中积极使用本套教材并提出宝贵意见，以便修订完善，共同打造精品教材。

建设指导委员会

主 任 委 员　廖沈涵（中国健康传媒集团）

常务副主任委员　（以姓氏笔画为序）

龙敏南（福建生物工程职业技术学院）

冯　峰（江苏食品药品职业技术学院）

冯连贵（重庆医药高等专科学校）

任文霞（浙江医药高等专科学校）

刘运福（辽宁医药职业学院）

刘柏炎（益阳医学高等专科学校）

许东雷（中国健康传媒集团）

李榆梅（天津生物工程职业技术学院）

张立祥（山东中医药高等专科学校）

张彦文（天津医学高等专科学校）

张震云（山西药科职业学院）

陈地龙（重庆三峡医药高等专科学校）

陈国忠（江苏医药职业学院）

周建军（重庆三峡医药高等专科学校）

姚应水（安徽中医药高等专科学校）

袁兆新（长春医学高等专科学校）

虢剑波（湖南食品药品职业学院）

副 主 任 委 员　（以姓氏笔画为序）

王润霞（安徽医学高等专科学校）

朱庆丰（安庆医药高等专科学校）

朱照静（重庆医药高等专科学校）

孙　莹（长春医学高等专科学校）

沈　力（重庆三峡医药高等专科学校）

张雪昀（湖南食品药品职业学院）

罗文华（浙江医药高等专科学校）

周　博（杨凌职业技术学院）

昝雪峰（楚雄医药高等专科学校）

姚腊初（益阳医学高等专科学校）

贾　强（山东药品食品职业学院）

葛淑兰（山东医学高等专科学校）

韩忠培（浙江医药高等专科学校）

覃晓龙（遵义医药高等专科学校）

委　　员（以姓氏笔画为序）

王庭之（江苏医药职业学院）

牛红军（天津现代职业技术学院）

兰作平（重庆医药高等专科学校）

司　毅（山东医学高等专科学校）

刘林凤（山西药科职业学院）

李　明（济南护理职业学院）

李　媛（江苏食品药品职业技术学院）

李小山（重庆三峡医药高等专科学校）

吴海侠（广东食品药品职业学院）

何　雄（浙江医药高等专科学校）

何文胜（福建生物工程职业技术学院）

沈必成（楚雄医药高等专科学校）

张　虹（长春医学高等专科学校）

张春强（长沙卫生职业学院）

张奎升（山东药品食品职业学院）

张炳盛（山东中医药高等专科学校）

罗　翀（湖南食品药品职业学院）

赵宝林（安徽中医药高等专科学校）

郝晶晶（北京卫生职业学院）

徐贤淑（辽宁医药职业学院）

高立霞（山东医药技师学院）

郭家林（遵义医药高等专科学校）

康　伟（天津生物工程职业技术学院）

梁春贤（广西卫生职业技术学院）

景文莉（天津医学高等专科学校）

傅学红（益阳医学高等专科学校）

评审委员会

数字化教材编委会

主 编　蒋　文　石宝珏
副主编　张稳稳　倪　汀　蓝林欣　肖立军
编 者　(以姓氏笔画为序)

王　宽 (哈尔滨医科大学大庆校区)
王　静 (赣南卫生健康职业学院)
牛亚慧 (重庆医药高等专科学校)
石宝珏 (济南护理职业学院)
肖立军 (济南护理职业学院)
张稳稳 (重庆医药高等专科学校)
姜　斌 (山东医学高等专科学校)
勇飞飞 (山东药品食品职业学院)
倪　汀 (江苏省常州技师学院)
蒋　文 (重庆医药高等专科学校)
蒋立英 (江苏医药职业学院)
蓝林欣 (山东中医药高等专科学校)

为了全面贯彻落实国务院《国家职业教育改革实施方案》文件精神，充分体现教材育人功能，突出教材的思想性、科学性、创新性、启发性、先进性，使教材更好地服务于院校教学，故启动了本教材的修订工作。本教材是根据"培养应用型人才，适应行业发展，遵循教材规律，体现专业特色，建设立体教材，丰富教学资源"等建设总体思路、原则与要求，结合现代医药教育发展形势，借鉴国际先进经验，更好地满足高等职业院校应用型人才培养需要编写而成。

无机化学是药学类、药品与医疗器械类、食品类专业重要的一门基础学科，担负着为后续课程夯实基础的重任。本教材内容包括溶液、胶体分散系、化学反应速率和化学平衡、电解质溶液、氧化还原反应与电极电势、原子结构、分子结构、配位化合物、生命元素和有毒元素等相关内容。本教材设有"学习引导""学习目标""实例分析""即学即练""知识链接""目标检测"等模块，增强了教材内容的指导性、可读性和趣味性，能更好地培养学生学习自觉性和主动性，提升学生学习能力。本教材为书网融合教材，即纸质教材有机融合电子教材、教学配套资源（PPT、微课、视频等）、题库、数字化教学服务（在线教学、在线作业、在线考试），为促进线上线下，课前、课中和课后信息化教学提供了方便和支撑。

本教材由蒋文、石宝珏担任主编，具体编写分工如下：第一章由蒋文编写；第二章由勇飞飞编写；第三章由蓝林欣编写；第四章由牛亚慧、蒋立英编写；第五章由倪汀、肖立军编写；第六章由张稳稳编写；第七章由王宽编写；第八章由姜斌编写；第九章由石宝珏编写；第十章由王静编写。

本教材在编写过程中得到了各位编者所在院校的大力支持，在此致以衷心感谢。同时对本教材所引用文献资料的原作者、原编者表示衷心感谢。

鉴于编者水平和经验所限，内容疏漏和不足之处在所难免，恳请专家、同行及使用本教材的广大师生批评指正。

编 者
2021 年 5 月

目录

CONTENTS

第一章 绪 论 微课1

学习引导

化学是研究物质及其变化规律的一门科学，与人类生活息息相关，是人们认识和改造物质世界、维护人体健康、创造更加美好生活的主要手段和方法之一。

无机化学是药学类、药品与医疗器械类、食品类专业重要的专业基础课，熟悉和掌握无机化学的基本理论、基本知识和基本技能，将为后续专业课程的学习打下坚实的基础。

本章主要介绍无机化学的研究内容，无机化学与医药、食品和健康生活的关系，以及无机化学的学习方法。

学习目标

1. **掌握** 无机化学的学习方法。
2. **熟悉** 无机化学的研究对象、主要内容和发展趋势。
3. **了解** 无机化学与医药、食品和健康生活的关系。

化学是主要在原子、分子或离子等层次上研究物质的组成、结构、性质、相互变化及变化过程中能量关系的科学。它是人们认识和改造物质世界、维护人体健康、创造更加美好生活的主要手段和方法之一。

化学在其发展和应用过程中，按其研究的对象和方法的不同，化学派生出无机化学、有机化学、分析化学、物理化学和高分子化学五大分支学科。

第一节 无机化学的研究内容和发展趋势

PPT

一、无机化学的研究内容

无机化学是研究所有元素的单质及其化合物（碳氢化合物及其衍生物除外）的组成、结构、性质、反应和应用的学科，是化学中发展最早的一个分支学科，也是研究其他化学分支学科的基础。

无机化学的研究范围极其广泛，涉及化学基本原理和整个元素周期表中的元素及其化合物。其内容包括原子结构、分子结构、晶体结构、溶液、化学平衡、化学热力学基础、化学动力学、配位化学、元素化学等。

二、无机化学的发展趋势

无机化学的现代化始于化学键理论的建立、新的物理方法的发现和新型仪器的应用。当前无机化学的发展有两个明显的趋势：一是广度上的拓宽，表现在无机化学在众多领域的广泛应用和学科之间的相互渗透，产生了许多边缘学科，如固体无机化学、金属配合物化学、元素无机化学、金属有机化学、药物无机化学、生物无机化学等；二是深度上的推进，表现在当前无机化学的研究正广泛地采用物理学和物理化学的实验手段和理论方法，深入到原子、分子和分子聚集体层次的结构及其与性能的关系，以及化学反应的微观机理和宏观化学规律的微观依据的研究。未来无机化学的发展趋势是无机化学的自身继续发展和相关学科融合发展相结合、研究科学基本问题与解决实际问题相结合。面对生命科学、材料科学、信息科学等学科迅猛发展的挑战和人类对认识和改造自然提出的新要求，无机化学将不断开拓新的研究领域和思路，不断地创造出新的物质来满足人民的物质文化生活需要，造福国家，造福人类。

即学即练 1 - 1

化学的主要分支学科有哪些？

答案解析

第二节　无机化学与医药、食品和健康生活

PPT

一、无机化学与医药

无机化学与药物联系紧密，自从我国中药学专著《神农本草经》中将无机矿物药应用于治疗疾病以来，大量的无机药物相继出现。无机药物包括简单无机化合物药物、金属配合物药物等。如碳酸氢钠、乳酸钠，因其在水溶液中呈碱性，成为临床上常用的抗酸药，用于治疗糖尿病及肾炎等引起的代谢性酸中毒；临床上用生理氯化钠溶液治疗出血过多、严重腹泻等引起的脱水症，溴化钠用作镇静剂，无水硫酸钠用作缓泻剂，氯化钾用于低血钾的治疗；硫代硫酸钠用作卤素、氰化物和重金属中毒时的解毒剂；碘化钾用于治疗甲状腺肿和配制碘酊等；NO 有血管舒张作用，杂多酸有抗病毒作用。

过渡金属在人体内多以金属酶和金属蛋白质存在，参与体内的许多重要反应及信息传递、能量转移等；一些解毒、杀菌、抗病毒、抗癌、抗风湿、治疗心血管疾病等配合物药物的研制近年来得到了重大发展，如 Ca - EDTA 可治疗职业性铅中毒和作为人体内 U、Th、Pu 等放射性元素的高效解毒剂。铂、金、锑、锡、钒、硒、锗等的配合物在抗癌金属配合物中占有重要地位，如顺铂、卡铂等一系列铂的配合物已用于肿瘤治疗；一些非铂类配合物抗肿瘤药是目前临床上治疗泌尿生殖系统及头颈部、食管、结肠等部位癌症的广谱药。含铋化合物是临床上治疗胃溃疡的常用药物，稀土离子在抗凝血、抗炎和治疗烧伤等方面的优越性引起人们的关注，稀土离子与细胞膜作用的研究成为热点。

知识链接

无机药物

无机药物是指具有药理作用的无机或含金属化合物。人类很早就使用无机药物来治疗疾病。目前临床上广泛使用的无机药物主要有以下几类。

1. 简单的无机化合物　例如，氯化钠（补充体内电解质）、硫酸亚铁（治疗缺铁性贫血）、碳酸锂（治疗抑郁症）、三氧化二砷（治疗白血病）等。

2. 中医药和民族药中的矿物药　我国矿物药种类繁多，用于治病历史悠久。目前矿物药按金属离

子种类分为汞、铜、铁、砷、铅、钙、硅、铝、钠化合物类和化石类等；按功效分为清热解毒、利水通淋、理血、潜阳安神、补阳止泻、消积、涌吐和外用类等；按原料性质分为原矿物、矿物制品和矿物制剂类。

3. 合成的金属化合物 例如，铂系金属配合物（抗肿瘤）、钒化合物（治疗糖尿病）、银化合物（抗菌）、金化合物（治疗类风湿关节炎）、铋化合物（抗溃疡）、锑化合物（抗寄生虫）、稀土配合物（可用于抗凝血、抗炎抗菌、抗动脉硬化、抗癌和治疗烧伤）等。顺铂是最早研制成功并应用于临床的抗癌金属药物，推动了癌症治疗的革命和生物无机化学的形成和发展。目前，金属药物的研究涵盖了抗肿瘤、抗糖尿病、抗寄生虫、抗菌抗病毒药物等诸多方面。

研究含有无机离子的药物在生物体内的分布、吸收、转化、排泄、代谢和治病机制的学科，称为无机药物化学，其研究对象包括简单无机化合物、金属配合物和金属有机化合物。无机药物化学属于新兴生物无机化学的一个分支。

二、无机化学与食品

食品对于人类的生存和发展有着至关重要的意义。在人体生长发育和生存活动中，大致需要 50 多种营养物质，包括碳水化合物、蛋白质、脂肪、维生素、无机盐和水等，这些人体所需要的营养物质广泛存在于各种食品之中。"百味之王"的食盐，不仅是人们生存必需的重要物质，也是在食物中使用最广泛的调味料和防腐剂，能去掉食物中的异味，能增加水果的甜味，能防止鲜鱼、鲜肉的腐败。在食品制造上，盐卤（主要成分为氯化镁和氯化钙）主要用于豆制品、稀奶油和果酱的制作；$NaHCO_3$是一种应用最广泛的疏松剂，可用于饼干、糕点、馒头、面包等的生产；明矾可用作食品膨化剂；亚硝酸盐能抑制肉制品中微生物的增殖，可用作肉类食品的防腐剂，但对其使用量和残留量有严格要求。

 知识链接

正确看待食品添加剂

按照《中华人民共和国食品卫生法》第 54 条和《食品添加剂卫生管理办法》第 28 条，以及《食品营养强化剂卫生管理办法》第 2 条和《中华人民共和国食品安全法》第 99 条，中国对食品添加剂定义为：食品添加剂，指为改善食品品质和色、香和味以及为防腐、保鲜和加工工艺的需要而加入食品中的人工合成或者天然物质。

针对部分公众对食品添加剂闻之色变，甚至将食品添加剂视同为有毒有害物质的认识误区，人们应正确看待食品添加剂。

1. 食品添加剂的作用 合理使用食品添加剂可以防止食品腐败变质，保持或增强食品的营养，改善或丰富食物的色、香、味等。

2. 使用食品添加剂的必要性 实际上，不使用防腐剂具有更大的危险性，这是因为变质的食物往往会引发食物中毒。另外，防腐剂除了能防止食品变质外，还可以杀灭曲霉素菌等产毒微生物，这无疑是有益于人体健康的。

3. 食品添加剂的安全用量 对健康无任何毒性作用或不良影响的食品添加剂用量，用每千克每天摄入的质量（mg）来表示，可参照 GB 2760—2011《食品安全国家标准 食品添加剂使用标准》进行添加。

4. 不使用有毒的添加剂 确保食品安全，不是要消灭食品添加剂，而是将食品添加剂的使用控制在可接受的范围内，防止滥用、误食食品添加剂。随着国家相关标准的出台，食品添加剂的生产和使用必将更加规范。当然，人们也应该加强自我保护意识，多了解食品安全相关知识；政府应制定行业标准，建立食品添加剂安全标识与追溯制度；企业应注意添加剂的安全问题，开发既符合市场需求、又保证质量安全的食品。

三、无机化学与健康生活

生命体的存在和发展与化学物质和化学元素有着密切的关系。人体内可以检验出 81 种化学元素，根据这些元素在人体中的生物学效应，可分为：①构成人体组织和维持正常生命活动的必需元素，如 H、Na、K、Mg、Ca、V、Cr、Mn、Mo、Fe、Co、Ni、Cu、Zn、C、N、O、P、F、Si、S、Cl、Se、Br、I 等；②对于生命是有益的，缺少这些元素，生命可以维持，但认为是不健康的有益元素，如 Ge；③过量存在于人体中会威胁到人体的健康与生存的有害元素，主要包括重金属元素以及部分非金属元素，如 Cd、Pb、Hg、Al、Be、Ga、In、Tl、As、Sb、Bi、Te 等。此外，元素还可以根据在人体内含量不同分为常量元素和微量元素。生命必需常量元素，如 O、C、H、N、Ca、P、S、K、Na、Cl、Mg、Si 等；必需微量元素包括 V、Cr、Mn、Mo、Fe、Co、Ni、Cu、Zn、F、Se、Br、I 等。人体对微量元素需求量虽然很低，但它们却起着关键性的作用。微量元素在人体中不能生成，主要通过食物摄入，如果饮食不均衡，极易造成不足或过量积累。许多生命必需的微量元素只有在浓度适宜的情况下才表现出有益的一面，浓度过低，就会出现营养缺乏症；浓度过高，则会导致中毒，影响机体正常生理功能。例如铜是必需微量元素，有利于血红蛋白及色素的合成，但过量积累对肝脏有伤害作用，甚至会致癌；缺铁会引起贫血，铁过多会引起血红蛋白沉积，肝、肾受损；缺碘或碘过多都会引起甲状腺肿大；缺硒导致克山病和大骨节病，过量的硒摄入也会引起硒中毒，使相关酶失活；锌与性腺、胰腺和脑垂体等分泌活动有关，缺锌导致发育迟缓，形成侏儒，过多又会造成贫血、高血压和冠心病；缺钙骨骼畸形，过多会导致动脉硬化；缺锰易不孕、畸胎、死胎；缺铬易患糖尿病等；此外，石棉、砷化物、镍及其盐、铍及其化合物、六价铬和镉及其化合物等会致癌；废气、废水排放超标，也是恶性疾病产生的根源。

 实例分析

> **实例** 油条是我国传统的早点之一，在古代形成了油条配方"一矾二碱三盐"。即 5000 克面粉放 50 克白矾、100 克水碱、150 克盐。其中白矾为 $KAl(SO_4)_2 \cdot 12H_2O$，是膨松剂；碱为 Na_2CO_3，用于发酵；盐为 $NaCl$，用于调味。
>
> **问题** 1. 炸油条放矾和碱的原因是什么？
>
>   2. 油条为何不宜经常食用？

答案解析

第三节　无机化学的学习方法

PPT

无机化学是药学类、药品与医疗器械类、食品类专业的一门专业基础课程，其内容多、涵盖面广、原理复杂抽象。因此学生要尽快寻找适合自己的有效学习方法。针对无机化学课程的特点、学生的认知水平以及高校积极推进的"课内 – 课外""线上 – 线下"的混合式教学改革的要求，学习无机化学应注意以下几个环节。

一、课前自主学习

利用与本书配套的数字化资源，通过观看相关 PPT、视频和微课，完成课前检测，进行在线讨论，带着自主学习中尚未理解的问题，去课堂集中注意力听讲，提高学习效率。

二、课中知识内化

无机化学课堂教学均以多媒体教学为主，听课时，将遇到的重点和难点内容及时做好记录。学习中要注意培养化学语言和化学思维，要注意灵活应用化学知识和技能解决专业中的实际问题，通过看、听、想、论、记和做等，将所学知识和技能内化于心。

三、课后巩固练习

课后要及时对知识点进行回顾，并对笔记进行整理和必要的补充；认真、独立、按时完成课后作业，积极参与课后线上线下的交流讨论。遇到学习中的困惑，可扫二维码观看配套的数字化资源，或请教同学、老师，避免问题的积累影响后面知识的学习。

✍ 实践实训

实训一　化学实训安全教育、常用玻璃仪器的洗涤和干燥

一、目的要求
1. 理解　化学实训安全知识；常见化学仪器使用注意事项。
2. 应用　对化学实训常见事故能采取紧急处理措施；常用玻璃仪器的洗涤和干燥。

二、实训指导

化学实训室存放有大量仪器设备和各种化学试剂，必须防止诸如爆炸、着火、中毒、灼烧、触电等事故的发生，保障人身财产的安全。一旦发生事故，必须知道如何采取紧急处理措施，这是一名化学实训工作者必须具备的基本素质。

化学实训所用仪器必须十分洁净，仪器洗涤是否干净，直接影响实训结果的准确性，甚至会影响实验的成败。因此，洗涤仪器是实训必须掌握的一项重要的技术性工作。

不论采取何种方法洗涤仪器，最后都要用自来水冲洗，当倾完水以后，仪器内壁应被水均匀湿润而不挂水珠，如壁上挂水珠，则说明仪器没有洗干净，必须重洗。干净的仪器最后还要用蒸馏水荡洗3遍。

不同实验对仪器是否干燥及干燥程度要求不同，应根据实验要求来干燥各种仪器。

不同的化学实训项目需要使用不同规格的化学仪器设备和化学试剂，实训前必须熟悉有关仪器设备使用方法和化学试剂的性质，明确其使用注意事项。对化学仪器设备使用方法和化学试剂性质不熟悉，严禁开始实训，以免发生安全事故。

三、实训内容

（一）准备仪器和试剂

化学实训常用仪器、铬酸洗液、去污粉、洗涤剂等。

（二）操作步骤

1. 以班为单位观看化学实训基本操作教学录像。
2. 按仪器清单认领化学实训常用仪器，熟悉其名称、规格、用途和使用注意事项。
3. 选用适当的洗涤方法洗涤已领取的仪器。
4. 选用适当的干燥方法干燥洗过的仪器。
5. 按是否加热、容量仪器和非容量仪器等将所认领的仪器进行分类。

四、实训注意

1. 铬酸洗液具有强氧化性和腐蚀性，使用应注意安全，废洗液对环境有严重污染，洗液洗过的仪器要用自来水淋洗，淋洗液要回收统一处理，绝不能直接向下水道排放。
2. 量筒、移液管和容量瓶等带有刻度的计量仪器，不宜用毛刷刷洗，不能用加热方法干燥。

五、实训思考

1. 化学实训室安全要注意什么？
2. 洗涤仪器和干燥仪器有哪些方法？
3. 玻璃仪器洗涤洁净的标志是什么？
4. 带有磨砂口的仪器是否可用加热方法干燥？

附：实训须知和操作指导

一、化学实训须知

见附录一。

二、无机化学实训常用仪器介绍

见附录二。

三、玻璃仪器的洗涤和干燥

（一）洗涤 微课2

玻璃仪器的洗涤是化学实训的一项基本操作，玻璃仪器洗涤的干净与否直接影响实训结果。已洗净的玻璃仪器，应洁净透明，水沿壁自然流下后，器壁应均匀附着水膜而不挂水珠。凡已洗净的仪器，不能再用抹布或纸巾擦拭其内壁，防止再次受污染。

一般玻璃仪器，如试管、烧杯、试剂瓶、锥形瓶等，可用适于各自形状的刷子蘸取去污粉或合成洗涤剂直接刷洗仪器。具有准确刻度的玻璃仪器，如量筒（杯）、滴定管、移液管和容量瓶等，不宜用刷子刷洗，也不宜用强碱性洗涤剂洗涤，以免玻璃受磨损或腐蚀，影响其体积准确度，可用特殊洗涤液泡洗。

在实训中，应根据实训要求、仪器类型、污物性质和污染程度选择不同洗涤方法。一般来说，附着在仪器上的污物有尘土和其他不溶性物质、可溶性物质、有机物和油污、碳化残渣等。针对这些情况，可分别采取下列洗涤方法。

1. 用水冲洗或刷洗　可溶性污物和灰尘可直接用水冲洗，污物被水溶解而除去，如图 1-1 振荡冲洗，可加速其溶解。操作方法：先往仪器中注入不超过容积量 1/3 的自来水，手持容器颈部用力来回振荡，如图 1-1 所示。注意不能将水洒出。然后将水倾出，如此反复冲洗数次直至洗净，最后再用蒸馏水淋洗 3 遍以上。

若污物不易冲洗掉，可用刷子刷洗，刷洗时，先在容器中注入适量水，用合适的刷子轻轻转动或来回刷洗，如图 1-2 所示。注意：洗涤时，不能用秃顶的毛刷，也不要用力过猛，以防戳穿容器底部，最后用自来水、蒸馏水冲洗干净。

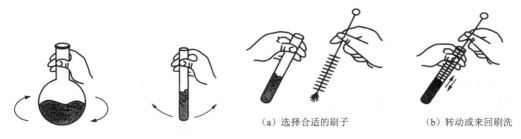

图 1-1　振荡冲洗　　　　　　（a）选择合适的刷子　　（b）转动或来回刷洗

图 1-2　用刷子刷洗仪器

2. 用去污粉或合成洗涤剂刷洗　可除去仪器上沾有的油污和一些有机物，洗涤时，先用少量水将仪器润湿，再用毛刷蘸取少量去污粉或合成洗涤剂刷洗仪器内、外壁，然后分别用自来水、蒸馏水冲洗干净。若污物仍不能除去，则用特殊洗涤液洗涤。

3. 用特殊洗涤液洗涤　根据污物性质，选择合适洗涤液，将污物洗涤除去，方法如下。

（1）用铬酸洗液洗涤　铬酸洗液是由重铬酸钾和浓硫酸混合配制而成。该洗液常用于不宜用刷子刷洗的仪器，适用于清洗一般去污粉、合成洗涤剂、酸碱洗涤液难于洗净的焦油状物质或碳化残渣等。洗涤时，应尽量将仪器中的水倒干净，然后向仪器内缓慢倒入少量铬酸洗液，倾斜并缓慢转动仪器，使其内壁全部被洗液湿润。用铬酸洗液浸泡一段时间或用热洗液洗涤，效果更佳。洗液洗后全部要倒回原来的洗液瓶内。最后再分别用自来水、蒸馏水冲洗干净。

用铬酸洗液洗涤时应注意：被洗涤的仪器中不宜残留有水；洗液洗后要倒回原瓶，供反复使用，直至洗液变绿（生成 Cr^{3+}）为止；洗液洗过的仪器用自来水淋洗时，淋洗液要统一回收处理，不能直接倒入下水道；洗液吸水性强，用后要注意盖紧瓶塞；铬［$Cr(Ⅵ)$ 或 Cr^{3+}］有毒，严重污染环境，尽量少用或不用。

（2）用酸洗液洗涤　酸洗液常用纯酸或混酸。如盐酸洗液（化学纯盐酸与水 1:1 混合）除去碱性污物及一般无机残污；50% 硝酸或王水（浓硝酸与浓盐酸 1:3 混合）除去仪器内壁附着的金属（如银镜、铜镜等）。

（3）用草酸洗液洗涤　草酸洗液是草酸溶于水，加少量浓盐酸制得，用于除去 Fe_2O_3、MnO_2 等残污。

此外，碱性高锰酸钾洗液（用于洗涤油污及有机物）、碳酸钠洗液（煮沸，用于除去油污）、氢氧化钠-乙醇洗液（用于洗涤油污及某些有机物）、盐酸-乙醇洗液（用于洗涤比色皿、比色管上的油污）、浓硝酸-乙醇洗液（用于洗涤结构复杂的仪器所沾的油脂或有机物）、有机溶剂洗液（用于除去能被有机溶剂溶解的有机残污）等。

（4）用超声波清洗仪清洗　超声波清洗仪如图 1-3 所示，主要由超声波信号发生器、超声波换能器及清洗槽组成。超声波信号发生器产生高频振荡信号，通过换能器转换成高频机械振荡，以正压和负

图 1-3　超声波清洗仪

压高频交替变化方式在清洗液中向前辐射传播，产生无数微小气泡，气泡破裂时形成巨大瞬间高压，对仪器表面不断进行冲击，使仪器表面及缝隙中污垢迅速剥落，从而达到高效清洗效果。

超声波不仅适合于清洗较大面积的容器和器皿，也适合于清洗微型容器和器皿。对于不能用洗液清洗的仪器，用超声波可达到高效清洗效果。超声波清洗仪洗涤时，只要在清洗槽中放入可用超声波清洗的仪器，再加合适洗涤剂和适量水，盖紧，设置清洗时间和温度，接通电源，即可将仪器清洗干净，使用极为方便。

（二）干燥

常用的玻璃仪器，如试管、烧杯等可用小火直接烤干。烤试管时，试管口应略向下倾斜，并来回移动试管，如图 1-4 所示。当烤到不见水珠时，再将试管口向上赶尽水汽。

玻璃仪器可用快速烘干器烘干，亦可用烘箱烘干。

若洗净的玻璃仪器不是急用，可将其口向下安放在仪器架上自然晾干，如图 1-5 所示。

图 1-4　烘干试管　　　　　图 1-5　自然晾干

答案解析

目标检测

一、填空题

1. 化学是主要在_____、_____或_____等层次上研究物质的_____、_____、_____、_____及其_____的科学。

2. 无机化学是研究_____的化学。

二、简答题

1. 什么是无机药物？临床上广泛使用的无机药物主要类型有哪些？

2. 简述无机化学的发展趋势。

书网融合……

知识回顾　　　　微课1　　　　微课2　　　　习题

（蒋　文）

第二章 溶 液

学习引导

临床上很多药物需要配成一定浓度的溶液使用，血液、细胞液及各种腺体的分泌物都是溶液，人体的新陈代谢、食物的消化和吸收、药物在体内的吸收和代谢等均在水溶液中进行。因此，溶液与人类的生命活动息息相关，掌握有关溶液特别是水溶液的知识是十分重要的。那么溶液是什么？如何表示溶液的浓度？稀溶液的依数性及其在医药中的应用有哪些？

本章主要介绍溶液浓度的表示方法和讨论难挥发非电解质稀溶液的依数性及其在医药中的应用，通过本章的学习能够理解溶液中"量"的概念，实践中树立绿色环保理念，培养团队协作精神和工匠精神。

学习目标

1. **掌握** 溶液浓度的表示方法及有关计算；溶液中关于"量"的概念；渗透压的基本概念。
2. **熟悉** 稀溶液依数性的基本内容及其计算。
3. **了解** 稀溶液依数性在医药学中的应用。

PPT

第一节 溶液的浓度

溶液是由两种或两种以上的物质混合在一起，形成的均匀、稳定、透明的混合物。其中能溶解其他物质的物质，称为溶剂；被溶解、被分散的物质称为溶质。通常所说的溶液是水溶液。

在配制和使用溶液时，首先要了解溶液的性质，而溶液的性质和溶质的性质与溶液的组成即溶液的浓度有关。

一、物质的量

（一）物质的量

物质的量，像长度、质量、时间、电流等物理量一样，也是一种物理量，通过它可以把物质的质量、体积等宏观量与原子、分子或离子等微观粒子的数量联系起来。物质的量是国际单位制（SI 制）7 个基本物理量之一，用符号 n 表示。某物质基本单元 B 的物质的量可以表示为 n_B。

物质的量的基本单位为摩尔，用 mol 表示。1971 年第十四届国际计量大会定义，摩尔是一个系统的物质的量，该系统中所包含的基本单元数与 $0.012kg\ ^{12}C$ 的原子数目相同，$0.012kg\ ^{12}C$ 中碳原子的物质的量为 $1mol$，$1mol$ 包含 6.02×10^{23}（阿伏伽德罗常数）个基本单元，基本单元可以是分子、离子、原子、电子、光子及其他粒子，也可以是这些粒子的特定组合。

以摩尔为单位表示物质的量必须指明基本单元。例如，$n_{O_2}=1mol$ 表示基本单元 O_2 的物质的量为 $1mol$，即 6.02×10^{23} 个氧气分子；$n_{2O_2}=1mol$ 表示基本单元 $2O_2$ 的物质的量为 $1mol$；$n_{\frac{1}{2}O_2}=1mol$ 表示基本单元 $\frac{1}{2}O_2$ 的物质的量为 $1mol$。在这里 O_2、$2O_2$、$\frac{1}{2}O_2$ 即为基本单元。

选择基本单元不同，反应的化学计量数（即摩尔数）关系也是不同的。对于酸碱反应，一般选择得失一个质子对应的化学式为基本单元，如选择 HCl、$NaOH$、$\frac{1}{2}H_2SO_4$、$\frac{1}{2}Na_2CO_3$ 等为基本单元；对于氧化还原反应，一般选择得失一个电子对应的化学式为基本单元，如选择 Fe^{2+}、$\frac{1}{2}I_2$、$\frac{1}{5}KMnO_4$、$\frac{1}{6}K_2Cr_2O_7$ 等为基本单元。

（二）物质的摩尔质量

$1mol$ 物质所具有的质量称为摩尔质量，其单位常用 g/mol。若某物质 B 的质量为 m_B，物质的量为 n_B，则其摩尔质量为

$$M_B=\frac{m_B}{n_B} \tag{2-1}$$

摩尔质量也必须指明基本单元，当选择不同基本单元时，如选择 B 或 aB（a 为不等于 0 的正整数或分数）为基本单元时，摩尔质量的关系为

$$M_{aB}=aM_B \tag{2-2}$$

某物质的摩尔质量，数值等于基本单元的化学式量。例如，H_2SO_4 的化学式量为 98.078，H_2SO_4 的摩尔质量 $M_{H_2SO_4}=98.078g/mol$，$\frac{1}{2}H_2SO_4$ 的摩尔质量为

$$M_{\frac{1}{2}H_2SO_4}=\frac{1}{2}M_{H_2SO_4}=\frac{1}{2}\times98.078=49.039(g/mol)$$

（三）物质的量的计算

物质的量 $n_B(mol)$ 与物质的质量 $m_B(g)$ 和物质的摩尔质量 $M_B(g/mol)$ 之间关系

$$n_B=\frac{m_B}{M_B} \tag{2-3}$$

当基本单元选择不同时，有

$$n_{aB}=\frac{1}{a}n_B \tag{2-4}$$

例 2-1 试计算 $10.6g\ Na_2CO_3$ 的物质的量是多少？

解：已知 $M(Na_2CO_3)=106.0g/mol$

根据 $n(B)=\dfrac{m}{M(B)}$，得 $n(Na_2CO_3)=\dfrac{10.6}{106.0}=0.1(mol)$

二、溶液浓度的表示方法 微课1

溶液的浓度是指一定量的溶液（或溶剂）中所含溶质的量。溶液浓度的表示方法有很多，常用的

有以下几种。

(一) 物质的量浓度

溶质 B 物质的量 n_B 除以溶液总体积 V，称为溶质 B 的物质的量浓度，用符号 c_B 或 $c(B)$ 表示。

$$c_B = \frac{n_B}{V} \qquad (2-5)$$

物质的量浓度的国际单位是 mol/m^3，但常用 mol/L、$mmol/L$、$umol/L$ 等单位来表示。

物质的量浓度在使用时必须注明基本单元。基本单元选择不同时物质的量浓度关系为

$$c_{aB} = \frac{1}{a}c_B \qquad (2-6)$$

例如：

$$c\left(\frac{1}{2}H_2SO_4\right) = 2c(H_2SO_4)$$

例 2-2 我国药典规定，注射生理氯化钠溶液（生理盐水）的规格是 0.5L，生理氯化钠溶液中含 NaCl 4.5g，求此生理氯化钠溶液的物质的量浓度是多少？

解：∵ 氯化钠的相对分子质量是 58.5，其摩尔质量是 58.5g/mol。4.5g 氯化钠的物质的量为

$$\therefore n_{NaCl} = \frac{m_{NaCl}}{M_{NaCl}} = \frac{4.5g}{58.5g/mol} \approx 0.0769mol$$

$$c_{NaCl} = \frac{n_{NaCl}}{V} = \frac{0.0769mol}{0.5L} \approx 0.154mol/L$$ 生理氯化钠溶液中氯化钠的物质的量浓度可表示为：$c_{NaCl} = 0.154mol/L$ 或 $c(NaCl) = 0.154mol/L$。

即学即练 2-1

250ml 的盐水中含有 5.85g 氯化钠，请问该氯化钠溶液的物质的量浓度为多少？

答案解析

(二) 质量摩尔浓度

溶质 B 的物质的量除以溶剂 A 的质量，称为溶质 B 的质量摩尔浓度，用 b_B 或 $b(B)$ 表示。

$$b_B = \frac{n_B}{m_A} \qquad (2-7)$$

质量摩尔浓度的国际单位是 mol/kg。

质量摩尔浓度与体积无关，故不受温度变化的影响，它通常被用于稀溶液性质研究和一些精密测定中。对于较稀的水溶液来说，质量摩尔浓度的单位为 mol/kg，物质的量浓度的单位为 mol/L 时，质量摩尔浓度在数值上近似等于物质的量浓度，即 $b_B \approx c_B$。

(三) 体积分数

溶质 B 的体积 V_B 与溶液总体积 V 之比，称为溶质 B 的体积分数，用符号 φ_B 或 $\varphi(B)$ 表示。

$$\varphi_B = \frac{V_B}{V} \qquad (2-8)$$

体积分数无单位，可用小数表示，也可用百分数表示。如消毒用乙醇的体积分数为 0.75 或 75%，

表示 100ml 乙醇溶液中含乙醇 75ml。

例 2-3 取 750ml 纯乙醇加水配成 1000ml 医用乙醇消毒溶液，试计算乙醇消毒溶液中乙醇的体积分数。

解：根据 $\varphi_B = \dfrac{V_B}{V}$，得：

此乙醇消毒溶液中乙醇的体积分数为

$$\varphi(C_2H_5OH) = \frac{V(C_2H_5OH)}{V} = \frac{750}{1000} = 0.75$$

（四）质量分数

溶质 B 的质量 m_B 与溶液总质量 m 之比，称为溶质 B 的质量分数，用 ω_B 或 $\omega(B)$ 表示。

$$\omega_B = \frac{m_B}{m} \tag{2-9}$$

体积分数无单位，可用小数或百分数表示。例如，市售 98%（W/W）浓硫酸的质量分数为 0.98，W/W 表示溶质质量与溶液质量之比。

（五）质量浓度

溶质 B 的质量 m_B 除以溶液总体积 V，称为溶质 B 的质量浓度，用 ρ_B 或 $\rho(B)$ 表示。

$$\rho_B = \frac{m_B}{V} \tag{2-10}$$

质量浓度的国际单位是 kg/m^3，但单位常用 g/L、mg/L 和 $\mu g/L$ 等来表示。如 9g/L 的注射用生理氯化钠溶液，即 1 升的 NaCl 溶液中含有 NaCl 的质量为 9g，表示为 $\rho_{NaCl} = 9g/L$ 或 $\rho(NaCl) = 9g/L$。

例 2-4 《中国药典》规定，氯化钠注射液的规格是 0.5L 氯化钠注射液中含 4.5g NaCl，则氯化钠注射液的质量浓度是多少？

解：已知 $m_{NaCl} = 4.5g$，$V = 0.5L$

根据 $\rho_B = \dfrac{m_B}{V}$ 得：

$$\rho(NaCl) = \frac{m(NaCl)}{V} = \frac{4.5g}{0.5L} = 9.0g/L$$

答：生理氯化钠溶液的质量浓度是 9g/L。

即学即练 2-2

　　配置氯化钠注射液 100ml，含有氯化钠 0.9g，那么氯化钠注射液的质量浓度是多少？

答案解析

三、溶液浓度的换算

溶液浓度间的换算要根据各种浓度的定义，按照要求和已知条件进行数值和单位的换算。溶液浓度的换算只是变换表示浓度的方法，溶液浓度换算前后，数值和单位虽然不同，但溶液的量和溶质的量并未发生任何变化。下面我们讨论几种常见的浓度之间的换算。

（一）质量分数与物质的量浓度之间的换算

依据公式：$c_B = \dfrac{n_B}{V}$，$\omega_B = \dfrac{m_B}{m}$，$n_B = \dfrac{m_B}{M_B}$

质量分数和物质的量浓度之间的换算公式为

$$c_B = \frac{n_B}{V} = \frac{\dfrac{m_B}{M_B}}{\dfrac{m}{\rho}} \times 1000 = \frac{\omega_B \times \rho}{M_B} \times 1000 \tag{2-11}$$

式中，ρ 为密度，单位为 g/ml。注意：使用该公式时一定要注意各符号的物理含义和单位。

例 2-5　计算密度 ρ 为 1.19g/ml，质量分数 ω_{HCl} 为 0.365 的浓盐酸溶液的物质的量浓度。

解：$c_{HCl} = \dfrac{\omega_{HCl} \times \rho}{M_{HCl}} \times 1000 = \dfrac{0.365 \times 1.19}{36.46} \times 1000 = 11.9$（mol/L）

即学即练 2-3

答案解析

实验室常用浓硫酸密度为 1.84kg/L，H_2SO_4 的质量分数为 98%，试计算 H_2SO_4 溶液的物质的量浓度。

（二）质量浓度与物质的量浓度之间的换算

依据公式：$c_B = \dfrac{n_B}{V}$，$\rho_B = \dfrac{m_B}{V}$，$n_B = \dfrac{m_B}{M_B}$

质量浓度和物质的量浓度之间的换算公式为

$$c_B = \frac{n_B}{V} = \frac{m_B}{M_B V} = \frac{\rho_B}{M_B} \tag{2-12}$$

式中，ρ_B 为质量浓度，单位为 g/L。

例 2-6　计算 100g/L 的氢氧化钠溶液的物质的量浓度。

解：$c_{NaOH} = \dfrac{\rho_{NaOH}}{M_{NaOH}} = \dfrac{100}{40} = 2.5$（mol/L）

即学即练 2-4

答案解析

生理氯化钠溶液的质量浓度为 9g/L，其物质的量浓度是多少？

四、溶液的配制与稀释

在实际工作中人们所需的溶液的浓度多种多样，需要对不同浓度的溶液进行必要地处理，比如溶液的配制、稀释等。溶液的配制、稀释是从事化学、药品、食品生产和分析工作必备的基本操作。例如各种标准溶液、消毒液、注射液、口服液的配制，浓硫酸、浓盐酸、各种储备液的稀释等。溶液的配制和稀释依据是在配制和稀释前后溶质的总量不变。

（一）溶液的配制

溶液的配制是指称取一定质量或量取一定体积的溶质配制成一定质量或一定体积的溶液。溶液的配制一般包括计算、称量（量取）、溶解、转移、定容、摇匀等操作步骤。

溶液的配制包括粗略配制和精确配制两种。如果用台秤称量固态物质，用量筒或量杯量取液态物质，再加入蒸馏水定容至所配体积刻度，这样的配制方法就是粗略配制；如果用分析天平称量固态物质，用移液管或吸量管量取液体物质，用容量瓶配制，这样的配制方法就是精确配制。在实际操作中，不论哪种配制方法，都要尽量减少因溶质丢失而造成的浓度误差。

例 2 - 7 如何配制 100ml 的 50g/L（质量浓度）葡萄糖溶液。

解：葡萄糖溶液的配制属于粗略配制，配制过程中使用的仪器有天平、100ml 烧杯、100ml 量杯、玻璃棒等。具体配制方法如下。

（1）计算　计算出配制 100ml 的 50g/L（质量浓度）葡萄糖溶液所需葡萄糖的质量

$$m_{C_6H_{12}O_6} = 0.1 \times 50 = 5(g)$$

（2）称量　用天平称取 5g 葡萄糖，放在 100ml 的烧杯中。

（3）溶解　向烧杯中加入 50ml 的蒸馏水，同时加入 0.5g 活性炭混匀，煮沸 20 分钟。

（4）转移　将煮沸的溶液趁热过滤脱碳，将滤液转移到 100ml 的量杯里。

（5）定容　向量杯里加入蒸馏水直至刻度，再测定 pH，合格后进行灭菌。

例 2 - 8 如何配制 100ml 0.1000mol/L 的 Na_2CO_3 溶液？

解：100ml 0.1000mol/L 的 Na_2CO_3 溶液的配制属于精确配制，配制过程中使用的仪器有电子分析天平、100ml 烧杯、玻璃棒、100ml 容量瓶等。具体配制方法如下。

（1）计算　计算出配制 100ml 0.1000mol/L 的 Na_2CO_3 溶液所需 Na_2CO_3 的质量

$$m_{Na_2CO_3} = n_{Na_2CO_3}M_{Na_2CO_3} = c_{Na_2CO_3}VM_{Na_2CO_3} = 0.1000 \times 100 \times 10^{-3} \times 106 = 1.06(g)$$

（2）称量　用电子分析天平称取 1.06g 无水 Na_2CO_3，放在 100ml 的烧杯中。

（3）溶解　向烧杯中加入约 20ml 的蒸馏水使 Na_2CO_3 溶解。

（4）转移　将烧杯中的 Na_2CO_3 的溶液用玻璃棒引流转移至 100ml 的容量瓶中，并洗涤烧杯和玻璃棒 2~3 次，把洗涤液也转移至容量瓶中。

（5）定容　继续加水至容量瓶容积约 2/3 处，平摇容量瓶；向容量瓶继续加入蒸馏水，在接近刻度线 1cm 处时，改用胶头滴管滴加，至凹液面最下端与刻度线持平。

（6）摇匀　将容量瓶盖子盖紧，倒置摇匀数次直至溶液混合均匀。

（二）溶液的稀释 📱微课2

溶液的稀释是指在浓溶液中加入一定量的溶剂使溶液的浓度变小的过程。溶液的稀释也是工作中常用的操作方法。稀释的特点是溶液的量增加了，溶质的量不变，即

稀释前溶液中溶质的量 = 稀释后溶液中溶质的量

假设稀释前溶液的浓度为 c_1，体积为 V_1；稀释后溶液的浓度为 c_2，体积为 V_2。则

$$c_1V_1 = c_2V_2 \tag{2-13}$$

使用该公式时，要注意两边单位保持一致。

例 2 - 9 实验室现有 6mol/L 硫酸溶液，实验需要使用 2mol/L 硫酸溶液 300ml，请问如何将 6mol/L 硫酸溶液稀释成 2mol/L 硫酸溶液 300ml？

解： 首先计算需要取6mol/L硫酸溶液的体积是多少。

设需要6mol/L硫酸溶液Vml，根据$c_1V_1 = c_2V_2$，则$6V = 2 \times 300$，$V = 100$ml，即需要6mol/L硫酸溶液100ml。

用100ml量筒量取100ml浓度为6mol/L硫酸溶液缓缓倒入盛有少量蒸馏水的烧杯中，并不断搅拌，继续加水至烧杯300ml刻度，用玻璃棒搅拌均匀。

第二节　稀溶液的依数性 微课3

PPT

溶液的形成是一个物理化学过程，此过程中通常有两类性质会发生变化。一类性质变化取决于溶质的本性，如溶液的颜色、密度、酸碱性和导电性等；另一类性质变化只取决于溶液中所含溶质的粒子数目，与溶质的本性无关，如溶液的蒸气压下降、沸点升高、凝固点下降和渗透压，对于难挥发非电解质稀溶液来说，称之为稀溶液的依数性。其中，渗透压与医药学的关系最为密切。

一、蒸气压下降

（一）蒸气压

在一定温度下，密封容器中液体分子不断地蒸发在液面上方形成蒸汽，同时，液面附近的蒸汽分子也凝聚回到液体之中。当蒸发与凝聚速度相等时，气、液两相处于平衡状态，此时蒸汽的压强称为该液体在该温度下的饱和蒸气压，简称蒸气压。液体的蒸气压与温度和液体的本性有关。温度升高，蒸气压增大。易挥发物质的蒸气压大，难挥发物质的蒸气压小。固体物质的蒸气压一般都很小。

（二）溶液的蒸气压下降

试验证明，含有难挥发性溶质的溶液的蒸气压总是低于同温度下纯溶剂的蒸气压。这是因为溶液表面溶剂分子位置被溶质分子（或离子）占据，溶质难挥发，使得单位时间内逸出液面的溶剂分子数比纯溶剂少，达到平衡后溶液的蒸气压低于纯溶剂的蒸气压，这种现象称为溶液的蒸气压下降。溶液中难挥发性溶质浓度愈大，占据溶液表面的溶质质点数越多，蒸气压则下降越多。

若某温度下纯溶剂的蒸气压为p_A^*，溶液的蒸气压为p，p_A^*与p的差值就称为溶液的蒸气压下降，用Δp表示：

$$\Delta p = p_A^* \cdot x_B \tag{2-14}$$

$$\Delta p = Kb_B \tag{2-15}$$

式中，Δp为难挥发性非电解稀溶液的蒸气压下降值；b_B为溶质的质量摩尔浓度；K为比例常数。

上式表明：在一定温度下，难挥发性非电解质稀溶液的蒸气压下降（Δp）与溶质的质量摩尔浓度成正比，而与溶质的种类和本性无关。

二、沸点升高

（一）沸点

在一定压强下，当液体的蒸气压和外界大气压相等时，液体处于沸腾状态，此时的温度就称为液体在该压强下的沸点。比如在标准大气压下水的沸点是100℃，乙醇的沸点是78.5℃。液体的沸点与外界大气压有很大关系，随外界压力的改变而改变。当外界大气压越大，液体的沸点就越高。例如：在101.3kPa下，水的沸点为100℃，如果外界大气压较高时，水的沸点就会高于100℃，如果外界大气压较低时，水的沸点就会低于100℃。

液体沸点随外界压力改变的性质，在科学实验、化工生产和生活中都得到广泛应用。例如，在中药提取和精馏对热不稳定药物时，常采用减压蒸馏或减压浓缩的方法，以降低蒸发溶剂的温度，防止药物的分解；对热稳定的注射液和某些医疗器械灭菌时，常用高压灭菌法来缩短灭菌的时间，以提高灭菌的效能。

（二）溶液的沸点升高

在压强不变的情况下，纯液体的沸点是个固定值，但是溶液的沸点在一定的压强下就不一定是固定

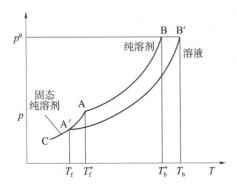

图 2 – 1　纯溶剂和稀溶液的蒸汽压曲线

值。难挥发非电解质溶液，由于蒸汽压下降，温度在纯溶剂沸点时溶液的蒸气压就小于外界大气压，要使溶液的蒸气压等于外界大气压，必须升高温度，这一现象就称为稀溶液沸点升高。从图 2 – 1 中可见，在 T_b^* 时溶液的蒸气压与外界的大气压（101.3kPa）并不相等，只有在大于 T_b^* 的某一温度 T_b 时才能相等，因此，溶液的沸点要比纯溶剂的沸点高。

稀溶液沸点的升高与溶液的蒸气压下降有关，而蒸气压降低又与溶质的质量摩尔浓度成正比，因此，沸点升高也与溶质的质量摩尔浓度成正比，而与溶质的种类和本性无关。

$$\Delta T_b = T_b - T_b^* = K_b b_B \tag{2-16}$$

式中，ΔT_b 为沸点升高数值；b_B 为溶质的质量摩尔浓度；K_b 为溶剂的沸点升高常数，它是溶剂的特征常数，随溶剂的不同而不同。几种常见溶剂的 K_b 列于表 2 – 1。

表 2 – 1　几种溶剂的 K_b 和 K_f

溶剂	沸点（℃）	K_b（℃·kg/mol）	凝固点（℃）	K_f（℃·kg/mol）
水	100	0.512	0	1.86
乙醇	78.5	1.22	-117.3	1.99
丙酮	56.2	1.71	-95.4	—
苯	80.1	2.53	5.53	5.12
乙酸	117.9	3.07	16.6	3.9
萘	218.0	5.80	80.3	6.94

纯溶剂的沸点是恒定的，但溶液的沸点却在不断变化。随着溶液的沸腾，溶剂不断被蒸发，溶液的浓度不断增大，沸点也不断升高，直到形成饱和溶液。此时溶剂蒸发，溶液浓度不再改变，蒸气压也不再改变，此时沸点才是恒定的，溶液的沸点是指溶液刚开始沸腾时的温度。

三、凝固点下降

在一定外压下，若某物质固态的蒸气压和液态的蒸气压相等，则液固两相平衡共存，这时的温度称为该物质的凝固点。

如外压为 101.3kPa 时，纯水和冰在 0℃时的蒸气压均为 0.611kPa，0℃即为水的凝固点。而溶液的

凝固点通常是指溶液中纯固态溶剂开始析出时的温度，对于水溶液而言，就是指水开始变成冰析出时的温度。与稀溶液中沸点升高的原因相似，水溶液和冰的蒸气压只有在0℃以下的某一温度 T_f 时才能相等，也就是说，在0℃以下才出现溶液的凝固点，如图2-1所示。由于溶液的凝固点降低也是由溶液的蒸气压降低所引起的，因此，凝固点的降低也与溶液的质量摩尔浓度 b_B 成正比，而与溶质的种类和本性无关。

$$\Delta T_f = T_f^* - T_f = K_f b_B \qquad (2-17)$$

式中，ΔT_f 为稀溶液的凝固点降低数值；K_f 为溶剂的凝固点降低常数，也是溶剂的特征常数，随溶剂的不同而不同，其单位是℃·kg/mol 或 K·kg/mol。一些常见溶剂的 K_f 列于表2-1中。

K_b、K_f 分别是稀溶液的 ΔT_b、ΔT_f 与 b_B 的比值，不能机械地将 K_b 和 K_f 理解成质量摩尔浓度为1mol/kg 时的沸点升高 ΔT_b 和凝固点降低 ΔT_f，因 1mol/kg 的溶液已不是稀溶液，溶剂化作用及溶质粒子之间的作用力已不可忽视，ΔT_b、ΔT_f 与 b_B 之间已不成正比。

在实际工作中，常用凝固点降低法测定溶质的相对分子质量，常用测定化合物的熔点或沸点来检验化合物的纯度。含有杂质的化合物的熔点比纯化合物的低，沸点比纯化合物的高，而且熔点的降低值和沸点的升高值与杂质含量有关。

 知识链接

植物神奇的抗旱能力

植物为什么具有防寒抗旱功能？溶液的凝固点降低和蒸气压下降能解释植物的防寒抗旱功能。研究表明，当外界气温发生变化时，植物细胞内会强烈地生成可溶性碳水化合物，从而使细胞液浓度增大，凝固点降低，保证了在一定的低温条件下细胞液不致结冰，表现了其防寒功能；另外，细胞液浓度增大，有利于其蒸气压的降低，从而使细胞中水分的蒸发量减少，蒸发过程变慢，因此在较高的气温下能保持一定的水分而不枯萎，表现了其抗旱功能。

四、渗透压

（一）渗透现象

物质自发地由高浓度向低浓度迁移的现象称为扩散，扩散现象不仅存在于溶质与溶剂之间，也存在于不同浓度的溶液之间。若用一种只允许溶剂分子透过而溶质分子不能透过的半透膜，把溶液和纯溶剂隔开，那么在两溶液之间会出现什么现象？如图2-2（a）所示，扩散开始之前，连通器两边的玻璃柱中的液面高度是相同，经过一段时间的扩散以后，玻璃柱内的液面高度不再相同，溶液一边的液面比纯溶剂一边的液面要高，如图2-2（b）所示。这是因为膜两侧单位体积内溶剂分子数不等，在单位时间内由纯溶剂进入溶液中的溶剂分子数要比由溶液进入纯溶剂的多，其结果是溶液一侧的液面升高。这种物质微粒通过半透膜自动扩散的现象称为渗透。当单位时间内从两个相反方向通过半透膜的水分子数相等时，渗透达到平衡，两侧液面不再发生变化。

半透膜的存在和膜两侧单位体积内溶剂分子数不相等是产生渗透现象的两个必要条件。

（二）溶液的渗透压与溶液浓度和温度的关系

如图2-2（c）所示，为了阻止渗透现象的发生，必须在溶液液面上施加一额外的压力。这种阻止渗透作用进行所需施加给溶液的额外压力称为渗透压。

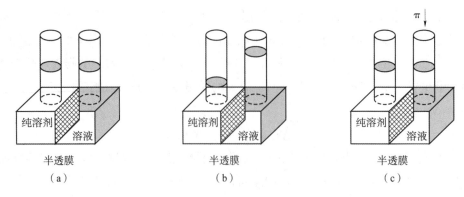

图 2-2 渗透现象和渗透压

荷兰物理学家范特荷夫（van't Hoff）于 1886 年总结前人实验得出范特荷夫公式：溶液的渗透压与溶质的物质的量浓度和热力学温度成正比，与溶质的本性无关。可表示为

$$\pi = c_B RT \qquad (2-18)$$

式中，π 为渗透压，单位 kPa，c_B 为溶质的物质的量浓度，单位 mol/L，R 为摩尔气体常数，数值为 8.314kPa·L/(mol·K)，T 为热力学温度，单位 K。对于稀溶液来说，物质的量浓度 c_B 约等于质量摩尔浓度 b_B，故可表示为

$$\pi \approx b_B RT \qquad (2-19)$$

利用范特荷夫公式可以测定溶质的相对分子质量。对于小分子溶质多采用凝固点降低法测定相对分子质量；对于高分子化合物溶质则采用渗透压法测定相对分子质量。渗透压法测定的相对分子质量要比凝固点降低法测定的灵敏度高。

例 2-10 有一蛋白质的饱和水溶液，每升含有蛋白质 5.18g，已知在 298.15K 时，溶液的渗透压为 413Pa，求此蛋白质的相对分子质量。

解： 根据公式 $\pi = c_B RT = \dfrac{mRT}{M_B V}$

得 $M_B = \dfrac{mRT}{\pi V} = \dfrac{5.18 \times 8.314 \times 298.15}{413 \times 10^{-3} \times 1} = 31090(\text{g/mol})$

即蛋白质的相对分子质量为 31090g/mol。

试验证明，在一定温度下，稀溶液渗透压的大小与单位体积内溶液中所含溶质的粒子（分子或离子）数成正比，与粒子的性质和大小无关。所以不论溶质是离子（如 Na^+、Cl^-）、小分子（如葡萄糖）还是大分子（如蛋白质），只要相同体积的溶液中，所含溶质的粒子总数目相等，它们的渗透压就相等。溶液中能产生渗透效应的溶质微粒（分子、离子等）称为渗透活性物质。溶液中渗透活性物质的物质的量浓度称为渗透浓度，用 c_{os} 表示，单位常用 mmol/L。

对于非电解质溶液来说，产生渗透作用的粒子是非电解质分子，其渗透浓度即为溶质的物质的量浓度。例如，0.1mol/L 的葡萄糖溶液，其渗透浓度为 100mmol/L。对于强电解质溶液来说，溶质解离的阴阳离子均为渗透活性物质，因此其渗透浓度为阴阳离子的浓度总和。例如，0.1mol/L 的 NaCl 溶液，因为 NaCl 为强电解质，完全解离为 Na^+ 和 Cl^-，且 Na^+ 和 Cl^- 浓度均为 0.1mol/L，因此其渗透浓度为 200mmol/L；同理，0.1mol/L 的 $CaCl_2$ 溶液，其渗透浓度为 300mmol/L。因此，范特荷夫公式通常表示为

$$\pi = ic_B RT \qquad (2-20)$$

式中，i 为校正系数，对于非电解质来说，$i=1$；对于强电解质来说，i 为强电解质解离的阴阳离子总数；对于弱电解质，i 略大于 1。

（三）渗透压在食品与医药行业中的应用

1. 渗透压在食品加工行业的应用　提高食品的渗透压，使附着的微生物无法从食品中吸取水分，因而不能生长繁殖，甚至在渗透压大时，还能使微生物内部的水分反渗出来，造成微生物的生理干燥，使其处于假死状态或休眠状态，从而使食品得以长期保藏。常用的有盐腌法和糖渍法。盐腌法中，一般食品中盐浓度达到8%～10%可以抑制多数杆菌的生长，盐腌食品常见的有咸鱼、咸肉、咸蛋、咸菜等。糖渍保藏食品是利用高浓度的糖液抑制微生物生长繁殖，由于在同一质量百分比浓度的溶液中，离子溶液较分子溶液的渗透压大，因此，蔗糖必须比食盐大4倍上的浓度，才能达到与食盐相同的抑菌作用；含有50%的糖液可以抑制绝大多数酵母和细菌生长，65%～70%的糖液可以抑制许多霉菌，70%～80%的糖液能抑制几乎所有的微生物生长；糖渍食品常见的有甜炼乳、果脯、蜜饯和果酱等。

2. 渗透压在医学中的应用

（1）低渗、高渗、等渗溶液　溶液渗透压的高低是相对的。若两种溶液有相等的渗透压，称它们为等渗溶液；若这两种溶液渗透压不等，则渗透压高的那种溶液为高渗溶液，渗透压低的溶液为低渗溶液。在医学上溶液的渗透压大小常用渗透浓度来表示。

在医学上等渗、高渗和低渗是以血浆的渗透压为标准确定的。正常人血浆的渗透浓度平均值为303.7mmol/L。临床上规定渗透浓度在 280～320mmol/L 的溶液称为生理等渗溶液；渗透浓度低于280mmol/L 的溶液称低渗溶液；渗透浓度高于320mmol/L 的溶液称高渗溶液。

医药上常用的等渗溶液有9g/L 的 NaCl 溶液、50g/L 的葡萄糖溶液、19g/L 的乳酸钠溶液等。

等渗溶液在医学上具有很重要的意义。临床上，患者输液时，通常要考虑溶液的渗透压。如图 2-3 所示，因为红细胞内液为等渗溶液，当红细胞置于高渗溶液中时，溶液的渗透压高于细胞内液的渗透压，水分子透过细胞膜向细胞外渗透，红细胞将逐渐皱缩，这种现象在医学上称为胞质分离，皱缩后的细胞失去了弹性，当它们相互碰撞时，就可能粘连在一起而形成血栓。当红细胞置于低渗溶液中时，溶液的渗透压低于细胞内液的渗透压，水分子透过细胞膜向细胞内渗透，红细胞将逐渐膨胀，当膨胀到一定程度后，红细胞就会破裂，释出血红蛋白，这种现象在医学上称为溶血现象。只有在等渗溶液中

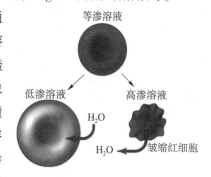

图 2-3　红细胞在高渗溶液、低渗溶液和等渗溶液中的变化

时，红细胞才能保持其正常形态和生理活性溶血现象和血栓的形成在临床上都可能会造成严重的后果。

临床上，除了大量补液需要等渗外，配制眼用制剂也要考虑等渗。眼组织对渗透压变化比较敏感，为防止刺激或损伤眼组织，眼用制剂必须进行等渗调节。

》》　实例分析

　　实例　渗透性利尿药为一类不易代谢的低分子量的化合物，具有脱水利尿作用，能通过肾小球到肾小管，而且不再被重吸收，形成高渗而阻止重吸收。如甘露醇、山梨醇。甘露醇（分子式 $C_6H_{14}O_6$，分子量182.17）口服不吸收，该药静脉注射后不易从毛细血管渗入组织，可迅速降低颅内压及眼内压，是临床抢救特别是用于脑部疾患抢救的一种常用药物。

　　问题　1. 试分析为什么甘露醇静脉给药后能降低颅内压和眼内压？

　　　　　　2. 试分析甘露醇使用不当的不良反应以水和电解质代谢紊乱最为常见的原因。

答案解析

（2）晶体渗透压与胶体渗透压　人体体液中含有多种电解质（如 NaCl）、小分子物质（如葡萄糖）和高分子化合物（如蛋白质等）。其中电解质解离出的小离子和小分子物质产生的渗透压称为晶体渗透压，蛋白质等高分子化合物产生的渗透压称为胶体渗透压。人体血浆的正常渗透压约为 770kPa，其中晶体渗透压约为 766kPa，胶体渗透压仅为 3.85kPa 左右。

由于生物半透膜（如细胞膜和毛细血管壁）对各溶质的通透性并不相同，所以晶体渗透压和胶体渗透压有不同的生理功能。由于晶体渗透压远大于胶体渗透压，所以细胞外液晶体渗透压对维持细胞内外的水盐平衡和细胞正常形态起重要作用。毛细血管壁也是半透膜，所以血浆中胶体渗透压对维持毛细血管内外的水、盐平衡也起着重要作用。如果因某种原因而使血浆蛋白含量减少，导致血浆胶体渗透压降低，血浆内的水、盐就会通过毛细血管壁进入组织间液，引起水肿。

临床治疗中，因失血造成血浆渗透压降低的患者，不仅需要补充盐水，还应输入血浆或右旋糖酐等代血浆，恢复胶体渗透压的同时增加血容量。

 知识链接

半透膜

半透膜是指某些物质可以自由通过，而另一些物质则不能通过的多孔性薄膜。这种膜可以是生物膜，也可以是物理性膜，如动物的膀胱膜、肠衣、蛋壳膜等，还有人工制成的半透膜如玻璃纸、胶棉膜等。物质能否通过半透膜，一是取决于膜两侧的浓度差，即只能从高浓度的一侧向低浓度的一侧移动；二是取决于该物质颗粒直径的大小，即某物质颗粒直径只有小于半透膜的孔径才能自由通过，否则不能通过。另外，标准的半透膜应是没有生物活性的，膜上无载体，膜两侧也无电性上的差异。物质通过半透膜遵循扩散作用的原理，是自由扩散过程。

实践实训

实训二　溶液的配制与稀释

一、目的要求

1. 理解　溶液浓度组成标度的计算方法及溶液的配制方法。
2. 应用　溶液稀释的基本操作。

二、实训指导

溶液按其浓度的准确度和用途可分为一般溶液和准确浓度溶液。一般溶液浓度精度要求不高，只需 1~2 位有效数字，在化学实训中常作溶解样品、调节酸度、分离或掩蔽干扰离子、显色等；准确浓度溶液，又称为标准溶液，浓度要求准确到 4 位有效数字，主要用于定量分析等。配制溶液是药剂生产、化学实训和定量分析的基本操作之一。

（一）一般溶液的配制

1. 一定质量浓度和物质的量浓度溶液的配制　质量浓度是指 1L 溶液中所含溶质的质量；物质的量浓度是指 1L 溶液中所含溶质的物质的量。在配制此类溶液时，先根据所要配制溶液的浓度和体积，计算出所需溶质的质量，用托盘天平或电子台秤称出所需溶质的质量，置于烧杯中溶解，再将溶液定量转移至容量瓶中，加水稀释至容量瓶刻度，摇匀，即得。

2. 溶液的稀释 将浓溶液稀释成稀溶液，需掌握一个原则：稀释前后溶液中溶质的量（通常质量或物质的量）不变。根据浓溶液浓度和欲配制溶液的浓度和体积，利用公式 $c_浓 V_浓 = c_稀 V_稀$，计算出浓溶液的体积。用量筒或吸量管量取浓溶液置于烧杯中溶解，冷却后定量转移到容量瓶中，加水稀释至容量瓶刻度，摇匀，即得。

注意： 浓硫酸稀释必须在不断搅拌下将浓硫酸缓缓地注入盛有水的烧杯中，并不断搅拌，切不可将水倒入浓硫酸中。

（二）准确浓度溶液的配制

先准确计算配制一定体积准确浓度溶液所需固体试剂的质量，或准确计算出配制一定体积准确浓度稀溶液所需已知准确浓度浓溶液的体积。用电子分析天平准确称取其质量或用移液管量取所需体积的浓溶液，置于洁净的烧杯中，加适量蒸馏水使其完全溶解。冷却后将溶液转移至容量瓶中，用少量蒸馏水洗涤烧杯和玻璃棒 3 次以上，淋洗液也要移入容量瓶中，再加蒸馏水至容量瓶 3/4 容积时，将溶液初步混匀，再加水稀释至刻度，摇匀，即得。

（三）溶液配制注意事项

1. 在配制溶液时，如果溶质是含有结晶水的纯物质，计算时使用的摩尔质量要把结晶水计算在内。

2. 对于易水解的固体试剂如 $SnCl_2$、$FeCl_3$、$Bi(NO_3)_3$ 等，在配制其水溶液时，应称取一定量的固体试剂置于烧杯中，加入适量一定浓度的相应酸液，使其完全溶解，再以蒸馏水稀释至所需体积。

3. 一些见光容易分解或容易发生氧化还原反应的溶液，要防止在保存期间失效，最好使用前临时配制。另外，贮存含 Sn^{2+} 溶液常加入少量锡粒，以免 Sn^{2+} 被氧化成 Sn^{4+}；贮存含 Fe^{2+} 溶液常加入少量铁屑，以免 Fe^{2+} 被氧化成 Fe^{3+}。$AgNO_3$、$KMnO_4$、KI 等溶液应避光贮存于棕色瓶中。

4. 配好的溶液应转移至试剂瓶中，贴上标签，备用。不能把容量瓶当作试剂瓶贮存溶液。

三、实训内容

（一）仪器和试剂

1. 仪器 10ml 量筒、100ml 量筒、50ml 烧杯、50ml 量筒、50ml 容量瓶、25ml 移液管、台秤。

2. 试剂 浓 H_2SO_4、浓 HCl、0.2000mol/L HAc 溶液、固体 $NaCl$、1mol/L $NaOH$、固体葡萄糖。

（二）操作步骤

1. 溶液的配制

（1）医用消毒酒精的配制

1）计算 配制 100ml 75% 消毒用乙醇溶液所需 95% 乙醇的体积。

2）配制 用 100 ml 量筒量取所需 95% 乙醇，向量筒中加入蒸馏水至 100 ml 刻度，倒入 100ml 烧杯中搅拌均匀即可。配制好的溶液倒入回收瓶。

（2）生理氯化钠溶液的配制

1）计算 配制 100ml 生理氯化钠溶液所需 $NaCl$ 的质量。

2）配制 在台秤上称出所需 $NaCl$ 的质量，置入 100ml 烧杯内，加蒸馏水使其溶解，转移至 100ml 量筒中，继续加蒸馏水至 100ml 刻度，转移至烧杯中搅拌均匀。配制好的溶液倒入回收瓶。

（3）配制 50g/L 的葡萄糖溶液 100ml

1）计算　配制 50g/L 葡萄糖溶液 100ml 所需葡萄糖的质量。

2）配制　在台秤上称出所需葡萄糖的质量，置入 100ml 烧杯内，加蒸馏水使其溶解，转移至 100ml 量筒中，继续加蒸馏水至 100ml 刻度，转移至烧杯中搅拌均匀。配制好的溶液倒入回收瓶。

2. 溶液的稀释

（1）配制 0.1000mol/L HAc 标准溶液　用 25ml 移液管准确移取 25.00ml 0.2000mol/L HAc 溶液，置于 50ml 容量瓶中，加水稀释至容量瓶 2/3 体积处，平摇，继续加水定容至刻度，摇匀。配制好的溶液倒入回收瓶。

（2）配制 1mol/L HCl 溶液 50ml

1）计算　先计算配制 50ml 1mol/L HCl 溶液所需浓盐酸（质量分数为 37%，密度为 1.19g/ml）的体积。

2）配制　用 10ml 量筒量取所需体积的浓盐酸，倒入 50ml 烧杯内，加少量水溶解，转移至 50ml 量筒中加蒸馏水至 50ml 刻度，转移至烧杯中搅拌均匀。配制好的溶液倒入回收瓶。

（3）用 1mol/L NaOH 溶液配制 0.1mol/L NaOH 溶液 50ml

1）计算　先计算配制 50ml 0.1mol/L NaOH 溶液所需 1mol/L NaOH 溶液的体积。

2）配制　用 10ml 量筒量取所需体积的 1mol/L NaOH 溶液，倒入 50ml 量筒内，加蒸馏水至 50ml 刻度，转移至烧杯中搅拌均匀。配制好的溶液倒入回收瓶。

四、实训注意

1. 在配制溶液时，首先应根据所需配制溶液的组成标度、体积，计算出溶质的用量。

2. 在用固体物质配制溶液时，如果物质含结晶水，则应将结晶水计算进去。稀释浓溶液时，应根据稀释前后溶质的质量不变的原则，计算出所需浓溶液的体积，然后加水稀释。稀释浓硫酸时，应将浓硫酸慢慢注入水中。

3. 在配制溶液时，应根据配制要求选择所用仪器。如果对溶液组成标度的准确度要求不高，可用台秤、量筒、量杯等仪器进行粗略配制；若要求溶液的浓度比较准确，则应用分析天平、移液管、刻度吸管、容量瓶等仪器进行精确配制。

五、实训思考

1. 能否在量筒、容量瓶中直接溶解固体试剂？为什么？

2. 洗净的移液管还要用待取液润洗吗？为什么？容量瓶需要润洗吗？

附：实训操作指导

一、常用称量仪器的使用

常用称量仪器有托盘天平、电子台秤和电子分析天平等，这些称量仪器原理、构造和称量精确度不同，使用方法也不同。不同化学实训要求不同的称量精确度，可根据要求选择不同称量仪器称量。

（一）托盘天平

托盘天平，俗称台秤，是一种常用的精确度不高的天平。精确度一般为 0.1g 或 0.2g。最大荷载一般是 200g。其构造如图 2−4 所示。托盘天平使用操作步骤如下。

1. **调零** 将游码归零，检查指针是否指在刻度盘中心线位置。若不在，可调节平衡螺丝使天平处于平衡状态。

2. **称量** 左盘中央放被称物，右盘中央放砝码。用镊子先加大砝码，再加小砝码，一般5g以内质量，通过游码来添加，直至指针在刻度盘中心线左右等距离摆动（允许偏差1小格以内）。

3. **读数** 砝码加上游码的质量就是被称物的质量，记录至0.1g。

注意：托盘天平不能称量热的物品，称量物一般不能直接放在托盘上；要根据称量物的性质和要求，将称量物置于称量纸、表面皿等容器中称量；经常保持天平清洁，托盘上有药品或其他污物时应立即清除；取放砝码，应用镊子，不能用手拿，砝码不得放在托盘和砝码盒以外其他任何地方；称量完毕后，应将砝码放回原砝码盒中，并使天平复原。

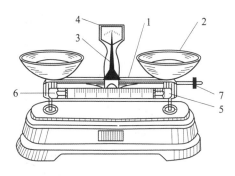

图 2 - 4 托盘天平

1. 横梁；2. 托盘；3. 指针；4. 刻度盘；5. 游码标尺；6. 游码；7. 平衡螺丝

(二) 电子台秤

如图 2 - 5 所示，称量精确度（即分度值）为0.01g，最大称量载荷为1kg，适用于不太精确的称量。

电子台秤价格便宜，操作简便，使用方法操作如下。

图 2 - 5 电子台秤

1. 把秤放在平稳的实验台上，接通电源（有些型号用电池），按下开机键，仪器自检，清零显示0.00g（有些型号分度值为0.1g，则显示0.0g），即可称量。

2. 将盘托（或称量纸、表面皿或其他容器）置于盘中央，按下 TARE（即去皮）键，显示0.00g（或0.0g），仪器自动去除盘托质量。

3. 将药品放于盘托或容器中，显示屏显示即为药品质量。

(三) 电子分析天平

电子分析天平是利用电子装置完成电磁力补偿调节，使称量物在重力场中实现力平衡，或通过电磁力矩调节，使称量物在重力场中实现力矩平衡，直接显示称量物之质量读数的新一代天平，能称准到0.001g（即千分之一克）、0.0001g（即万分之一克）甚至0.00001g（即十万分之一克），在定量分析中常用。如图 2 - 6 所示为岛津 AUY120 型电子分析天平的主要部件和功能。

电子分析天平是高精密的质量测量仪器，虽然使用方法和电子台秤相似，但须存放在专门天平室内由专人维护和保养。天平室必须防尘、防震、防潮、防止温度波动。天平应安装在牢固可靠的工作台上，避免振动、气流及阳光照射。在天平室实训时，应保持整齐、清洁、干燥，不得在室内喧哗、抽烟、吃东西、洗涤等。称量易挥发或具有腐蚀性的物品时，须盛放在密闭容器中称量。称量时如果出现故障，应及时检修。要定期对天平计量性能进行检测，对于不合格天平应立即停用，交由专业人员检修。

有关使用操作步骤和称量方法如下。

1. **一般操作步骤**

（1）检查电源电压是否匹配（可配置稳压器），通电预热至所需时间。

（2）检查并调节水平调节脚，使水平仪内空气泡位于圆环中央。

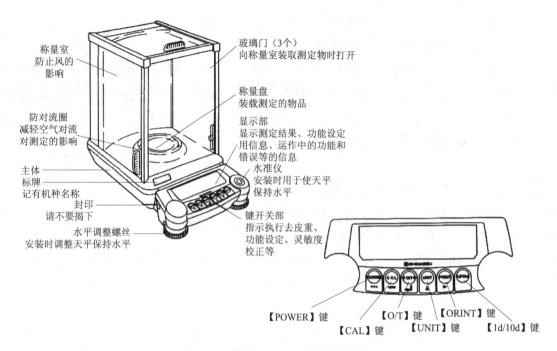

图2-6 岛津 AUY120 电子分析天平

（3）清扫天平。

（4）打开天平开关键（有些型号为"ON"键），系统自动实现自检，当显示器显示"0.0000"后，自检完毕，即可称量。

（5）称量时将洁净称量瓶（纸）置于秤盘上，关上侧门，显示皮重后，再轻按一下去皮清零键（有些型号为"TARE"键或"O/T"键），天平自动校对零点，显示"0.0000"即除去皮重，再逐渐加入待称物质，直到所需质量为止。

（6）关好天平门，显示屏读数稳定时，所显示的数值即为被称物质的质量（g）。

（7）称量结束，按下开关键（有些型号为"OFF"键），复原天平，清扫天平并做好使用情况登记。

2. 称量方法 常用的称量方法有直接称量法、固定质量称量法和减量称量法。

（1）**直接称量法** 此法适用于称量洁净干燥的器皿（如小烧杯、称量瓶、表面皿等），块状或棒状的金属等物体。方法是：将天平清零，将待称物置于天平称盘中央，关上侧门，待天平读数稳定后，直接读出物体的质量。

（2）**固定质量称量法（加重法）** 此法适用于称量不易吸湿，在空气中性质稳定，要求某一固定质量的粉末状或细丝状物质。方法是：将天平清零，将称量纸或其他容器置于天平称盘，按下除皮键，用牛角匙缓慢向容器加试样，直至天平读数显示所需质量。关闭天平门，显示数值稳定后即为试样质量。

（3）**减重法** 此法适用于称量一定质量范围的粉末状物质，特别是在称量过程中试样易吸水、易氧化或易与 CO_2 反应的物质。由于称取试样的量是由两次称重之差求得，故此法称为减重法（减量法、递减法或差减称样法）。

方法是：从干燥器中取出称量瓶（注意：不要让手指直接接触称量瓶和瓶盖，可用纸带夹住称量瓶或戴上洁净细纱手套），打开瓶盖，用药匙加入适量试样（一般为称一份试样质量的整数倍），盖上瓶盖。用清洁的纸条叠成称量瓶高1/2左右的三层纸带，套在称量瓶上，左手拿住纸带两端，如图2-7所示，把称量瓶置于天平称盘中央，称出称量瓶加试样的准确质量 m_1。

将称量瓶取出，在接收器的上方，倾斜瓶身，用纸片夹取出瓶盖，用瓶盖轻轻敲瓶口上部使试样慢慢落入容器中，如图2-8所示。当倾出的试样接近所需量时，一边继续用瓶盖轻敲瓶口，一遍逐渐将瓶身竖立，使黏附在瓶口的试样落下，然后盖上瓶盖。将称量瓶及剩余试样放回天平秤盘上，准确称取其质量 m_2。

图2-7 称量瓶拿法　　　图2-8 从称量瓶中敲出试样

两次称量质量之差 $m_1 - m_2$，即为敲出部分试样的质量。按上述方法连续递减，可称量多份试样。倾样时，一般很难一次敲准，常需几次（一般不超过3次）敲样过程，才能称取一份合乎要求的样品。

二、量筒（量杯）、胶头滴管和移液管（吸量管）的使用

取用一定体积液体试剂时，根据取用体积精度要求，可用量筒（量杯）、移液管（吸量管）等仪器量取。量筒（量杯）一般可精确至0.1ml，移液管（吸量管）一般可精确至0.01ml。取用少量液体试剂可用胶头滴管。

（一）量筒（量杯）

使用量筒时，应选用比所量体积稍大的量筒。读数时，量筒必须放平稳，保持视线、量筒内液体凹液面最低点与刻度水平，读取体积，如图2-9（b）所示。

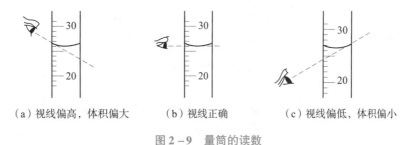

（a）视线偏高，体积偏大　　　（b）视线正确　　　（c）视线偏低，体积偏小

图2-9 量筒的读数

使用量筒还应注意：量筒不能加热和烘干，不能量过热的或太冷的液体；量筒不能用作反应容器，也不能用于有明显热量变化的混合或稀释实验。

（二）胶头滴管

使用胶头滴管时，用右手拇指和食指挤压胶头排出空气，无名指和中指夹住玻璃管，将滴管尖嘴插入试剂瓶中液面以下，放松拇指和食指，液体即被吸入滴管内；再把胶头滴管移出，垂直置于试管或其他容器口正上方1cm处，挤压胶头，使液体滴入容器中，如图2-10（a）所示。

注意：胶头滴管尖嘴不能插入试管或其他容器内滴加液体，滴管不能盛液倒置或平放在桌面上，以

防倒流，腐蚀胶头或污染试剂。取完试剂后，滴管应挤空吸气后，插回原瓶中。如图 2 – 11 所示是使用滴管常见错误操作。

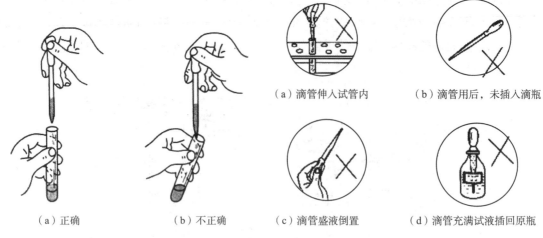

（a）正确　　　　　　（b）不正确　　　　（c）滴管盛液倒置　　（d）滴管充满试液插回原瓶

（a）滴管伸入试管内　　（b）滴管用后，未插入滴瓶

图 2 – 10　往试管滴加液体　　　　　　　图 2 – 11　使用滴管常见错误操作

（三）移液管（吸量管）

移液管（吸量管）是用于准确移取一定体积溶液的玻璃量器。移液管形状，如图 2 – 12（a）所示，中部膨大且管颈上部有一环状刻度。在标明的温度下，使溶液凹液面最低点与标线移液管和吸量管相切时，让溶液按一定的方法自由流出，则流出的体积与管上标明的体积相同。常用规格有 5ml、10ml、20ml、25ml、50ml 等，移液管适用于准确量取某一体积溶液。

吸量管形状，如图 2 – 12（b）所示，直形且管上具有分刻度，一般只用于量取小体积溶液。常用的规格有 0.1ml、0.2ml、0.5ml、1ml、2ml、5ml、10ml 等，吸量管适用于准确量取其刻度范围内的任意体积溶液。吸量管量取溶液体积，准确度不如移液管。

移液管和吸量管使用方法基本相同，操作如下。

1. 洗涤　移液管（吸量管）是带有精确刻度的容量仪器，不宜用刷子刷洗。应先用自来水淋洗，若内壁仍挂水珠，则用洗液或装有洗涤液的超声波仪洗涤，最后再用自来水和蒸馏水淋洗。

2. 润洗　移取溶液前，先用少量待吸溶液润洗 3 次。方法是：用左手持洗耳球，将食指或拇指放在洗耳球上方，其他手指自然地握住洗耳球，右手拇指和中指拿住移液管或吸量管标线以上部分，无名指和小指辅助拿住移液管，将洗耳球排气后对准移液管口，如图 2 – 13 所示，将管尖伸入溶液中吸取。当溶液吸至移液管（吸量管）约1/4 处（注意：勿使溶液回流，以免稀释待吸溶液）时，右手食指堵住管口移出，将移液管横置。左手托住没沾溶液部分，右手食指松开，平移移液管，让溶液润湿管内壁（注意：溶液不要超过管上部黄线或红线）。润洗过的溶液，应从管尖放尽，不得从上口倒出。如此反复润洗 3 次。

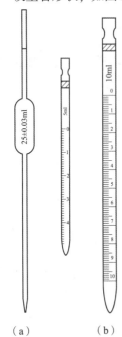

（a）　　　　（b）

图 2 – 12　移液管和吸量管

3. 吸液　移液管经润洗后，移取溶液时，如图 2 – 13 所示，将管尖直接插入待吸液液面下 1 ~ 2cm 处。注意管尖不应伸得太浅，以免液面下降后造成吸空；也不应伸得太深，以免管外壁附有过多溶液。吸液时，应注意容器中液面和管尖的位置，应使管尖随液面下降而下降，以免吸空。当洗耳球慢慢放松

时，管中液面徐徐上升。当液面上升至刻度标线以上时，迅速移去洗耳球，同时用右手食指堵紧管口。将移液管提离液面，使管尖紧贴容器内壁，将管下端原伸入溶液部分沿容器内壁轻转两圈，以除去管外壁附有的溶液。将容器倾斜约30°，保持管垂直，管尖紧贴容器内壁，右手持管手指微微旋动移液管，使液面缓慢稳定下降，直至视线平视时，液体凹液面最低点与刻度线标线相切，此时立即用食指堵紧管口。

4. 放液　左手改拿接收溶液容器，并使容器倾斜，将移液管移入容器中，保持管垂直，使内壁紧贴管尖，成30°左右，如图2-14所示。然后放松右手食指，使溶液竖直自然顺壁流下。待溶液流尽，等15秒左右，移出移液管。这时，尚可见管尖部位仍留有少量溶液，除注明有"吹"字的吸量管以外，一般此管尖部位残留的溶液不能吹入接收器中。

 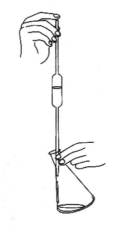

图2-13　用洗耳球吸液操作　　　图2-14　移液管放液操作

用吸量管吸取溶液时，大体与上述操作相同。但吸量管上常标有"吹"字，特别是1ml以下吸量管，要注意流完溶液要将管尖溶液吹入接收器中。注意：吸量管分刻度，有的刻到末端收缩部分，有的只刻到距尖端1～2cm处，要看清刻度。在同一试验中，应尽量使用同一支吸量管的同一段，通常尽可能使用上面部分，而不用末端收缩部分。例如，用5ml吸量管移取3ml溶液，通常让溶液自0ml流至3ml，而避免从2ml刻度流至末端。

三、容量瓶的使用

容量瓶是一种细颈梨形的平底玻璃瓶，如图2-15所示，用于将准确称量的物质配成准确浓度准确体积的溶液，或将准确体积和准确浓度的浓溶液稀释成准确浓度准确体积的稀溶液。常用规格有10ml、25ml、50ml、100ml、250ml、500ml、1000ml等。容量瓶带有磨口玻璃塞，用塑料绳固定在瓶颈上。

容量瓶的使用方法如下。

1. 检漏　加自来水到标线附近，盖好瓶塞后，左手用食指按住塞子，其他手指拿住瓶颈标线以上部分，右手用指尖托住瓶底边缘，如图2-15（a）所示。将瓶倒立2分钟，如不漏水，将瓶直立，转动瓶塞180°后，再倒立2分钟检查，如不漏水，方可使用。

2. 洗涤　容量瓶先用自来水涮洗内壁，倒出水后，内壁如不挂水珠，即可用蒸馏水涮洗，备用，否则必须用洗液洗。用洗液洗之前，先将瓶内残余水倒出，装入适量洗液，转动容量瓶，使洗液润洗内壁后，稍停一会，将洗液倒回原瓶，再用自来水冲洗，最后用少量蒸馏水涮洗内壁3次以上，即可。

3. 溶解　将已准确称量的固体置于洗净的小烧杯中，加入适量溶剂搅拌溶解。注意：用玻璃棒搅拌时，使溶液作均匀圆周运动，不要使玻璃棒碰到烧杯边缘和底部；玻璃棒转速不宜太快，以免使液体溅出或击破小烧杯，如果固体不易溶解，可适当加热促使其溶解，但应注意冷却至室温后，方可转入容量瓶中。

4. 定量转移 将烧杯中溶液定量转移至容量瓶时，烧杯口应紧靠玻璃棒，玻璃棒倾斜，下端紧靠瓶颈内壁，但不要碰到瓶内壁，使溶液沿玻璃棒和内壁流入瓶内，如图 2-15（b）所示。烧杯中溶液流完后，将烧杯沿玻璃棒稍微向上提起，同时使烧杯直立，再将玻璃棒放回烧杯中，用洗瓶吹洗玻璃棒和烧杯内壁，如前法将洗涤液转移至容量瓶中，一般应重复 5 次以上，以保证定量转移。当加水至容量瓶约 3/4 容积时，用手指夹住瓶塞，将容量瓶拿起，旋转摇动几周，使溶液初步混匀（注意：此时不能加塞倒立摇动）。

5. 定容 加水至距离刻度标线约 1cm 处时，等 1~2 分钟，使附在瓶颈内壁的溶液流下后，再用胶头滴管加水至溶液凹液面最低点与刻度标线相切为止（有色溶液亦同）。

6. 混匀 盖紧瓶塞，按检漏的操作方法倒转容量瓶，反复摇动 10 次以上，如图 2-15（c）所示，放正容量瓶，打开瓶塞，使瓶塞周围溶液流下，重新盖好塞子后，再倒转容量瓶，摇动 2 次，使溶液全部混匀。如瓶内液面低于标线，不应补加水至标线。

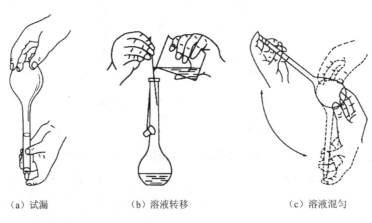

（a）试漏　　　　　（b）溶液转移　　　　　（c）溶液混匀

图 2-15　容量瓶的操作

如用容量瓶稀释溶液，则用移液管（吸量管）移取一定体积浓溶液，在烧杯中稀释冷却后，定量转移至容量瓶中，加水稀释至标线，当浓溶液稀释不放热时，可直接将浓溶液放入在容量瓶中，加水稀释，其余操作同前。配好的溶液如需保存，应转移至试剂瓶中，贴上标签，不要把容量瓶当作试剂瓶贮存溶液。

容量瓶使用完毕后，应立即用水冲洗干净。如长时间不用，应用纸片将玻璃塞与磨口隔开，以免玻璃塞将来可能不易打开。

答案解析

一、单项选择题

1. 配制 500ml $\varphi_B = 0.75$ 的消毒用乙醇溶液，需要 $\varphi_B = 0.95$ 的乙醇（　　）ml。

    A. 500　　　　　　　　B. 395　　　　　　　　C. 356　　　　　　　　D. 375

2. 500ml $\rho_B = 50g/L$ 的葡萄糖注射液中含有葡萄糖（　　）g。

    A. 25　　　　　　　　B. 50　　　　　　　　C. 250　　　　　　　　D. 500

3. 500ml $c_B = 4\text{mol/L}$ 的硫酸溶液中含 H_2SO_4 （   ）g。

   A. 78　　　　　　　B. 49　　　　　　　C. 98　　　　　　　D. 196

4. 配制 250ml 0.1mol/L 的 $CuSO_4$ 溶液，需要称取 $CuSO_4 \cdot 5H_2O$ （   ）g。

   A. 4　　　　　　　B. 6.25　　　　　　C. 0.625　　　　　D. 250

5. 生理氯化钠溶液的物质的量浓度是 （   ）mol/L。

   A. 0.0154　　　　　B. 308　　　　　　C. 0.154　　　　　D. 15.4

6. 某患者需补 5.0×10^{-2} mol Na^+，应补生理氯化钠溶液 （   ）ml。

   A. 300　　　　　　B. 500　　　　　　C. 233　　　　　　D. 325

7. 稀溶液依数性中，有一个依数性可以解析其他三个依数性，该依数性是 （   ）。

   A. 蒸汽压下降　　　B. 沸点升高　　　　C. 凝固点降低　　　D. 渗透压

8. 一密闭容器中放一杯生理氯化钠溶液 a 和一杯纯水 b，放置足够长时间后发现 （   ）。

   A. a 杯水减少，b 杯水满后不再变化　　　　B. a 杯变成空杯，b 杯水满后溢出

   C. b 杯水减少，a 杯水满后不再变化　　　　D. b 杯变成空杯，a 杯水满后溢出

9. 下列溶液中，与血浆等渗的是 （   ）。

   A. 90g/L NaCl 溶液　　　　　　　　　　B. 0.9g/L NaCl 溶液

   C. 50g/L 葡萄糖溶液　　　　　　　　　D. 50g/L $NaHCO_3$溶液

10. 一定温度下，100g 水中溶解 0.25g 蔗糖，该溶液蒸汽压下降与溶液中的 （   ）成正比。

   A. 溶质的质量　　　　　　　　　　　　B. 溶质的质量摩尔浓度

   C. 溶剂的质量　　　　　　　　　　　　D. 溶剂的质量摩尔浓度

11. 0.2mol/L 的下列溶液中渗透压最大的是 （   ）。

   A. NaCl　　　　　　B. $C_6H_{12}O_6$　　　C. $NaHCO_3$　　　　D. $CaCl_2$

12. 下列五种溶液能使红细胞发生皱缩的是 （   ）。

   A. 9.0g/L NaCl 溶液　　　　　　　　　B. 1.0g/L NaCl 溶液

   C. 50g/L 葡萄糖溶液　　　　　　　　　D. 100g/L 葡萄糖溶液

13. 100ml 溶液中含 4mg Ca^{2+}，则溶液中 Ca^{2+}的浓度为 （   ）。

   A. 0.1mol/L　　　　B. 0.1mmol/L　　　C. 1mol/L　　　　D. 1mmol/L

14. 将红细胞放在 0.9% 的 NaCl 溶液中，会出现 （   ）。

   A. 吸水过多而破裂　　　　　　　　　　B. 失水过多而死亡

   C. 保持正常形态　　　　　　　　　　　D. 皱缩

二、填空题

1. 物质的量的基本单位为_____，用_____表示。

2. 物质的量浓度是_____，用符号_____表示，计算公式为：_____。

3. 溶液的配制是指称取一定质量或量取一定体积的溶质配制成一定质量或一定体积的溶液。溶液的配制一般包括_____等操作步骤。

4. 稀溶液的依数性主要有：_____四个方面。

三、简答题

1. 农民都知道不能在盐碱地种庄稼，盐碱地种的庄稼很难生长，请你用学过的知识解释一下这是为什么？

2. 北方人吃冻梨时，将冻梨从冰箱内拿出来放入凉水中浸泡，一段时间后冻梨表面就会结一层薄冰，里面却解冻了。请你用学过的知识解释一下此现象。

3. 为什么在淡水中游泳会感到眼睛红肿、疼痛？

4. 甘露醇是一种组织脱水药，静脉注射后不易从毛细血管渗入组织，是临床上用于治疗和抢救多种原因的脑水肿的首选药物。试述甘露醇为什么有此种功效？

四、计算题

市售浓硫酸的密度 ρ 为 1.84g/ml，质量分数为 98%，求其物质的量浓度 c_B 和质量摩尔浓度 b_B。

书网融合……

知识回顾　　　微课1　　　微课2　　　微课3　　　习题

（勇飞飞）

第三章　胶体分散系

学习引导

胶体溶液型药剂是指一定大小的固体颗粒药物或高分子化合物分散在溶剂中所形成的溶液。其质点一般在 1～100nm，分散剂大多数为水，少数为非水溶剂。胶体溶液可分为溶胶（疏液胶体）和高分子溶液（亲液胶体）。固体颗粒以多分子聚集体（胶体颗粒）分散于溶剂中，构成多相不均匀分散体系（疏液胶）；高分子化合物以单分子形式分散于溶剂中，构成单相均匀分散体系（亲液胶）。

胶体溶液与医药密切相关，构成人体组织和细胞的基础物质，如蛋白质、核酸、糖原等都是胶体物质；而体液如血浆、细胞内液、组织液、淋巴液等都具有胶体的性质；许多药物如胰岛素、催产素、血浆代用液以及疫苗等都需制成胶体形式才能使用。

本章主要介绍分散系的概念及分类、溶胶的性质、高分子溶液的特征和凝胶的性质。

学习目标

1. **掌握**　分散系的概念及分类；溶胶的性质、稳定因素及聚沉方法；高分子溶液的盐析和保护作用。
2. **熟悉**　高分子溶液的概念和特征；凝胶的性质。
3. **了解**　胶团的结构。

第一节　分散系

PPT

一、分散系的有关概念 ℮ 微课1

在进行科学研究时，常把作为研究对象的那一部分物质或空间称为体系。体系中物理性质和化学性质完全相同且与其他部分有明显界面的均匀部分称为相。只含一个相的体系称为单相或均相体系；含有两个或两个以上相的体系称为多相体系或非均相体系。

一种或几种物质以细小颗粒分散在另一种物质中形成的体系称为分散系。在分散系中，被分散的物质称为分散质或分散相，而容纳分散质的物质称为分散剂或分散介质。例如，生理氯化钠溶液是组成氯化钠的钠离子和氯离子分散在水中形成的分散系；葡萄糖溶液是葡萄糖分子分散在水中形成的分散系。

这里的氯化钠和葡萄糖是分散质（或分散相），水是分散剂（或分散介质）。

二、分散系的分类

分散体系的某些性质常随分散相粒子的大小而改变。因此，按分散相粒子的大小不同可将分散系分为三类：小分子（或离子）分散系，其分散质粒子的直径在1nm以下，称为真溶液；胶体分散系，其分散质粒子的直径在1~100nm；粗分散系，其分散质粒子的直径在100nm以上，称为浊液。不同分散系的主要性质见表3-1。

表3-1 三类分散系的比较

分散系	分散质	分散质粒子直径	主要特征	实例
小分子（或离子）分散系	分子，离子	<1nm（能透过半透膜）	澄清，透明，均一稳定，无丁达尔现象	NaCl溶液，溴水
胶体分散系	胶粒（分子集体或单个高分子）	1~100nm（不能透过半透膜，但能通过滤纸）	均一，较稳定，有丁达尔现象，常透明	Fe(OH)$_3$胶体，肥皂水，淀粉溶液
粗分散系	悬浊液（固体颗粒）	>100nm（不透过滤纸）	不均一，不稳定，不透明，能透光的浊液有丁达尔现象	水泥，乳剂水溶液
	乳浊液（小液滴）			

（一）分子（离子）分散系

分子（离子）分散系通常称为溶液，分散相粒子的直径小于1nm。这类分散系中的分散相粒子是单个的分子或离子，因分散相粒子很小，在分散相和分散剂之间没有界面，不能阻止光线通过，所以溶液是透明的。这种溶液均一且具有高度稳定性，无论放置多久，分散相颗粒不会因重力作用而下沉。分散相颗粒能透过滤纸或半透膜，在溶液中扩散很快，例如，生理氯化钠溶液和葡萄糖水溶液等。在溶液中，分散相又称为溶质，分散介质又称为溶剂。

在化学和药学中最常见的是以水为溶剂的溶液，本书如无特别说明，溶液均是指水溶液。

（二）胶体分散系

胶体分散系即胶体溶液，分散相粒子的直径为1~100nm，属于这一类分散系的有溶胶和高分子溶液。溶胶的分散相粒子称为胶粒，分散相和分散介质之间有界面，属于多相分散系，它的稳定性和均匀程度不如溶液。高分子溶液是以单个高分子的形式分散在分散剂中形成的胶体分散系，如蛋白质溶液，分散相与分散介质之间没有界面。高分子溶液是均匀、稳定、透明的体系。在外观上胶体溶液不浑浊，用肉眼或普通显微镜均不能辨别。

许多蛋白质、淀粉、糖原溶液及血液、淋巴液等属于胶体溶液。胶体溶液还可以按照分散剂的状态分为：固溶胶，如烟水晶、有色玻璃；气溶胶，如烟、雾、云；液溶胶，如Fe(OH)$_3$胶体。胶体颗粒能透过滤纸，但不能透过半透膜，因此可用渗析方法来纯化。

（三）粗分散系

在粗分散系中，分散相粒子直径大于100nm，因其粒子较大，用肉眼或普通显微镜可观察到，能阻止光线通过，因而外观上是浑浊的，不透明的。另外，因分散相颗粒大，不能透过滤纸或半透膜，但易受重力影响而自动沉降，因此不稳定。

粗分散系也称为浊液。按分散相状态的不同分为悬浊液和乳浊液。悬浊液是不溶性的固体颗粒分散在液体分散介质中所形成的粗分散系，如泥浆。乳浊液则是微小液滴分散在与之不相溶的另一种液体中所形成的粗分散系，如牛奶。

即学即练 3 – 1

水、氯化钠溶液、泥浆水、淀粉溶液分别属于哪种分散系？

答案解析

第二节　胶体溶液

PPT

一、溶胶的制备和纯化

（一）溶胶的制备 微课 2

制备溶胶的方法一般有两种：分散法和凝聚法。

分散法一种是将较大的颗粒粉碎成胶粒大小的制备方法，如食品工业中用胶体磨将胡萝卜、水果肉等研磨后制作成果汁；凝聚法是使分子、原子或离子聚集成胶粒大小的方法。凝聚法可分为物理凝聚法和化学凝聚法两类。

物理凝聚法：将溶解状态或蒸气状态的物质凝结为溶胶的方法，如硫的乙醇溶液滴入水中制得硫溶胶。

化学凝聚法：在适当条件下，利用化学反应使分子或离子等聚积成较大的粒子而制成溶胶的方法。例如在沸水中逐滴加入 $FeCl_3$ 溶液，继续煮沸得到红棕色的 $Fe(OH)_3$ 胶体。

$$FeCl_3 + 3H_2O \rightleftharpoons Fe(OH)_3 + 3HCl$$

（二）溶胶的纯化

胶粒的扩散，能透过滤纸，但不能透过半透膜。利用胶粒不能透过半透膜这一性质，可除去溶胶中混有的离子、小分子杂质，使溶胶纯化。

纯化溶胶常用的方法是透析（或渗析）和超滤。透析时，可将溶胶装入半透膜袋内，放入流动的水中，溶胶中的离子、小分子杂质可透过半透膜进入溶剂，随水流去。（图 3 – 1）。超滤是在减压（或加压）的条件下，使胶粒与分散介质、低分子杂质分开的方法，其基本装置是超滤过滤器。

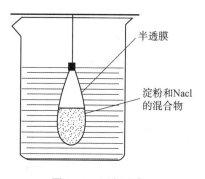

半透膜

淀粉和Nacl的混合物

图 3 – 1　透析现象

📱 **知识链接**

血液透析

人体的肾是一个特殊的渗透器，它让代谢过程中产生的废物（如尿素、尿酸等）经渗透随尿液排出体外，而将血细胞、蛋白质等保留下来。当人患有肾功能障碍时，肾就会失去功能，血液中大量的代谢废物就不能随尿液排出体外，而引起中毒。病人必须按时做血液透析排出废物。

血液透析，简称血透，是净化血液的一种技术。当病人的血液通过浸在透析液中的透析膜进行体外循环和透析时，利用半透膜原理，血液中重要的胶体蛋白质和血细胞不能透过，血液内的毒性物质（各种有害的代谢废物和过多的电解质）则可以透过，扩散到透析液中而被除去。病人靠它维持暂时的身体健康。

二、溶胶的性质

（一）溶胶的光学性质——丁达尔现象

1869年，英国物理学家丁达尔（Tyndall）发现，在暗室中，用一束聚焦的光束照射溶胶，在与光束垂直的方向观察，可以看到溶胶中有一道明亮的光柱，如图3-2所示，这个现象称为丁达尔现象（或乳光现象）。在日常生活中，也常会见到丁达尔现象。例如，阳光从窗户射进屋里的时候，从入射光垂直的方向观察，可以看到空气中的灰尘产生一道明亮的光柱。

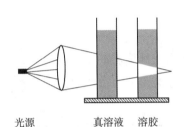

光源　　　真溶液　　溶胶

图3-2　丁达尔现象

丁达尔现象是由于胶体粒子对光的散射而产生的。在真溶液中，分散相粒子很小（直径小于1nm），大部分光线直接透射过去，光的散射十分微弱，故真溶液无明显的丁达尔现象。而粗分散系中，分散相粒子较大（直径大于光的波长），大部分光线发生反射，使粗分散系浑浊不透明。高分子化合物溶液，分散相与分散介质之间折射率差值小，对光的散射作用也很弱。因此，利用丁达尔现象，可以区别溶胶与真溶液、粗分散系及高分子化合物溶液。

临床上，注射用真溶液在灯光（强光）照射下应无乳光现象，若出现乳光则为不合格，不能作注射用，这种检测方法称为灯检。利用乳光现象设计制造的超显微镜可以观察到溶胶粒子的存在。

（二）溶胶的动力学性质——布朗运动

1827年，英国植物学家布朗（Brown）在显微镜下观察到悬浮在水中的花粉微粒不停地做无规则的运动。不久又发现，胶粒在分散介质中也做这种无规则运动，这种运动称为布朗运动（图3-3）。

布朗运动是不断做热运动的介质分子对胶粒撞击的结果。悬浮于分散介质中的每一个胶体粒子，不断受到不同方向、不同速度的介质分子的冲击，由于受到的力不平衡，所以时刻以不同的方向、不同的速度做无规则的运动（图3-4）。试验结果表明，胶粒质量越小，温度越高，运动越快，布朗运动越显著。布朗运动可抵抗重力的作用，使胶粒不易发生沉降。这是溶胶保持相对稳定的原因之一。

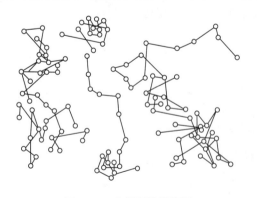

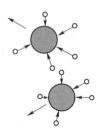

图3-3　布朗运动示意图　　　　　图3-4　介质分子对胶体粒子的冲撞

（三）电学性质——电泳

1. 电泳 U 形管中注入棕红色的 $Fe(OH)_3$ 溶胶，小心地在两液面上加入一层 NaCl 溶液（用于导电），并使溶胶与 NaCl 溶液间有一清晰的界面。然后在管的两端插入电极，接通直流电后，可以观察到负极一端棕红色 $Fe(OH)_3$ 的溶胶界面上升，而正极一端的界面下降，说明 $Fe(OH)_3$ 胶粒向负极移动（图 3-5）。这种在外电场的作用下，胶粒在介质中定向移动的现象称为电泳。胶粒具有电泳性质，证明胶粒带有电荷。根据电泳方向可以判断胶粒所带电荷的种类，大多数金属氧化物、金属氢氧化物溶胶的胶粒带正电荷，为正溶胶；大多数金属硫化物、硅胶、金、银、硫等溶胶的胶粒带负电荷，为负溶胶。

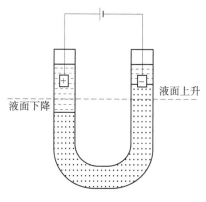

图 3-5 电泳现象

2. 胶粒带电的原因

（1）**吸附带电** 胶核是某种物质的许多分子或原子的聚集体，比表面大，表面能高，所以胶核很容易吸附溶液中的离子以降低表面能。胶核总是优先选择吸附与其组成相似的离子，当吸附正离子时，胶粒带正电；吸附负离子时，胶粒带负电。例如，当用 $AgNO_3$ 和 KI 制备溶胶时，若加入 $AgNO_3$ 过量，AgI 溶胶优先吸附 Ag^+，使胶粒带正电；若 KI 过量，AgI 溶胶则优先吸附 I^-，使胶粒带负电。

（2）**解离带电** 有些胶粒与液体介质接触时，表面的分子会发生部分解离，使胶粒带电。例如硅溶胶是由许多硅酸分子聚合而成的，其表面分子可解离出 H^+ 进入介质中，残留的 $HSiO_3^-$ 和 SiO_3^{2-} 粒子表面带负电，故硅溶胶为负溶胶。

即学即练 3-2

用 $FeCl_3$ 水解制备的 $Fe(OH)_3$ 溶胶时，请问该溶胶的胶粒带何种电荷？

答案解析

（四）胶团的结构

溶胶的性质与其结构有关，根据大量试验人们提出了溶胶的扩散双电层结构。下面以 AgI 溶胶为例来讨论胶团的结构，见图 3-6。

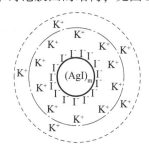

图 3-6 AgI 胶团结构示意图

首先 Ag^+ 与 I^- 反应后生成 AgI 分子，由大量的 AgI 分子聚集成大小为 1~100nm 的颗粒，该颗粒称为胶核。由于具有较高的表面能，胶核选择性地吸附 $n(n<m)$ 个与其组成相似的离子。若体系中 KI 溶液过量时，胶核选择性地吸附与其组成相类似的 I^- 离子而带负电，这些离子（如 I^- 离子）决定胶体所带电荷的种类，因此称为电位离子。电位离子又通过静电引力吸引溶液中带正电荷的 K^+，与电位离子带相反电荷的离子称为反离子。反离子既受到电位离子的静电吸引靠近胶核，又因扩散作用有离开胶核分布到溶液中去，当这两种作用达到平衡时，只有部分（$n-x$ 个）反离子排列在胶核表面，反离子和电位离子组成吸附层。胶核和吸附层组成了胶粒。胶粒的电性由电位离子的电性决定。由于吸附层中被吸附的反离子（K^+ 离子）比电位离子（I^- 离子）总数少，还有一部分反离子（K^+ 离子）松散地分布在胶粒周围形成一个扩散层。胶粒和扩散层一起组成胶团。胶粒和扩散层所带的电荷相反，电量相等，整个

胶团是电中性。

在外电场作用下，胶团在吸附层和扩散层之间的界面上发生分离，此时，胶粒向某一电极移动。胶粒是独立运动的单位，通常所说的溶胶带电，是指胶粒而言。当 KI 溶液过量时，AgI 胶团结构可用下式表示

$$\underbrace{\underbrace{\underbrace{(AgI)_m \cdot \underbrace{nI^- \cdot (n-x)K^+}_{\text{吸附层}}}_{\text{胶核}}}^{x-} \cdot \underbrace{xK^+}_{\text{扩散层}}}_{\substack{\text{胶粒} \\ \text{胶团}}}$$

三、溶胶的稳定性和聚沉

（一）溶胶的稳定性

溶胶是高度分散且表面能较大的不稳定体系，胶粒间有相互聚结而降低其表面能的趋势，但溶胶却具有一定的稳定性。主要有以下三方面的原因。

1. 胶粒带电　同一溶胶的胶粒带有相同符号的电荷，使胶粒之间相互排斥，从而阻止了胶粒互相接近与聚集。胶粒带电荷越多，斥力越大，胶粒就越稳定。胶粒带电是胶体稳定的一个主要因素，也是胶体稳定的决定性因素。

2. 布朗运动　由于布朗运动产生的动能足以克服重力对胶粒的作用，使胶粒均匀分布而不聚沉，所以布朗运动是胶体稳定的动力学因素。

3. 水化膜　胶团具有水化双电层结构，即在胶粒外面包有一层水化膜，这层水化膜使胶粒彼此隔开不易聚集。胶粒所带电荷越多，水化膜越厚，胶体越稳定。

（二）溶胶的聚沉

溶胶的稳定性是相对的、暂时的、有条件的。一旦减弱或消除溶胶稳定的因素，就可以促使胶粒聚集成较大的颗粒而沉淀下来。这种使胶粒聚集成较大颗粒而从溶液中沉淀下来的过程称为聚沉。常用的聚沉方法有以下几种。

1. 加入少量电解质　溶胶对电解质十分敏感，加入少量就能促使溶胶聚沉。原因是电解质影响胶粒的双电层结构，电解质使胶粒扩散层中的反离子受到电解质相同符号离子的排斥而进入吸附层，使胶粒的电荷数减少甚至消除，水化膜和扩散层随之变薄或消失，这样胶粒就能迅速凝集而聚沉。例如在 $Fe(OH)_3$ 溶胶中加入少量 K_2SO_4 溶液，溶胶立即发生聚沉作用，析出氢氧化铁沉淀。

电解质对溶胶的聚沉能力不仅与其浓度有关，更重要的是取决于与胶粒带相反电荷离子（即反离子）的电荷数，反离子的电荷数越高，聚沉能力越强。例如，对硫化砷溶胶（负溶胶）的聚沉能力是 $AlCl_3 > CaCl_2 > NaCl$。而 KCl 和 K_2SO_4 对硫化砷的聚沉能力几乎相等。对 $Fe(OH)_3$ 溶胶（正溶胶）的聚沉能力是 $Na_3PO_4 > Na_2SO_4 > NaCl$。为了比较不同电解质对某一溶胶的聚沉能力，常用聚沉值来表示。使一定量溶胶在一定时间内完全聚沉所需电解质的最小浓度，称为该电解质的聚沉值，单位为 mmol/L。聚沉能力是聚沉值的倒数，聚沉值越小，聚沉能力越大。

2. 加入带相反电荷的溶胶　将带相反电荷的两种溶胶按适当比例混合，也能引起溶胶聚沉，这种现象称为相互聚沉现象。相互聚沉的原因是由于不同电性的溶胶相互中和了彼此所带的电荷，所以共同聚沉下来。溶胶相互聚沉的程度与两溶胶的比例有关，当两种溶胶的胶粒电性被完全中和时，沉淀最完

全。用明矾净化水就是溶胶相互聚沉的实际应用，因为天然水中的胶体悬浮粒子一般是负溶胶，明矾中的硫酸铝水解生成的 $Al(OH)_3$ 溶胶是正溶胶，两者混合发生相互聚沉，再加上 $Al(OH)_3$ 絮状物的吸附作用，使污物清除，达到净化水的目的。

3. 加热 因为加热增加了胶粒的运动速度和碰撞机会，同时削弱了胶核对离子的吸附作用，从而降低了胶粒所带的电量和水化程度，使胶粒在碰撞时聚沉。例如，将 As_2S_3 溶胶加热至沸腾，就析出黄色的 As_2S_3 沉淀。

实例分析

实例 豆腐是日常烹饪会用到的食材。制作豆腐工序主要为榨豆浆、点豆浆、压豆腐，其中最重要的步骤是点豆浆：先将已焙烧的石膏磨成石膏粉，加水调浆（也有用卤水的）后倒入煮好的豆浆中，搅拌均匀后静置一段时间后，豆浆就会由液态变成固态凝胶状的豆腐脑了，经过压制即可成为豆腐。

问题 为何加入石膏浆或卤水后液态的豆浆就会变成豆腐了呢？

答案解析

四、高分子化合物溶液

高分子化合物溶液的分散相微粒直径为 $1 \sim 100nm$，属于胶体分散系，其分散相是单个的高分子或离子。

高分子化合物（又称大分子化合物）是指有一种或多种小的结构单元（链节）重复连接而成的相对分子质量在一万以上，甚至高达几百万的化合物。它包括天然高分子化合物和合成高分子化合物两类。常见的天然高分子化合物有蛋白质、淀粉、核酸、糖原、动物胶等。而常见的合成高分子化合物有橡胶、聚乙烯塑料和合成纤维等。

高分子化合物具有结构和形状复杂等特征，但组成一般比较简单，都是由一种或多种小的结构单元重复连接而成的长链形分子。这些小的结构单元称为链节，链节重复的次数称为聚合度，用 n 表示。例如，多糖类的纤维素、淀粉、糖原的分子都是由数千个葡萄糖残基（$—C_6H_{10}O_5$）连接而成，它们的通式可写为 $(C_6H_{10}O_5)_n$，由于 n 值不同，通常说的高分子化合物的摩尔质量只是一种平均摩尔质量。

（一）高分子化合物溶液的特征

1. 稳定性较大 高分子化合物溶液在稳定性方面与真溶液相似。这是因为高分子化合物分子具有很多亲水基团（如 $—OH$、$—COOH$、$—NH_2$ 等），这些基团与水有很强的亲和力。当高分子化合物溶解在水中时，它表面上的亲水基团就会通过氢键与水分子结合，形成密而厚的水化膜。由于水化膜的存在，使其相互碰撞时不易凝聚，水化膜的形成是高分子化合物溶液具有稳定性的重要原因。

2. 黏度较大 高分子化合物溶液的黏度较大。比真溶液、溶胶的黏度大得多，这是由于高分子化合物具有线状或分枝状结构，把一部分液体包围在结构中使它失去流动性，加上高分子化合物高度溶剂化（若溶剂为水，则为水化），使自由流动的溶剂减少，故黏度较大。

3. 溶解过程的可逆性 高分子化合物能自动溶解在溶剂里形成真溶液。用蒸发或烘干的方法可以将高分子化合物从它的溶液里分离出来，如果再加入溶剂，高分子化合物又能自动溶解，即它的溶解过程是可逆的。而胶体溶液聚沉后，一般很难或者不能使用简单加入溶剂的方法使其复原。

4. 渗透压较高　高分子溶液与溶胶相比，相同浓度时具有较高的渗透压。由于高分子化合物长链上的每一个链段都是能独立运动的小单元，从而使高分子化合物具有较高的渗透压。

为了便于比较，现将高分子化合物溶液和溶胶主要性质的异同点归纳于表3-2中。

表3-2　高分子化合物溶液和溶胶的性质比较

	溶胶	高分子化合物溶液
相同特点	分散相粒子直径为1~100nm，扩散速度慢，不能透过半透膜	
不同特点	分散相粒子是许多分子、离子的聚集体；体系相对稳定；丁达尔现象明显；加入少量电解质即聚沉；黏度小	分散相粒子是单个分子、离子；均匀稳定体系；丁达尔现象微弱；加入大量电解质才聚沉；黏度大

（二）高分子化合物溶液的盐析和保护作用

1. 盐析　加入大量电解质使高分子从溶液中聚沉的过程，称为盐析。盐析的实质是电解质电离出的离子具有强的溶剂化作用，加入大量电解质，一方面使高分子脱溶剂化，导致水化膜的减弱或消失，另一方面溶剂被电解质夺去，导致这部分溶剂失去溶解高分子化合物的能力，故高分子化合物发生聚沉。

但溶胶只需少量电解质就可使其发生聚沉，为什么聚沉高分子溶液和溶胶时电解质的用量不同呢？这是因为溶胶稳定的主要因素是胶粒带电荷，电解质中和电荷的能力很强，只需少量电解质就能中和胶粒所带的电荷。高分子溶液稳定的主要因素是分子表面有一层厚而致密的水化膜，要将水化膜破坏，必须加入大量的电解质。

2. 高分子溶液的保护作用　在溶胶中加入适量的高分子化合物溶液，可以显著地增强溶胶的稳定性，当受到外界因素（如加入电解质）作用时，不易发生聚沉，这种现象称为高分子化合物溶液对溶胶的保护作用。例如，在含有明胶的硝酸银溶液中加入适量的氯化钠溶液，则反应生成的氯化银不发生沉淀，而形成胶体溶液。高分子化合物之所以对溶胶具有保护作用，是由于高分子化合物都是能卷曲的线形分子，很容易被吸附在溶胶粒子表面上，将整个胶粒包裹起来形成一个保护层；又因为高分子化合物水化能力很强，在高分子化合物表面又形成一层密而厚的水化膜，阻止了胶粒之间的相互碰撞及胶粒对溶液中相反电荷离子的吸引，从而增加了溶胶的稳定性。

高分子化合物对溶胶的保护作用在生理过程中非常重要。血液中的碳酸钙、磷酸钙等微溶性的无机盐类，都是以溶胶的形式存在的，由于血液中的蛋白质对这些盐类溶胶起了保护作用，所以它们在血液中的含量比在水中提高了近5倍，但仍能稳定存在而不聚沉。但当发生某些疾病使血液中的蛋白质减少时，就减弱了对这些盐类溶胶的保护作用，这些微溶性盐类就可能沉积在肝、肾等器官中，使新陈代谢发生故障，形成肾脏、肝脏等结石。

（三）凝胶

1. 凝胶的形成与分类　在适当条件下，高分子化合物溶液和溶胶黏度逐渐增大，最后失去流动性，形成具有网状结构、外观均匀并保持一定形态的弹性半固体，这种半固体物质称为凝胶，形成凝胶的过程称为胶凝。例如豆浆是流体，加入电解质后变成豆腐，豆腐即是凝胶。

凝胶形成的原因是大量的高分子化合物或胶粒通过范德华力相互交联形成立体网状结构，把分散介质包围在网眼中，使其不能自由流动，而变成半固体状态。由于交联不牢固而表现的柔顺性，致使凝胶具有一定的弹性。凝胶是处于液体与固体之间的中间状态，体系不会分层，而是以网状结构的整体形式存在。

根据凝胶中液体含量的多少，可以将凝胶分为冻胶和干胶，液体含量在90%以上的凝胶称为冻胶

（如血块等），其余的称为干胶（如琼脂等）；根据凝胶的形态，可将凝胶分为弹性凝胶和非弹性凝胶。凡是烘干后体积缩小很多，但仍能保持弹性或放入溶剂中能恢复弹性的凝胶为弹性凝胶，如明胶、肉冻、琼脂等；若在烘干后体积缩小不多，并失去弹性的凝胶为非弹性凝胶，如氢氧化铝、硅胶等。

2. 凝胶的主要性质

（1）溶胀（膨润）　将干燥的弹性凝胶放入适当溶剂中，会自动吸收溶剂，使其体积（或重量）明显增大，这种现象称为溶胀。如果这样的溶胀作用进行到一定程度便自行停止，称为有限溶胀，如植物种子在水中的溶胀。若凝胶的溶胀可一直进行下去，直到其网状骨架完全消失形成溶液，这种溶胀称为无限溶胀，如明胶在水中的溶胀。

（2）离浆　凝胶在放置过程中，缓慢自动地渗出液体，使体积缩小的现象称为脱水收缩或离浆，如图3-7所示。如常见的糨糊搁久后要析出水，血块放置后便有血清分离出来。

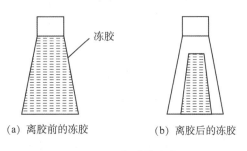

图3-7　凝胶的离浆

脱水收缩是膨胀的逆过程，可以认为是凝胶的网状相互靠近，促使网孔收缩，把一部分液体从网眼中挤出来的结果。体积变小了，但仍然保持原来的几何形状。离浆现象在生命过程中普遍存在，因为人类的细胞膜、肌肉组织纤维等都是凝胶状的物质，老人皮肤松弛、变皱主要就是细胞老化导致离浆现象而引起的。

（3）触变现象　某些凝胶在受到振荡或搅拌等外力作用时，网状结构被拆散变成有较大流动性的溶液状态（稀化），去掉外力静置一段时间后，又失去流动性恢复半固体凝胶状态（重新稠化），这种现象称为触变现象。触变现象的发生，主要是因为凝胶的网状结构是通过范德华力形成的不稳定、不牢固的网络。当受到外力作用时，这种不牢固的网状结构就被破坏而释放出液体。外力消失后，由于范德华力作用又将高分子化合物（或胶粒）交织成空间网络，包住液体形成凝胶。临床使用的药物中就有触变性药剂，临床使用时只需用力振摇就会成为均匀的溶液。触变性药剂的主要特点是比较稳定、便于储藏。

所有天然的和人造的半透膜都是凝胶。半透膜的特点是可以让一些小分子（或离子）通过，而大分子不能通过。分子能否通过半透膜主要取决于膜的网络孔径大小，另外还与网状结构中所含液体的性质及网眼壁上所带的电荷有关。凝胶膜与分子筛相似，可以使大小不同的分子得到分离。近年来迅速发展的凝胶色谱分析，就是利用了凝胶的这种性质。

✎ 实践实训

实训三　溶胶的制备和性质

一、目的要求 📱 微课3

1. 理解　胶体溶液的主要性质、溶胶的聚沉作用、高分子溶液对溶胶的保护作用和活性炭的吸附现象。

2. 应用　制备溶胶，保护溶胶。

二、实训指导

胶体是一种分散相粒子直径为 1~100nm 的分散体系，主要包括溶胶和高分子溶液两大类。固体分散相分散在互不相溶的液体介质中所形成的胶体称为溶胶。

溶胶稳定的主要因素是胶粒带电和水化膜的存在。溶胶的稳定性是相对的，当稳定性因素遭到破坏时，胶粒就会相互聚集成较大的颗粒而聚沉。引起溶胶聚沉的因素很多，如加入少量电解质、加相反电荷溶胶以及加热等。其中最重要的聚沉方法是加入电解质。与胶粒带相反电荷的离子称为反离子，反离子的价数越高，聚沉能力越强。

在暗室中，用一束聚焦的光束照射溶胶，在与光束垂直的方向观察，可以看到溶胶中有一道明亮的光柱，这种现象称为丁达尔现象。这种现象是由胶粒对光的散射作用产生的。利用丁达尔现象可区分溶胶和其他分散系。

溶胶是高度分散的不均匀体系，比表面大，表面能高，所以胶粒很容易吸附与其组成相似的离子而带电荷。在外电场的作用下，胶粒在介质中定向移动的现象称为电泳。根据胶粒电泳的方向可以确定胶粒带有什么电荷。

高分子溶液的分散相是单个大分子，属均相体系。当把足量的高分子溶液加到溶胶中时，可在胶粒周围形成高分子保护层，提高溶胶的稳定性，使溶胶不易发生聚沉。

活性炭是一种疏松多孔、表面积大、难溶于水的黑色粉末。其吸附能力强，可用来吸附各种色素、有毒气体等，是常用的吸附剂。

三、实训内容

（一）准备仪器和试剂

1. 仪器　试管及试管架、烧杯（100ml）、三脚架、石棉网、酒精灯、表面皿、量筒（10ml、50ml）、丁达尔效应装置、电泳装置（U 形管、直流电源、电极）。

2. 试剂　$FeCl_3$（1mol/L）、Na_2SO_4（1mol/L）、NaCl（1mol/L）、$AlCl_3$（1mol/L）、KI（0.05mol/L）；$AgNO_3$（0.05mol/L，0.1mol/L）、K_2CrO_4（0.01mol/L）、$Pb(NO_3)_2$（0.01mol/L）、硫酸铜溶液等。

3. 其他　品红溶液、硫化砷溶胶、明胶溶液、酚酞、活性炭等。

（二）操作步骤

1. 胶体的制备　$Fe(OH)_3$ 胶体的制备在洁净的小烧杯中加入 30ml 蒸馏水，加热至沸腾，在搅拌下逐滴加入 1mol/L $FeCl_3$ 溶液 1ml（每毫升约 20 滴），继续煮沸，直到生成深红色的 $Fe(OH)_3$ 溶胶。制得的溶胶备用。

2. 胶体溶液的聚沉

（1）加入少量电解质取两支试管，各加入 1ml 自制的氢氧化铁溶胶。在一支试管里逐滴滴加 1mol/L Na_2SO_4 溶液，直至出现沉淀为止，记录滴加的 Na_2SO_4 溶液滴数。在另一支试管里逐滴加入相同滴数的 1mol/L NaCl 溶液，观察有无沉淀生成。

（2）加热取 1 支试管，加入 2ml 氢氧化铁溶胶，加热至沸腾，观察有何现象。

3. 胶体的丁达尔现象　将自制的氢氧化铁溶胶放入试管中，置于丁达尔效应器内观察有无丁达尔现象，改用硫酸铜溶液做同样的实验，观察有无丁达尔现象。

4. 胶体的电泳　将自制的 $Fe(OH)_3$ 溶胶放入 U 形管中，在管左右两边沿管壁小心滴入 2～3ml 电解质溶液（导电作用），使电解质与溶胶之间保持清晰界面，两边分界面要高度一致，插入电极，通电观察现象。

5. 高分子化合物对溶胶的保护作用

（1）取两支试管，在一支试管中加入 1ml 明胶溶液，另一支试管中加入 1ml 蒸馏水，然后在两支试管中分别加入 1mol/L NaCl 溶液 5 滴，振荡。再在两支试管中分别滴加 2 滴 0.1mol/L $AgNO_3$ 溶液，观察两试管中的现象有什么不同。

（2）取两支试管，分别加入 1mol/L NaCl 溶液 5 滴，再各滴加 2 滴 0.1mol/L $AgNO_3$ 溶液，振荡。然后，在一支试管中加入 1ml 明胶溶液，在另一支试管中加入 1ml 蒸馏水，观察两试管中的现象。

6. 活性炭的吸附作用

（1）活性炭对色素的吸附作用　在一支试管中加入 4ml 品红溶液和一药匙活性炭，用力振荡试管后静置。观察上清液颜色有何变化。

将上述试管里的物质用力摇动后过滤，过滤完毕，移去装有滤液的烧杯。在一个干净的空烧杯中，用 4～5ml 乙醇洗涤滤纸及滤纸上的残留物，观察滤液的颜色。

（2）活性炭对重金属离子的吸附　在一支试管里加入蒸馏水约 3ml，再滴加 5 滴 0.01mol/L $Pb(NO_3)_2$ 溶液，然后加入 0.01mol/L K_2CrO_4 溶液 5 滴，观察现象。写出有关化学反应方程式。

另取一支试管加入蒸馏水约 3ml，再滴加 5 滴 0.01mol/L $Pb(NO_3)_2$ 溶液和一小勺活性炭，振荡试管，静置片刻后过滤去活性炭。然后在滤液中滴加 5 滴 0.01mol/L K_2CrO_4 溶液，观察现象。与上述试管比较有何不同，并解释之。

四、实训注意

1. 制备 $Fe(OH)_3$ 溶胶时小烧杯要清洁干净，要用蒸馏水，不能用自来水。蒸馏水沸腾，在搅拌下逐滴加入 $FeCl_3$ 后继续煮沸，生成深红色的 $Fe(OH)_3$ 溶胶，煮沸时间不宜过长。

2. 可使用激光笔检验胶体是否生成，注意激光笔不要直射眼睛。

五、实训思考

1. 制备 $Fe(OH)_3$ 溶胶时，如何才能避免生成 $Fe(OH)_3$ 沉淀？

2. 在高分子化合物对溶胶的保护作用实验中，为什么加入明胶的先后不同会产生不同的现象？

3. 哪些因素可以使溶胶发生聚沉？

目标检测

答案解析

一、单项选择题

1. 浊液区别于其他分散系最本质的特征是（　　）。

　　A. 外观浑浊不清　　　　　　　　　　B. 分散质粒子不能透过滤纸

　　C. 不稳定　　　　　　　　　　　　　D. 分散质粒子直径大于 100nm

2. 使溶胶稳定的决定性因素是（　　）。

  A. 布朗运动   B. 丁达尔现象

  C. 溶剂化膜作用   D. 胶粒带电

3. 下列电解质对 As_2S_3 溶胶（负溶胶）的聚沉能力由强到弱的顺序是（   ）。

  A. $NaCl > CaCl_2 > AlCl_3$ B. $NaCl > AlCl_3 > CaCl_2$

  C. $CaCl_2 > AlCl_3 > NaCl$ D. $AlCl_3 > CaCl_2 > NaCl$

4. 丁达尔现象是光射到胶粒上所产生的（ ）现象引起的。

  A. 透射   B. 反射   C. 折射   D. 散射

5. 用半透膜分离胶体粒子与电解质溶液的方法称为（ ）。

  A. 电泳   B. 过滤   C. 渗析   D. 胶溶

6. 用 $AgNO_3$ 溶液与过量 KI 溶液制备 AgI 溶胶时，胶核吸附的离子是（ ）。

  A. K^+ B. I^- C. Ag^+ D. NO_3^-

7. 蛋白质溶液属于（ ）。

  A. 悬浊液   B. 乳浊液   C. 溶胶   D. 高分子溶液

8. 高分子溶液有别于低分子真溶液而表现胶体性质的因素是（ ）。

  A. 分子带电   B. 粒子半径大   C. 均相体系   D. 水化膜作用

二、填空题

1. 根据分散性粒子的大小，分散系可分为_____、_____和_____三大类。胶体中，分散相粒子的直径在_____范围内。

2. 使胶体聚沉的方法有_____、_____、_____。

3. 胶粒带电有两种原因：一种是_____，另一种是_____。

4. 凝胶分为_____和_____两大类。

三、问答题

溶胶具有一定稳定性的原因是什么？

四、综合题

  淀粉－碘化钾溶液是用淀粉胶体和碘化钾溶液混合而成的，可采用什么方法将它们分离出来？简述此方法的原理以及操作过程。并要证明：

  （1）淀粉－碘化钾溶液中既存在淀粉，又存在碘化钾；

  （2）分离后的淀粉胶体中只有淀粉，而无碘化钾；

  （3）分离后的碘化钾溶液中只有碘化钾，而无淀粉。

书网融合……

知识回顾   微课1   微课2   微课3   习题

（蓝林欣）

第四章 化学反应速率和化学平衡

学习引导

药品的有效期是指在规定储存条件下药品能保证其质量合格的期限，或者说是在规定储存条件下药品有效成分减少 10% 所经历的时间。药品有效成分的减少主要是药品的降解。降解是一种化学过程，包括氧化、分解、水解等化学反应。绝大多数化学反应与条件有关，如温度、浓度、催化剂等因素。例如胰岛素的保存为冰箱冷藏，如果温度过高或过低会使其有效期缩短甚至失效。

本章主要介绍化学平衡的基本概念、特点、意义及相关计算，影响化学平衡的因素及其在医药中的应用。

学习目标

1. **掌握** 化学平衡的基本概念、特点、意义及相关计算；影响化学平衡的因素。

2. **熟悉** 化学反应速率概念；影响化学反应速率的主要因素及其变化规律；平衡常数表达式的书写及相关计算。

3. **了解** 化学平衡移动原理及其在医药中的应用。

第一节 化学反应速率

PPT

一、化学反应速率及其表示方法 ℮ 微课1

我们的生活中，尤其在医药中发生着各种化学反应，不同化学反应其速率不同，有的进行得快，有的进行得慢，例如炸药爆炸、酸碱中和反应等瞬时就能完成；而塑料的老化、石油的形成、药品和食品的氧化变质等需要较长时间才能完成。即使是同一化学反应，在不同条件下其反应速率也不相同，化学反应的快慢用化学反应速率来表示。

化学反应速率是指一定条件下单位时间内某化学反应的反应物转变为产物的速率，习惯用单位时间内反应物浓度的减少或生成物浓度的增加来表示。物质的浓度常用物质的量浓度来表示，单位为 mol/L，时间单位可根据具体反应进行的快慢用秒、分、小时、天或年等表示。

$$\bar{v} = \frac{|c_2 - c_1|}{t_2 - t_1} \text{ 即 } \bar{v} = \left| \frac{\Delta c}{\Delta t} \right|$$

式中，Δc 表示反应时间内某组分浓度的变化；Δt 表示反应时间；$\bar{v}$ 为平均速率，表示在某一时间间隔内反应中物质浓度的变化量，单位一般用 mol/（L·s）、mol/（L·min）或 mol/（L·h）等表示。例如化学反应中某一瞬间（t_1）某反应物的浓度 $c_1 = 4.0 \text{mol/L}$，经过 10 秒后（$t_2 - t_1 = 10\text{s}$）测得该反应物的浓度 $c_2 = 3.0 \text{mol/L}$，在此 10s 内该反应的平均速率为 0.1mol/(L·s)。

计算过程：

$$\bar{v} = \frac{|c_2 - c_1|}{t_2 - t_1} = \frac{|3.0 - 4.0|}{10} = 0.1 \text{mol/(L·s)}$$

例 4-1 在一定条件下，对于合成氨反应：

$$N_2 + 3H_2 \rightleftharpoons 2NH_3$$

始浓度（mol/L）　　　　　　　2.0　3.0　　　0

2s 末浓度（mol/L）　　　　　　1.8　2.4　　　0.4

求此反应在该条件下反应速率是多少？

解： 此反应在该条件下的反应速率可以从下列不同物质的浓度变化来表示。

若以 $\bar{v}_{N_2}$ 的变化来计算：

$$\bar{v}_{N_2} = \frac{|c_2 - c_1|}{t_2 - t_1} = \frac{|1.8 - 2.0|}{2 - 0} = 0.1 \text{mol/(L·s)}$$

若以 $\bar{v}_{H_2}$ 的变化进行计算：

$$\bar{v}_{H_2} = \frac{|c_2 - c_1|}{t_2 - t_1} = \frac{|2.4 - 3.0|}{2 - 0} = 0.3 \text{mol/(L·s)}$$

若以 $\bar{v}_{NH_3}$ 的变化进行计算：

$$\bar{v}_{NH_3} = \frac{|c_2 - c_1|}{t_2 - t_1} = \frac{|0.4 - 0|}{2 - 0} = 0.2 \text{mol/(L·s)}$$

从以上计算结果可以看出，必须注意以下几点。

1. 对于同一个化学反应中，以不同物质浓度变化表示反应速率数值可能不同，如上述合成氨反应 $\bar{v}_{N_2} : \bar{v}_{H_2} : \bar{v}_{NH_3} = 1 : 3 : 2$，因此，表示化学反应速率时必需指出研究对象，同时可以得出各物质反应速率之比等于化学方程式中相应物质分子式前化学计量数之比。

2. 对于同一条件的化学反应，在比较反应速率快慢时，必须是针对同一研究对象进行比较才有意义。

3. 对于上述合成氨反应所计算的反应速率只是在 0~2 秒内的平均速率，但在实际生产中，要了解某一时刻的反应速率，即瞬时速率，更具有实际意义。要想精确表示化学反应在某一时刻的速率，可以将观察的时间无限缩短，所得平均速率的极限即为化学反应在某一时刻的瞬时速率，即当 Δt 趋于零时，则可求出瞬时速率。计算公式如下：

$$v = \lim_{\Delta t \to 0} \frac{|c_2 - c_1|}{t_2 - t_1}$$

4. 化学反应具有可逆性，实验测得的反应速率实际上是正向速率和逆向速率之差，即净反应速率。

二、化学反应速率理论简介

化学反应本身千差万别，其反应速率各不相同。其主要原因为：一是内在因素，反应物本身的组成、结构和性质；二是外界因素，如温度、浓度、压强、催化剂等。为了揭示化学反应速率的内在规律，化学家们提出了多种揭示化学反应内在联系的模型，最终形成了两种最主要的速率理论，即有效碰撞理论和过渡状态理论。

（一）有效碰撞理论

1918 年，路易斯（Lewis）在分子运动论的基础上提出了反应速率的有效碰撞理论。

1. 有效碰撞　反应物分子（或原子、离子）之间相互碰撞是发生化学反应的必要条件，反应物分子必须相互碰撞才有可能发生反应，但不是反应物分子每一次碰撞都能发生反应。例如，713K 条件下，$H_2(g)$ 和 $I_2(g)$ 合成 $HI(g)$ 的反应中，若 $H_2(g)$ 与 $I_2(g)$ 浓度均为 0.02mol/L，碰撞频率可高达 1.27×10^{29} 次/（ml·s），而其中实际上每发生 10^{13} 次碰撞中才有一次能发生反应，其他绝大多数碰撞是无效的弹性碰撞，不能发生反应。对一般反应来说，事实上只有少数或极少数分子碰撞时能发生反应，能发生反应的碰撞称为有效碰撞。反应速率与反应物分子间碰撞频率有关，碰撞的频率越高，其反应速率越快，反应速率快慢与单位时间内碰撞次数（碰撞频率）成正比，同时碰撞频率与反应物浓度成正比。

2. 活化分子　能够发生有效碰撞的分子，称为活化分子。活化分子必须具备足够的能量，以克服分子接近时电子云之间的排斥力，从而使分子中的原子重组，即发生化学反应，所以活化分子具有的能量高于一般分子所具有的能量。

3. 活化能　在一定温度下，体系中反应物分子具有一定的平均能量（$\bar{E}$），大部分分子的能量接近于平均能量（$\bar{E}$）值，能量大于或低于 $\bar{E}$ 值的分子只占极少数或者少数，非活化分子必须吸收足够的能量才能转化为活化分子。活化分子具有的最低能量为（E^*）与分子平均能量（$\bar{E}$）之差（$E^* - \bar{E}$）称为活化能（E_a）。也就是说，把具有平均能量的分子变成活化分子所需要的最低能量称活化能。

$$E_a = E^* - \bar{E}$$

对于某一个化学反应，在确定的条件下，E^* 和 $\bar{E}$ 都是一定的，即活化能 E_a 也是一定的。如果改变反应条件，使 E^* 减小（或使 $\bar{E}$ 增大），则活化能 E_a 就减小，反应速率就加快；反之，使 E^* 增大（或使 $\bar{E}$ 减小），活化能 E_a 增大，反应速率就减慢。

活化能 E_a 大小取决于反应物分子的本性，不同化学反应活化能不同。一般化学反应活化能在 60 ~ 250kJ/mol，当 E_a 小于 40kJ/mol 时，反应速率很快，瞬间完成；当 E_a 大于 40kJ/mol 时，反应速率很慢，有时可以认为未发生化学反应。

分子的有效碰撞还取决于分子碰撞的取向。活化分子必须在适当方位上碰撞才有可能发生化学反应。例如 $HI(g) + HI(g) \Longrightarrow I_2(g) + H_2(g)$，HI 与 HI 分子间有不同取向的碰撞，只有当碘原子与碘原子、氢原子与氢原子同时相撞时，才有可能发生原子重新组合，发生化学反应（图 4–1）。

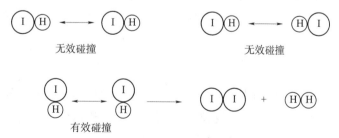

无效碰撞　　　　　　　　无效碰撞

有效碰撞

图 4–1　不同取向的分子碰撞

4. 活化分子百分数　一定条件下，设单位体积内反应物分子总数为 n^*，则活化分子百分数 $A = \dfrac{n^*}{n} \times$

100%。活化分子百分数越大，则活化分子总数就越大，有效碰撞次数越多，反应速率越快。

碰撞理论比较直观地解释一些简单气体双原子反应速率与活化能的关系，但没有从分子内部结构及运动本质揭示活化能的意义，因而具有一定局限性。

（二）过渡状态理论

1930 年，美国物理化学家艾林（Eying）建立了反应速率过渡态理论。该理论基本观点为：化学反应并不只是通过分子间的简单碰撞就能完成的，当分子相互接近时，分子中的化学键要经过重排，形成一个高势能垒的中间过渡状态——活化配合物，然后再转化为产物。

$$A + B—C \Longleftrightarrow [A\cdots B\cdots C] \longrightarrow A—B + C$$
过渡态（活化配合物）

[$A\cdots B\cdots C$] 为 A 和 B—C 处于过渡状态时所形成的一个类似配合物结构的物质，称为活化配合物。这时原有的化学键（B—C 键）被削弱但未完全断裂，新的化学键（A—B 键）开始形成但尚未完全形成，所以此时活化配合物的势能较高，不稳定，它既可分解为原来的反应物（A 和 B—C），又可分解成产物（A—B 和 C）。对于化学反应速率大小取决于过渡态中活化配合物浓度、分解百分率以及分解速率等因素。

在过渡状态理论中，所谓活化能是指使反应进行所必须克服的势能垒。如图 4 – 2 反应历程 – 能量图所示，$E_{a正}$ 为正反应活化配合物最低能量与反应物分子平均能量之差，即为正反应要进行所必须克服的势能垒，只有反应物分子吸收足够能量才能"爬越"过这个能垒，正反应方可进行。图中 $E_{a逆}$ 为逆反应的活化能，其中，当 $E_{a正} > E_{a逆}$ 时，反应为吸热反应；当 $E_{a正} < E_{a逆}$ 时，反应为放热反应。

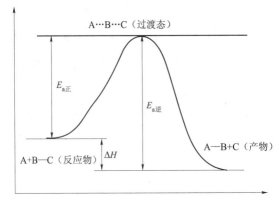

图 4 – 2　反应历程 – 能量图

至今过渡态理论仍远未成熟，主要原因在于活化配合物不仅难以分离，甚至难以用仪器检测，但过渡态理论把反应速率与反应物分子的微观结构联系起来，因此，被研究反应机理的化学家广泛采用。

三、影响化学反应速率的因素

不同化学反应，其化学反应速率不同，总的来说影响化学反应速率的因素分为内因和外因。不同的化学反应其速率差别很大，例如氢气与氟气在低温、黑暗处就能迅速化合，发生猛烈爆炸，而在同样条件下，氢气与氯气反应就非常缓慢。这种反应速率的差别，是由反应物本身结构和性质即内因的不同所造成的。内因是决定化学反应速率的主要因素。此外，化学反应速率还受外界条件的影响，例如氢气与氯气，用强光照射或点燃时，就能迅速化合。影响化学反应速率的因素很多，对均相体系来说，主要有浓度、温度、压力和催化剂。

（一）浓度对化学反应速率的影响 微课2

物质（如硫、磷等）在纯氧中燃烧比在空气中燃烧更剧烈，这是因为纯氧中氧气的浓度比空气中氧气的浓度大的缘故。显然，反应物浓度越大，活化分子浓度也就越高，从而化学反应速率越大。

19世纪中期，挪威化学家 G. M. Guldberg 和 P. Waage 在总结了大量试验的基础上，概括了反应速率和反应物浓度之间定量关系的数学表达式，称为速率方程式。在恒定温度下，对于基元反应，即对于一步完成的简单反应，其化学反应速率与各反应物浓度的系数次幂的乘积成正比，这个规律称质量作用定律。对于基元反应：

$$aA + bB \Longrightarrow cC + dD$$

其速率方程式为：

$$v = kc_A^a c_B^b$$

式中，v 为化学反应速率；c_A、c_B 分别表示反应物 A 和 B 的浓度（mol/L）；k 是反应速率常数；各浓度乘积项的幂指数之和（$a+b$）称为该反应的总反应级数，上述反应对于反应物 A 来说是 a 级，对于反应物 B 来说是 b 级。在给定条件下，当反应物浓度都是 1mol/L 时，$v = k$，即速率常数在数值上等于单位浓度时的反应速率。同时 k 与温度有关，与物质浓度无关，不会随浓度改变而改变。对于同一反应，在一定条件（如温度、催化剂）下，k 是一个定值；对于不同反应，k 值不同，k 值越大，表明反应速率越快，k 值越小，表明反应速率越慢。例如对于基元反应：

$$2NO(g) + O_2(g) \Longrightarrow 2NO_2(g)$$

速率方程式为：$v = kc_{NO}^2 c_{O_2}$，此反应对于 NO 来说是 2 级反应，对于 O_2 来说是 1 级反应，总反应级数为 3 级反应。

注意：质量作用定律只适用于基元反应；在质量作用定律数学表达式运用中，固态和纯液态反应物浓度不写入速率方程。例如：

$$C(s) + O_2 \Longrightarrow CO_2$$
$$v = kc_{O_2}$$

在实际生活中，基元反应并不多，大多数化学反应要经过若干步骤才能实现，大多数反应是由两个或者两个以上的基元反应构成，此反应称为非基元反应，也称复杂反应。在非基元反应的各步反应的速率不同，其速率方程式必须以试验为依据进行确定，不能直接写出来。如果知道该非基元反应的基元步骤，可以根据其最慢的一步，即定速步骤来确定。例如：

$$I_2(g) + H_2(g) \Longrightarrow 2HI(g)$$

反应分两步完成：

第一步　　　$I_2(g) \Longrightarrow 2I(g)$　　　　　　　　快
第二步　　　$2I(g) + H_2(g) \Longrightarrow 2HI(g)$　　　慢

反应速率为：

$$v = kc_{H_2} c_I^2$$

即学即练 4-1

增大反应物浓度，使反应速率加快的原因是（　　　）。

A. 仅仅是分子总数目增加　　　　　　　　B. 反应系统混乱度增加

答案解析　C. 活化分子分数增加　　　　　　　　D. 单位体积内活化分子总数增加

(二) 压力对化学反应速率的影响

对于气体来说，当温度一定时，一定量气体的体积与其所受的压力成反比。当气体的压力增大到原来的两倍，气体的体积就缩小到原来的二分之一，此时单位体积内的分子数就增加到原来的两倍，如图4-3所示。所以，对于有气体参加的反应，增大压力，气体的体积缩小，相当于增加了单位体积里反应物的物质的量，即反应物浓度增大；相反，减小压力，气体的体积扩大，反应物浓度减小。因而，对于气体反应，增大压力可以增大反应速率；反之，减小压力可以减小反应速率。

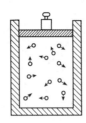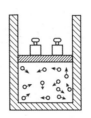

图4-3　压力与一定量气体所占体积关系示意图

压力仅对有气体参加的反应的速率产生影响。如果参加反应的物质是固体、液体或者是在溶液中进行的反应，由于改变压力对它们的体积影响极小，它们的浓度几乎不发生改变，因此，固体或液体物质间的反应速率与压力几乎无关。

(三) 温度对化学反应速率的影响 ⓔ 微课3

温度对化学反应速率的影响比较显著，许多化学反应是在加热的条件下进行的。例如氢气和氧气化合生成水，常温下反应速率极低，几乎察觉不到有水生成，当加热到873K时，反应速率急剧增大，发生猛烈爆炸。所以一般来讲，温度升高，反应速率加快，其原因可用反应速率理论来解释，当温度升高时，一些普通分子获得能量变成活化分子，使活化分子百分数增大，并且分子运动的速率加快，有效碰撞次数显著增加，从而反应速率大大加快。荷兰科学家范特荷夫（van't Hoff）通过大量实验还得出了一个近似规律：当其他条件不变时，温度每升高10℃，反应速率增大到原来的2~4倍。

温度能显著改变化学反应速率，因此在实践中人们经常通过改变温度来控制反应速率。例如，化学实验、化工生产及药物制备中，经常采取加热的方法来加快化学反应；为了防止某些药物特别是生物制剂受热变质，通常把它们存放在阴凉、低温处或置于冰箱内保存。

即学即练 4-2

答案解析

升高温度可以增加反应速率，主要是因为（　　）。

A. 增加了分子总数　　　　　　B. 增加了活化分子分数

C. 降低了反应的活化能　　　　D. 促使平衡向吸热方向移动

(四) 催化剂对化学反应速率的影响 ⓔ 微课4

为了有效地提高反应速率，可以用升高温度的办法，但是对某些化学反应，即使在高温下，反应速率仍较小；另外，有些反应升高温度常常会引起某些副反应的发生或加速副反应的进行（这对有机反应影响更为突出）；也可能会使放热的主反应进行程度降低。因此，在这些情况下采用升高温度的方法以加大反应速率就会受限制，如果此时采取加入催化剂方法，则可有效增加反应速率。催化剂在现代化学、制药工业、医药卫生中有极其重要的地位，据统计约有85%化学反应需借助催化剂改变反应速率。

催化剂是指反应中能改变反应速率，而本身的化学组成和质量在反应前后没有发生变化的物质。因催化剂的存在而使反应速率发生变化的现象称为催化作用。催化剂能显著地改变化学反应速率，其中，加快反应速率的称正催化剂，减慢反应速率的称负催化剂。例如合成氨生产中使用的铁，硫酸生产中由二氧化硫制三氧化硫的反应常用五氧化二钒（V_2O_5）及促进生物体化学反应的各种酶（如淀粉酶、蛋白酶、脂肪酶等）均为正催化剂；减慢金属腐蚀的缓蚀剂，防止橡胶、塑料老化的防老剂等均为负催化剂。通常所说的催化剂一般是指正催化剂。

催化剂加快化学反应速率的机理是由于加入催化剂与反应物之间形成一种势能较低的活化配合物，改变了反应历程，与无催化反应历程相比，所需活化能显著降低（图4-4），从而单位体积内活化分子百分数（A）明显增加，活化分子的总数（n^*）大大增加，有效碰撞次数增多，反应速率加快。

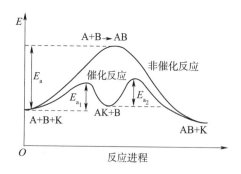

图4-4 正催化剂降低反应活化能的示意图

催化反应具有以下特征。

（1）催化剂只通过改变反应途径改变反应速率，但不改变反应的热效应、反应方向和限度。

（2）在反应速率方程中，催化剂对反应速率的影响主要体现在对反应速率常数k的影响，所以对确定的反应，反应温度一定时，采用不同的催化剂，一般有不同的k值。

（3）对同一个可逆反应来说，催化剂等值地降低了正、逆反应的活化能。

（4）催化剂具有选择性，某一反应或某一类反应使用的催化剂往往对其他反应无催化作用。例如，合成氨使用的铁催化剂无助于SO_2的氧化；化工生产上，在复杂的反应系统中常常利用催化剂加速反应并抑制其他反应的进行，以提高产品的质量和产量。

 知识链接

人体中的生物催化剂——酶

在生物学中，有一类很重要的催化剂称为酶催化剂，生物体内的酶是一种蛋白质，有特殊空间构型，主要是使生物体内各种代谢反应正常运行，维持机体生命活动。被酶催化的物质称为底物（S）。底物与酶可根据响应的空间构型，相互嵌合形成中间活性配合物（ES）发生催化作用，然后生成产物（P）并释放出酶。

目前已知的酶有数千种，对酶的深入研究，将可使人类对于疾病病因和新陈代谢机制获取更多知识，具有催化活性，它对于生物体内的消化、吸收、代谢等过程起着非常重要的催化作用。酶具有催化效率高、专一性强、作用条件温和及无副反应等特点，便于过程的控制和分离。在生物体内，酶参与催化几乎所有的物质转化过程，与生命活动有密切关系；在体外，也可作为催化剂进行工业生产。国内外医学证明，酶是人体内新陈代谢的催化剂，只有酶的存在，人体内才能进行各项生化反应；人体内的酶越多、越完整，其生命越健康。在人体中，各种酶的催化非常专一：唾液酶促使淀粉转化为糖，酵母酶促使糖转化为醇和二氧化碳。人体中还有脂酶、蛋白酶、乳糖酶等。

人们对于酶的认识经历了很长一段时间，尤其对于酶的专一性研究使得人们可以运用酶的特性进行更多疾病的预防和攻克，所以对于酶的研究要求人们要有很系统的专业知识和分析问题的能力，在研究过程中能辨证地认识酶的专一性和酶的稳定相对性，利用其特性更好地为人类的临床医学作出更大的贡献。

PPT

第二节　化学平衡

一、可逆反应与化学平衡

（一）不可逆反应和可逆反应 [e] 微课5

在一定条件下，有些化学反应一旦发生，就能不断反应直到由反应物完全变成生成物。例如：

$$HCl + NaOH == NaCl + H_2O$$

这种只能向一个方向进行到底的反应叫作不可逆反应。但是迄今为止，只有少数的化学反应属于不可逆反应。大多数化学反应并非如此，而是，在同一反应条件下，不但反应物可以变成生成物，而且生成物也可以变成反应物，即两个相反方向的反应同时进行。例如，SO_2 转化为 SO_3 的反应，当压力为 101.3kPa、温度为 773K，SO_2 与 O_2 以 2∶1 体积比在密闭容器内进行反应时，试验证明，在反应"终止"后，SO_2 转化为 SO_3 的最大转化率为 90%，这是因为 SO_2 与 O_2 生成 SO_3 的同时，部分 SO_3 在相同条件下又分解为 SO_2 和 O_2。这种在同一条件下可同时向正、逆两个方向进行的反应称为可逆反应。为了表示反应的可逆性，在化学方程式中常用可逆符号"$\rightleftharpoons$"代替等号。上述反应可表示为：

$$2SO_2(g) + O_2(g) \rightleftharpoons 2SO_3(g)$$

答案解析

即学即练 4 - 3

在可逆反应中，改变下列条件一定能加快反应速率的是（　　）。

A. 增大反应物的量　　　　　　　　B. 增大压强

C. 升高温度　　　　　　　　　　　D. 使用催化剂

（二）化学平衡

对于可逆反应，在一定条件下，当反应开始时，容器中只有反应物，此时浓度最大，因而正反应速率也最大，逆反应速率为零。随着反应进行，反应物不断被消耗，浓度不断减少，正反应速率也相应地逐渐减小；另一方面，生成物浓度在不断增大，逆反应速率逐渐增大。当反应进行到一定程度时，逆反应速率等于正反应速率，反应体系内反应物和生成物的浓度不再随时间变化而改变。我们将这种在一定条件下，可逆反应中，正反应速率和逆反应速率相等，反应物和生成物的浓度（或含量）不再随时间变化而改变的状态，称为化学平衡（图 4 - 5）。

值得注意的是：可逆反应处于平衡状态时，$v_正 = v_逆 \neq 0$，表明只要条件不变，体系中反应物和生成物的浓度将保持不变，但这并不意味着反应已停止，此时反应仍在继续进行。只是正、逆反应速率相等，各物质浓度保持不变，所以化学平衡是一种动态平衡。对于任何可逆反应，无论是从正反应开始还是从逆反应开始，最终在一定条件下均能建立化学平衡。同时化学平衡是在一定条件下建立的，当外界条件发生改变时，平衡将被打破，并在新的条件下重新建立新的化学平衡，所以化学平衡具有相对性。

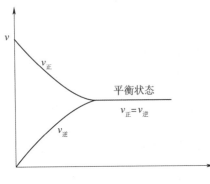
图 4 - 5　正逆反应速率示意图

即学即练 4 – 4

达到化学平衡的条件是（　　　）。

A. 反应物与产物浓度相等　　　　　　　B. 反应停止产生热

C. 反应停止　　　　　　　　　　　　　D. 正向反应速率等于逆向反应速率

答案解析

二、化学平衡常数

（一）平衡常数表达式

对于可逆反应达到平衡状态时，反应体系中各物质浓度不再改变，反应到达最大限度。不同化学反应可逆程度不同，但经过大量数据研究表明，任何可逆反应，不管初始状态如何，在一定温度下达到平衡时，生成物浓度的幂次方乘积与反应物浓度的幂次方乘积之比为一个常数，这个常数称化学平衡常数。其中以浓度表示的称为浓度平衡常数（K_c），以其他分压表示的称为压力平衡常数（K_p）。例如，对于任一可逆反应：

$$aA + bB \Longrightarrow gG + hH$$

$$K_c = \frac{c_G^g c_H^h}{c_A^a c_B^b}$$

式中，c_A、c_B、c_G、c_H 分别代表物质 A、B、G、H 的平衡浓度，单位为 mol/L。a、b、g、h 分别为各反应物和生成物平衡浓度的计量系数。

如果化学反应为气相反应，当温度一定时，气体的分压与其浓度成正比，化学达到平衡时，平衡常数既可以用平衡时各物质的浓度计算得出，也可以用平衡时各气体的平衡分压替代各物质的平衡浓度计算得出。例如：

$$aA(g) + bB(g) \Longrightarrow gG(g) + hH(g)$$

$$K_p = \frac{p_G^g p_H^h}{p_A^a p_B^b}$$

由于 K_c 和 K_p 都是将平衡浓度和平衡分压测定的值直接代入平衡常数表达式中计算所得，因此将 K_c 和 K_p 统称为实验平衡常数或经验平衡常数，其数值和量纲随浓度和分压所用的单位不同而不同，只有当反应物化学计量数之和与生成物化学计量数之和相等时，量纲才为 1。

平衡常数的意义：平衡常数是表明化学反应限度（亦即反应可能完成的最大程度）的一种特征值。一定的化学反应，只要温度一定，平衡常数是一个定值。也就是说，对于同一可逆反应，平衡常数与浓度（分压）的变化无关，而与温度的变化有关。

平衡常数的大小表示平衡体系中正反应进行的程度。平衡常数值越大，表示正反应进行得越完全，平衡时混合物中生成物的相对浓度就越大；平衡常数值越小，表示正反应进行得越不完全，平衡时混合物中生成物的相对浓度就越小。

同时对于平衡常数书写有以下注意事项。

1. 平衡常数适用于复杂反应的总反应，不必考虑该化学反应是分几步完成的。

2. 如果反应体系中有固体、纯液体参加时，因它们在反应过程中可以认为浓度没有变化，故其浓度通常看成为常数，不写入平衡常数表达式中。例如：

$$CaCO_3(s) \Longrightarrow CaO(s) + CO_2(g)$$

$$K_c = c_{CO_2}, \quad K_p = p_{CO_2}$$

3. 在稀溶液中进行的反应，如果有水参加，通常将水的浓度看成为常数，不写入平衡常数表达式中。

4. 化学反应方程式书写不同，平衡常数 K_c 的表达式也不同。例如，氮气和氢气合成氨的反应。

化学反应方程式写成：$N_2 + 3H_2 \Longrightarrow 2NH_3$，则

$$K_c = \frac{[NH_3]^2}{[N_2][H_2]^3}$$

化学反应方程式写成：$2NH_3 \Longrightarrow N_2 + 3H_2$，则

$$K_c' = \frac{[N_2][H_2]^3}{[NH_3]^2}$$

显然，$K_c = \dfrac{1}{K_c'}$，$K_c \neq K_c'$。所以，使用 K_c 进行计算时，K_c 表达式要与所列的化学反应方程式相对应。

(二) 有关化学平衡的计算

1. 已知平衡浓度求平衡常数

例 4 - 2　在某温度下，对于可逆反应 $2SO_2(g) + O_2(g) \Longrightarrow 2SO_3(g)$ 达到化学平衡时浓度为：$c_{SO_2} = 1\,mol/L$，$c_{O_2} = 0.5\,mol/L$，$c_{SO_3} = 5\,mol/L$，求该条件下的平衡常数 K_c。

解：对于可逆反应 $2SO_2(g) + O_2(g) \Longrightarrow 2SO_3(g)$ 平衡时

$$K_c = \frac{c_{SO_3}^2}{c_{SO_2}^2 c_{O_2}} = \frac{5^2}{1^2 \times 0.5} = 50$$

2. 已知平衡浓度求开始浓度

例 4 - 3　对于氨的合成反应：$N_2 + 3H_2 \Longrightarrow 2NH_3$，在一定温度下达到平衡时，平衡浓度为：$c_{N_2} = 3\,mol/L$，$c_{H_2} = 8\,mol/L$，$c_{NH_3} = 4\,mol/L$，求开始时氮气和氢气的浓度。

解：设开始时氨气的浓度是 $0\,mol/L$，氮气的浓度是 x，氢气的浓度是 y。达到平衡时，生成 $4\,mol/L$ 氨气，由反应式中系数关系可知

	$N_2 + 3H_2 \Longrightarrow 2NH_3$		
起始浓度 $c_{开始}$（mol/L）	x	y	0
变化浓度 $c_{变化}$（mol/L）	2	6	4
平衡浓度 $c_{平衡}$（mol/L）	3	8	4

所以开始时

$$c_{N_2} = x = 3 + 2 = 5\,mol/L$$

$$c_{H_2} = y = 8 + 6 = 14\,mol/L$$

3. 已知平衡常数、开始浓度求平衡浓度及反应物转化为生成物的转化率　在实际生产中人们常用平衡转化率（简称转化率）来衡量在一定条件下化学反应的完成程度，反应物的转化率是指反应物已转化为生成物的量占该反应物起始总量的百分比，用 α 来表示。

$$\alpha = \frac{反应物已转化为生成物的量}{反应物起始总量} \times 100\% \quad 或 \quad \alpha = \frac{反应物变化浓度}{反应物起始浓度} \times 100\%$$

例 4 - 4　在密闭容器中，将一氧化碳和水蒸气的混合物加热，如下

$$CO(g) + H_2O(g) \Longrightarrow CO_2(g) + H_2(g)$$

当达到下列平衡，$K_c = 1$，假设初始浓度 c_{CO} 的浓度为 $2mol/L$，c_{H_2O} 的浓度为 $3mol/L$，试求平衡时各物质的浓度和一氧化碳的转化率。

解：设在平衡时，单位体积中有 $xmol/L$ 的一氧化碳转化为二氧化碳，即 $c_{CO_2} = xmol/L$。

$$CO(g) + H_2O(g) \rightleftharpoons CO_2(g) + H_2(g)$$

起始浓度 $c_{开始}$（mol/L）　　　　2　　　　3　　　　0　　　　0

变化浓度 $c_{变化}$（mol/L）　　　　x　　　　x　　　　x　　　　x

平衡浓度 $c_{平衡}$（mol/L）　　　$2-x$　　$3-x$　　　x　　　　x

将平衡浓度代入平衡常数表达式，则得：

$$K_c = \frac{c_{CO_2}c_{H_2}}{c_{CO}c_{H_2O}} = \frac{x^2}{(2-x)(3-x)} = 1$$

解方程得，$x = 1.2$

平衡时各物质浓度为：$c_{CO} = 2 - 1.2 = 0.8mol/L$

$$c_{H_2O} = 3 - 1.2 = 1.8mol/L$$

$$c_{CO_2} = c_{H_2} = 1.2mol/L$$

一氧化碳的转化率

$$\alpha = CO\% = \frac{c_{变化}}{c_{开始}} \times 100\% = \frac{1.2}{2} = 60\%$$

三、化学平衡的移动

一切动态平衡都是相对和暂时的，化学平衡也如此，只是在一定条件下才能保持平衡状态。当外界条件（浓度、压力、温度等）发生改变，原来的平衡将会被破坏，正逆反应速率不再相等，反应将会向某一个反应方向进行，经过一段时间的反应在新的条件下重新建立新化学平衡，此时反应体系中各物质平衡浓度与原平衡状态下各物质平衡浓度不同。

因反应条件的改变，使可逆反应从一种平衡状态向另一种平衡状态转变的过程，称为化学平衡的移动。在新的平衡状态下，如果生成物的浓度比原来平衡时的浓度大了，就称平衡向正反应的方向（向右）移动；如果反应物的浓度比原来平衡时的浓度大了，就称平衡向逆反应方向（向左）移动。影响化学平衡的因素很多，影响化学平衡移动的外部因素主要有浓度、温度、压力等。

（一）浓度对化学平衡移动的影响 　微课6

一个达到化学平衡状态的可逆反应，如果改变平衡体系中的任何一种反应物或生成物的浓度，都会改变正反应速率或逆反应速率，使它们不再相等，从而引起化学平衡的移动。例如：

在一定温度下，对于可逆反应

$$aA + bB \rightleftharpoons gG + hH$$

达到平衡后，若在某时刻增大反应物 A 或 B 的浓度，正反应速率会瞬间加快，使得 $v_正 \neq v_逆$，平衡状态被破坏。此时 $v_正 \neq v_逆$，反应向着正反应的方向进行，同时随着反应进行反应物 A 或 B 浓度不断减小，正反应速率不断减慢，同时生成物 G 和 H 浓度不断增大，逆反应速率不断加快，反应进行一定时间后又会出现正反应速率与逆反应速率相等的状态，移动的结果使反应物和生成物的浓度都发生改变，并在新的条件下建立新的平衡，同时体系中各物质浓度也发生改变，从原平衡状态转变到另一种平衡状态。

若在上述可逆反应达到平衡状态时，若在某时刻减小生成物 G 和 H 浓度，逆反应速率会瞬间减小，

同样使得 $v_正 > v_逆$，反应向着正反应的方向进行直至在新的条件下重新建立新的平衡。

同理可以得出，在其他条件不变情况下，增大生成物浓度或减小反应物浓度，化学平衡向着逆反应方向移动。

综上所述，在其他条件不变时，增大反应物的浓度或减小生成物的浓度，平衡向右（正反应方向）移动；增加生成物的浓度或减小反应物的浓度，平衡向左（逆反应方向）移动。

》》 实例分析

实例 在肺泡中，红细胞中的血红蛋白（Hb）与氧气结合成为氧合血红蛋白（HbO$_2$），由血液运输到全身各组织后，氧合血红蛋白就分解释放氧气提供给组织细胞利用，其化学过程为

$$Hb + O_2 \rightleftharpoons HbO_2$$

当病人因心肺功能不全、肺活量减少或因其他原因引起的呼吸困难、甚至出现昏迷等缺氧症状时，往往采用吸（输）氧来增加氧气浓度。

问题 请用化学平衡移动原理解释上述现象。

答案解析

（二）压力对化学平衡移动的影响

对于反应物或生成物中有气态物质的化学平衡体系，如果反应前后气体分子数不相等，增大或者降低总压力，反应物和生成物的浓度都会发生改变，使得正反应速率和逆反应速率不再相等。所以改变反应的总压力（恒温条件），就会使化学平衡发生移动。平衡移动的方向与反应前后气体分子数有关。例如，用注射器吸入一定量二氧化氮和四氧化二氮的混合气体，使注射器活塞达到Ⅰ处，用橡皮塞将细端管口封闭，如图 4-6 所示，二氧化氮（红棕色气体）和四氧化二氮（无色气体）在一定条件下达到化学平衡：

$$2NO_2(g) \rightleftharpoons N_2O_4(g)$$
$$（红棕色） \qquad （无色）$$

将注射器活塞向外拉至Ⅱ处时，气体的总压力减小，管内体积增大，浓度减小，可以看到混合气体的颜色变浅。同时由上述化学方程式可知，当消耗二氧化氮 2mol 时增加四氧化二氮 1mol，反应前后气体分子数不相等：正反应是气体分子数减少（体积减小）的反应，逆反应是气体分子数增加（体积增大）的反应。当注射器活塞向外拉至Ⅱ处时，管内体积增大，气体的总压力减小，浓度减小，混合气体的颜色先变浅；反应一段时间后，由于平衡发生了移动，可以观察到混合气体的颜色又逐渐变深，表明平衡反应向着二氧化氮生成的方向进行，即向气体分子数增加（即逆反应）的方向移动。当将注射器活塞向里又推至Ⅰ处时，管内体积缩小，气体的总压力增大，浓度增大，混合气体的颜色先变深又逐渐变浅，表明平衡向生成四氧化二氮的方向，即向气体分子数减少（即正反应）的方向移动。

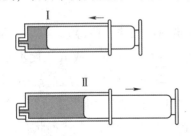

在可逆反应中，压力对于固态或液态物质的体积影响很小，因此只有固态或液态物质参加的化学平衡体系，压力的影响可以忽略。既有气体又有固态或液态物质的化学平衡体系，压力的改变只需考虑反应体系中气态物质分子数的变化。例如，用炽热的碳将二氧化碳还原成一氧化碳的反应

图 4-6 压力对化学平衡移动的影响

$$C(s) + CO_2(g) \rightleftharpoons 2CO(g)$$

此时压力改变，只考虑二氧化碳和一氧化碳的分子数变化，所以正反应是气体分子数增加的反应，在一定温度下增大总压力，平衡向气体分子数减少的方向，即向左移动；减小总压力，平衡向气体分子数增加的方向，即向右移动。

对于气体参加的可逆反应，如反应前后气体分子总数相等，其他条件不变，无论是增大还是减小可逆反应体系总压强，化学平衡不发生移动。例如

$$CO(g) + H_2O(g) \rightleftharpoons CO_2(g) + H_2(g)$$

综上所述，压力对化学平衡移动的影响为：对于气体反应物和气体生成物分子数不等的可逆反应来说，当其他条件不变时，增大总压力，平衡向气体分子数减少（气体体积缩小）的方向移动；减小总压力，平衡向气体分子数增加（气体体积增大）的方向移动。

（三）温度对化学平衡移动的影响 📱微课7

化学反应总是伴随着放热或吸热现象的发生。放出热量的反应称为放热反应，放出的热量用"＋"号表示在化学方程式的右边；吸收热量的反应称为吸热反应，吸收的热量用"－"号表示在化学方程式的右边。对于可逆反应，如果正反应是放热反应，逆反应就一定是吸热反应，而且，放出的热量和吸收的热量相等。在伴随放热或吸热现象的可逆反应中当反应达到平衡后，改变温度，也会使化学平衡移动。例如，二氧化氮生成四氧化二氮的反应中，正反应为放热反应，逆反应则为吸热反应：

$$2NO_2(g) \rightleftharpoons N_2O_4(g) + 56.9kJ$$
（红棕色）　　　　（无色）

在上述反应达到平衡的混合气体中，如果升高温度，可以看到气体颜色加深，表明反应向着二氧化氮生成方向移动，即向着吸热反应的方向移动；如果降低温度，可以看到气体颜色变浅，表明反应向着四氧化二氮生成方向移动，即向着放热反应的方向移动。

综上所述，温度对化学平衡的影响为：在其他条件不变时，升高反应温度，有利于吸热反应，平衡向吸热反应方向移动；降低反应温度，有利于放热反应，平衡向放热反应方向移动。

温度影响化学平衡移动的基础是：温度对吸热反应和放热反应的影响程度不同。当可逆反应达到平衡后，升高温度时，正反应速率和逆反应速率都要加快，但是加快的倍数不同，吸热反应速率增加的多而放热反应速率增加的少，由于 $v_正 \neq v_逆$，于是平衡被破坏，并向吸热反应的方向移动。反之，降低温度时，吸热反应速率减小的多而放热反应速率减小的少，平衡向放热反应的方向移动。

（四）催化剂不能影响化学平衡的移动

可逆反应达到化学平衡后，在体系中加入催化剂能够改变化学反应速率，但是催化剂是以同等程度同时改变正反应和逆反应的速率，因此催化剂不能使化学平衡移动。因此，催化剂不能使化学平衡移动，但它能缩短反应达到平衡所需的时间。因此在化工生产中往往使用催化剂来加快反应速率、缩短生产周期，提高生产效率。

针对上述各种因素对化学平衡的影响，法国化学家吕·查德里（H. L. Le Chatelier）将其概括成一条普遍的规律：任何已经达到平衡的体系，如果改变影响平衡的一个条件（如浓度、压力或温度），平衡就向着削弱或解除这些改变的方向移动。这个规律称吕·查德里原理，又称平衡移动原理。但应当注意的是，此原理只适用于已经达到平衡的反应体系。

（牛亚慧）

实践实训

实训四　化学反应速率和化学平衡的影响因素

一、目的要求

1. **理解**　浓度、温度、催化剂对化学反应速率的影响；浓度、温度对化学平衡的影响。
2. **应用**　恒温水浴操作。

二、实训指导

（一）外界条件对化学反应速率的影响

化学反应速率除与物质本性有关外，还受浓度、温度、催化剂等外界因素影响。

例如，$Na_2S_2O_3$ 与 H_2SO_4 混合会发生如下反应。

$$Na_2S_2O_3 + H_2SO_4（稀）\Longrightarrow Ha_2SO_4 + H_2O + SO_2\uparrow + S\downarrow$$

由于反应析出淡黄色的硫使溶液呈现浑浊现象。将两种不同浓度的 $Na_2S_2O_3$ 与 H_2SO_4 溶液在不同温度下混合，观察溶液出现浑浊快慢，即可考察浓度和温度对反应速率的影响。

又如，H_2O_2 水溶液在常温时较稳定，当加入少量 $K_2Cr_2O_7$ 溶液或 MnO_2 固体作为催化剂后，H_2O_2 会分解很快。

$$2H_2O_2 \Longrightarrow O_2\uparrow + 2H_2O$$

通过观察气泡产生的速率，可判断催化剂对反应速率的影响。

（二）外界条件对化学平衡的影响

处于化学平衡的可逆反应，若改变浓度、温度等外界条件，原平衡将被破坏，平衡向减弱这个改变的方向移动，在新条件下重新建立平衡。

例如，$CuSO_4$ 和 KBr 反应。

$$Cu^{2+} + 4Br^- \Longrightarrow [CuBr_4]^{2-}（黄色）$$

改变浓度、温度等条件，通过溶液颜色改变，判断化学平衡移动方向。

三、实训内容

（一）仪器和试剂

1. **仪器**　水浴锅（可温控，1 台）、试管（6 支）、量筒（10ml，1 支）、秒表（1 只）、温度计（100℃，1 支）

2. **试剂**　0.04mol/L $Na_2S_2O_3$、（0.04mol/L、1mol/L）H_2SO_4、3% H_2O_2、0.1mol/L $K_2Cr_2O_7$、MnO_2（s）、1mol/L $CuSO_4$、2mol/L KBr、KBr（s）、蒸馏水等。

（二）操作步骤

1. **浓度对化学反应速率的影响**　按表 4 - 1，取 3 支试管（试管 A）分别编号 1、2、3，在 1 号试管中加入 2ml 0.04mol/L $Na_2S_2O_3$ 溶液和 4ml 蒸馏水，在 2 号试管中加入 4ml 0.04mol/L $Na_2S_2O_3$ 溶液和 2ml 蒸馏水，在 3 号试管中加入 6ml 0.04mol/L $Na_2S_2O_3$ 溶液，不加蒸馏水。

再另取 3 支试管（试管 B），各加入 2ml 0.04mol/L H_2SO_4 溶液，并将这 3 支试管（试管 B）中溶液同时迅速对应加入上述1、2、3号试管（试管A）中，立即看表，充分振荡，记下溶液出现浑浊的时间（t）。

将实训结果记录于表4-1中，分析比较得出浓度对反应速率影响的实验结论。

表4-1　浓度对化学反应速率的影响

| 编号 | 试管A | | | 试管B | | 溶液混合后变浑浊所需时间 |
	$V_{Na_2S_2O_3}$（ml）	V_{H_2O}（ml）	混合后 $c_{Na_2S_2O_3}$（mol/L）	H_2SO_4 $c_{H_2SO_4}$（mol/L）	$V_{H_2SO_4}$（ml）	t（s）
1	2	4		0.04	2	
2	4	2		0.04	2	
3	6	0		0.04	2	

2. 温度对化学反应速率的影响　按表4-2取3支试管（试管A），分别加入2ml 0.04mol/L $Na_2S_2O_3$溶液和4ml蒸馏水；再取3支试管（试管B），各加入2ml 0.04mol/L $Na_2S_2O_3$溶液。将它们分成三组，每组包括盛有$Na_2S_2O_3$溶液（试管A）和H_2SO_4溶液（试管B）的试管各一支。

表4-2　温度对化学反应速率的影响

| 编号 | 试管A | | 试管B | 反应温度 | 溶液混合后变浑浊所需时间 t（秒） |
	$V_{Na_2S_2O_3}$（ml）	V_{H_2O}（ml）	$V_{H_2SO_4}$（ml）		
1	2	4	2	室温	
2	2	4	2	比室温高10℃	
3	2	4	2	比室温高20℃	

记下室温，将第1组两支试管溶液迅速混合，充分振荡，记下开始混合到溶液出现浑浊所需时间（t）。

第2组两支试管，先置于高于室温10℃的水浴中，稍等片刻，将两支试管溶液混合，充分振荡，记下开始混合到溶液出现浑浊所需时间（t）。

第3组两支试管，先置于高于室温20℃的水浴中，稍等片刻，将两支试管溶液混合，充分振荡，记下开始混合到溶液出现浑浊所需时间（t）。

比较三组试管溶液混合后变浑浊时间，分析比较得出温度对反应速率影响的实训结论。

3. 催化剂对化学反应速率的影响　在盛有2ml 3% H_2O_2溶液的试管中，加入少量MnO_2粉末，同样与另一支仅盛有2ml 3% H_2O_2溶液对比，观察气泡产生的速率。

分析上述实训现象，得出催化剂对化学反应速率影响的实训结论。

4. 浓度对化学平衡的影响　按表4-3，取出3支试管并分别编号1、2、3，依次加入1mol/L $CuSO_4$溶液5滴、5滴和10滴，分别向第1、2支试管中加入2mol/L KBr溶液5滴，再向第2支试管加入少量KBr固体。记录并比较3支试管中溶液颜色，分析得出浓度对化学平衡影响的实训结论。

表4-3　浓度对化学平衡的影响

编号	V_{CuSO_4}（滴）	V_{KBr}（滴）	KBr（s）	溶液颜色
1	5	5	0	
2	5	5	少量	
3	10	0	0	

5. 温度对化学平衡的影响　按表4-4，在试管中加入1ml 1mol/L $CuSO_4$溶液和2ml 2mol/L KBr溶液，混合均匀，将溶液平分于3支试管中，将第1支试管保持室温，第2支试管放入冷水浴中，第3支

试管中加热至近沸腾。记录并比较试管中溶液的颜色，分析得出温度对化学平衡影响的实训结论。

表4-4 温度对化学平衡的影响

编号	V_{CuSO_4}（ml）	V_{KBr}（ml）	反应温度	溶液颜色
1			保持室温	
2	1	2	放入冷水浴中	
3			加热至近沸	

四、实训注意

1. 在实训步骤1和2中，对应的试管A和试管B溶液混合要迅速，量筒不能混用，秒表计时要准确，记录要正确。

2. 使用温度计时要小心谨慎，以免打破。

3. 实训完毕，废液要倒入废液缸，贴上标签规范回收。

五、实训思考

1. 探究温度对硫代硫酸钠与硫酸反应速率的影响时，若先将两种溶液混合并计时，再用水浴加热至设定温度，则测得的反应速率是偏高、偏低？

2. 影响化学反应速率的因素有哪些？

3. 在什么条件下会发生化学平衡移动？有什么规律？

4. 在实训步骤4和5中，各试管中溶液呈现出各种颜色，是否表示各反应已经终止？

（蒋立英）

答案解析

目标检测

一、单项选择题

1. 下列有关活化能的叙述不正确的是（　　　）。

　　A. 不同反应具有不同的活化能

　　B. 同一条件下同一反应活化能越大，其反应速率越小

　　C. 同一反应活化能越小，其反应速率越小

　　D. 活化能可以通过试验来测定

2. 对于可逆反应，其正反应平衡常数和逆反应平衡常数之间的关系为（　　　）。

　　A. 两者之和等于1　　　　　B. 相等　　　　　C. 两者之积为1　　　　　D. 两者正负号相反

3. 升高温度，反应速率增大的主要原因是（　　　）。

　　A. 降低反应的活化能　　　　　　　　B. 增加分子间的碰撞频率

　　C. 增大活化分子的百分数　　　　　　D. 平衡向吸热反应方向移动

4. 催化剂能加速反应，它的作用机理是（　　　）。

　　A. 减少速率常数　　　　　　　　　　B. 增大平衡常数

　　C. 增大碰撞频率　　　　　　　　　　D. 改变反应途径，降低活化能

5. 下列叙述中，正确的是（　　　）。

    A. 复杂反应是由若干元反应组成的

    B. 在反应速率方程式中，各物质浓度的指数等于反应方程式中各物质的计量数时，此反应必为元反应

    C. 反应级数等于反应方程式中反应物的计量数之和

    D. 反应速率等于反应物浓度的乘积

6. 复合反应的反应速率取决于（　　　）。

    A. 最快一步的反应速率　　　　　　　　B. 最慢一步的反应速率

    C. 几步反应的平均速率　　　　　　　　D. 任意一步的反应速率

7. 在一定温度下，反应速率系数 k（　　　）。

    A. 等于反应物或产物浓度均为 1mol/L 时的反应速率

    B. 等于有关反应物浓度都是 1mol/L 时的反应速率

    C. 是反应速率随反应物浓度增加而线性增加的比例常数

    D. 是某一种反应物浓度为单位浓度下的反应速率

8. 通常，温度升高反应速率明显增加，主要原因是（　　　）。

    A. 反应物浓度增加　　　　　　　　　　B. 反应物压力增加

    C. 活化分子分数增加　　　　　　　　　D. 活化能降低

9. 催化剂的作用是通过改变反应进行的历程来加快反应速率，这一作用主要是由于（　　　）。

    A. 降低反应活化能　　　　　　　　　　B. 减小速率系数值

    C. 增大平衡常数　　　　　　　　　　　D. 增大碰撞频率

10. 下列关于催化剂的叙述中，错误的是（　　　）。

    A. 在几个反应中，某催化剂可选择地加快其中某一反应的反应速率

    B. 催化剂使正、逆反应速率增大的倍数相同

    C. 催化剂不能改变反应的始态和终态

    D. 催化剂可改变某一反应的正向与逆向的反应速率之比

11. 下列关于化学反应速率的说法，正确的是（　　　）。

    A. 化学反应速率是用来衡量化学反应快慢程度的

    B. 用不同的反应物或生成物表示反应速率时，其数值应该相同

    C. 对于任何化学反应来说，反应速率越大，则反应完成的程度就越大

    D. 化学反应速度 $v(A) = 0.01\,mol/(L \cdot min)$，表示 1 分钟后，反应生成 0.01mol A

12. 决定化学反应速率快慢的根本因素是（　　　）。

    A. 温度　　　　　　B. 压强　　　　　　C. 浓度　　　　　　D. 反应物本性

13. 对化学反应速率影响最大的外因是（　　　）。

    A. 温度　　　　　　B. 催化剂　　　　　C. 浓度　　　　　　D. 压强

14. 在 2L 的容器里有某反应物 4mol，反应进行 2 秒后，该反应物还剩余 3.2mol，则该反应的平均速率为（　　　）mol/(L·s)。

    A. 0.2　　　　　　　B. 0.3　　　　　　　C. 0.4　　　　　　　D. 0.8

15. 要降低反应的活化能，可以采取的方法是（　　　）。

    A. 使用正催化剂　　　B. 升温　　　　　　C. 移去产物　　　　　D. 加压

16. 可逆反应达到平衡的重要特征是（　　）。

　　A. 反应停止了　　　　　　　　　　　B. 正、逆反应速率均为零

　　C. 正、逆反应都还在进行　　　　　　D. 正、逆反应速率相等

17. 对于平衡体系 $N_2 + 3H_2 \rightleftharpoons 2NH_3 + Q$，下列方法中，能使平衡向正反应方向移动的是（　　）。

　　A. 减小氮气的浓度　　　　　　　　　B. 降温

　　C. 减压　　　　　　　　　　　　　　D. 使用催化剂

18. 对于合成氨的反应 $N_2 + 3H_2 \rightleftharpoons 2NH_3 + Q$，（　　）既可缩短达到平衡的时间，又能增加氨气的生成率。

　　A. 增大压强　　　　　　　　　　　　B. 升高温度

　　C. 降低压强　　　　　　　　　　　　D. 使用催化剂

19. 下列已达平衡状态的可逆反应中，增大压强使平衡向逆反应方向移动的是（　　）。

　　A. $N_2O_4(g) \rightleftharpoons 2NO_2(g)$

　　B. $H_2(g) + I_2(g) \rightleftharpoons 2HI(g)$

　　C. $2SO_2(g) + O_2(g) \rightleftharpoons 2SO_3(g)$

　　D. $H_2(g) + CO(g) \rightleftharpoons C(s) + H_2O(g)$

20. 将一定量的 SO_2 和 O_2 置于密闭容器中进行反应，$2SO_2(g) + O_2(g) \rightleftharpoons 2SO_3(g)$，下列叙述说明反应已经达到平衡状态的是（　　）。

　　A. SO_2、SO_3 和 O_2 浓度都相等

　　B. SO_2 和 O_2 反应生成 SO_3 的速度与 SO_3 分解生成 SO_2 和 O_2 的速度相等

　　C. SO_2 和 O_2 不再发生化合反应

　　D. SO_3 不再发生分解反应

二、填空题

1. 由实验得知，反应 $A + B \rightleftharpoons C$ 的反应速率方程式为：$v = kc_A^{\frac{1}{2}}c_B$，当 A 的浓度增大时，反应速率_____；当 A 的浓度增大时，反应速率系数_____；升高温度，反应速率_____，反应速率系数_____。

2. 某一化学反应，正反应速率系数为 k_1，逆反应速率系数为 k_2，当加入催化剂时，将会导致 k_1 和 k_2_____。

3. 增大反应物浓度，使反应速率加快的原因是_____。

三、简答题

1. 试用活化分子概念解释反应物浓度、温度、催化剂对化学反应速率的影响。

2. 化学平衡状态具有哪些特征？

四、计算题

1. 对于合成反应 $A_2 + 3B_2 \rightleftharpoons 2AB_3$，在一定温度下达到平衡时，平衡浓度为：$c_{A_2} = 4mol/L$，$c_{B_2} = 9mol/L$，$c_{AB_3} = 6mol/L$，求开始时 A_2 和 B_2 的浓度。

2. 在密闭容器中，将 A 和 B 的混合物加热，如下

$$A(g) + B(g) \rightleftharpoons C(g) + D(g)$$

　　当达到下列平衡，$K_c = 1$，假设初始浓度 c_A 的浓度为 $1mol/L$，c_B 的浓度为 $1mol/L$，试求平衡时各物质的浓度和 A 的转化率。

书网融合……

知识回顾　　微课 1　　微课 2　　微课 3　　微课 4

微课 5　　微课 6　　微课 7　　习题

（牛亚慧）

第五章　电解质溶液

学习引导

电解质是指在水溶液或熔融状态下能够完全解离或部分解离，能够导电的化合物。水和电解质是维持生命基本物质的重要组成部分。

无机化学反应大多数在水溶液中进行，参加反应的物质主要是电解质，而电解质在溶液中是全部或部分以离子形式存在的，因此电解质之间的反应实际上是离子反应。酸碱反应、沉淀反应都属于离子反应。

本章应用化学平衡原理讨论酸碱反应的实质及弱酸、弱碱的解离平衡和难溶电解质的沉淀溶解平衡。

学习目标

1. **掌握**　酸碱质子理论和酸碱反应的实质；弱电解质的解离平衡及相关计算；缓冲溶液组成、原理和 pH 的计算；溶度积与溶解度的关系；溶度积规则。

2. **熟悉**　多元酸（碱）的解离平衡；缓冲作用原理以及缓冲溶液的缓冲能力和配制；溶度积规则。

3. **了解**　酸碱电子理论；缓冲溶液及沉淀溶解平衡在医药学中的应用。

PPT

第一节　弱电解质溶液

一、弱电解质的解离度和解离平衡

（一）电解质的分类 微课 1

电解质是指在水溶液或熔融状态下能够完全解离或部分解离，能够导电的化合物。电解质分为强电解质和弱电解质两类。在水溶液中能全部解离的电解质称为强电解质。强酸（如硫酸、盐酸、高氯酸等）、强碱（如氢氧化钠、氢氧化钡等）和绝大多数盐（如氯化钠、硫酸钠等）在水溶液中能完全解离，属于强电解质，导电能力很强；而弱酸（如醋酸、碳酸、氢氟酸等）、弱碱（如氨水）和少数盐（如氯化汞、醋酸铅等），在水溶液中只有一部分解离成阴、阳离子，大部分以分子形式存在，导电能力较弱，属于弱电解质。水是极弱的电解质。

（二）弱电解质的解离平衡

 实例分析

实例　2002 年波士顿马拉松比赛中，一名 28 岁名叫辛西娅·卢瑟罗的运动员在赛前和比赛中一共喝了 3L 水，结果还没到终点就突然倒地，头晕、手脚发麻并伴有抽筋，经抢救无效死亡。事后医生检查发现该运动员猝死的原因是体内电解质失衡。

问题　1. 什么是解离平衡？

　　　2. 为什么人体内电解质失衡会导致死亡？

答案解析

弱电解质的解离存在着解离平衡，以醋酸（HAc）解离为例加以说明。

$$HAc \rightleftharpoons H^+ + Ac^-$$

溶液中部分 HAc 分子可以解离出带正电荷的 H^+ 和带负电荷的 Ac^-，溶液中部分 H^+ 和 Ac^- 同时又碰撞结合成 HAc 分子，当二者速度相等时，溶液中 HAc、H^+ 和 Ac^- 数目不再发生变化，此时达到动态平衡，称为解离平衡。解离平衡是化学平衡的一种，服从化学平衡规律。

（三）一元弱酸、弱碱的解离平衡常数

和化学平衡存在化学平衡常数一样，弱电解质的解离平衡同样存在解离平衡常数。以一元弱酸醋酸的解离过程为例，醋酸在水溶液中存在如下解离平衡

$$HAc \rightleftharpoons H^+ + Ac^-$$

根据化学平衡原理，解离平衡时溶液中未解离的 HAc 浓度和由 HAc 解离产生的 H^+ 和 Ac^- 浓度之间存在以下定量关系

$$K_a = \frac{[H^+][Ac^-]}{[HAc]} \tag{5-1}$$

式中，K_a 表示弱酸的解离平衡常数，$[H^+]$、$[Ac^-]$、$[HAc]$ 分别表示达到平衡时 H^+、Ac^- 和 HAc 的浓度，单位为 mol/L。

设 HAc 初始浓度为 c，则平衡时 $[H^+] = [Ac^-]$，$[HAc] = c - [H^+]$，代入式（5-1）得

$$K_a = \frac{[H^+]^2}{c - [H^+]} \tag{5-2}$$

解此一元二次方程，可准确计算 $[H^+]$。

当弱酸的解离程度较弱时，即 $\frac{c}{K_a} \geq 500$ 时，$c - [H^+] \approx c$，式（5-2）可简化为

$$K_a = \frac{[H^+]^2}{c}$$

$$[H^+] = \sqrt{K_a \cdot c} \tag{5-3}$$

一元弱碱的解离平衡情况也是如此，以 $NH_3 \cdot H_2O$ 解离为例。

$$NH_3 \cdot H_2O \rightleftharpoons NH_4^+ + OH^-$$

$$K_b = \frac{[NH_4^+][OH^-]}{[NH_3 \cdot H_2O]} \tag{5-4}$$

式中，K_b 表示弱碱的解离平衡常数，$[NH_4^+]$、$[OH^-]$、$[NH_3 \cdot H_2O]$ 分别表示达到平衡时 NH_4^+、

OH^- 和 $NH_3 \cdot H_2O$ 的浓度，单位为 mol/L。

如果 $NH_3 \cdot H_2O$ 初始浓度为 c，则平衡时 $[NH_4^+] = [OH^-]$，$[NH_3 \cdot H_2O] = c - [OH^-]$，代入式（5-4）得

$$K_b = \frac{[OH^-]^2}{c - [OH^-]}$$

同一元弱酸情况一样，当 $\frac{c}{K_b} \geqslant 500$ 时，$c - [OH^-] \approx c$，$[OH^-] = \sqrt{K_b \cdot c}$ （5-5）

例 5-1 计算 0.01mol/L HCN 溶液中氢离子浓度。已知 $K_a = 6.2 \times 10^{-10}$。

解：设平衡时 $[H^+] = x$ mol/L

$$HCN \rightleftharpoons H^+ + CN^-$$

初始浓度   0.01   0   0

平衡浓度   0.01 - x   x   x

$$K_a = \frac{[H^+][CN^-]}{[HCN]} = \frac{x^2}{0.01 - x} = 6.2 \times 10^{-10}$$

解得 $x = 2.49 \times 10^{-6}$ mol/L

或因为 $\frac{c}{K_a} = \frac{0.01}{6.2 \times 10^{-10}} = 1.61 \times 10^7 \gg 500$，故可直接由式（5-3）计算得

$$[H^+] = \sqrt{K_a \cdot c} = \sqrt{6.2 \times 10^{-10} \times 0.01} = 2.49 \times 10^{-6} \text{mol/L}$$

即学即练 5-1

计算 0.01mol/L $NH_3 \cdot H_2O$ 溶液中 $[OH^-]$。已知 $NH_3 \cdot H_2O$ 解离平衡常数 $K_b = 1.8 \times 10^{-5}$。

答案解析

和化学平衡常数一样，解离平衡常数与温度有关，而与浓度无关，但因解离平衡常数受温度影响较小，在室温范围内的变化通常忽略不计。解离平衡常数反映了弱电解质解离程度的相对强弱。解离平衡常数越大，说明弱电解质解离能力越强；反之，解离平衡常数越小，弱电解质解离能力越弱。同类型弱酸、弱碱的相对强弱可以通过比较 K_a（或 K_b）值的大小来确定。例如，$K_{a,HF} = 6.3 \times 10^{-4}$，$K_{a,HAc} = 1.75 \times 10^{-5}$，$K_{a,HCN} = 6.2 \times 10^{-10}$，因此，酸性 HF > HAc > HCN。

（四）解离度

1. 解离度 除解离平衡常数外，弱电解质解离程度还常用解离度来表示。解离度是指解离平衡时已解离的弱电解质分子数占解离前分子总数的百分数。解离度常用 α 表示。

$$\alpha = \frac{\text{已解离的分子数}}{\text{解离前分子总数}} \times 100\% = \frac{\text{解离平衡时已解离的弱电解质浓度}}{\text{弱电解质溶液初始浓度}} \times 100\%$$ （5-6）

例如，在 25℃ 时 0.1mol/L 醋酸溶液中，每 10000 个醋酸分子中有 132 个醋酸分子解离成氢离子和醋酸根离子，则醋酸的解离度为

$$\alpha = \frac{\text{已解离的分子数}}{\text{解离前分子总数}} \times 100\% = \frac{132}{10000} \times 100\% = 1.32\%$$

以一元弱酸 HAc 为例，解离平衡时，H^+、Ac^- 和 HAc 的平衡浓度和 HAc 初始浓度 c 和解离度 α 有如下关系

$$HAc \rightleftharpoons H^+ + Ac^-$$

初始浓度	c	0	0
变化浓度	$c\alpha$	$c\alpha$	$c\alpha$
平衡浓度	$c - c\alpha$	$c\alpha$	$c\alpha$

解离平衡时 $[H^+] = [Ac^-] = c\alpha$，$[HAc] = c - c\alpha$。

同理，一元弱碱 $NH_3 \cdot H_2O$ 解离平衡时，$[NH_4^+] = [OH^-] = c\alpha$，$[NH_3 \cdot H_2O] = c - c\alpha$。

2. 解离度和解离平衡常数的关系　解离度和解离平衡常数都可以表示弱电解质的解离程度，它们既有联系，也有区别。二者的关系可用一元弱酸 HAc 解离为例进行推导。

设 HAc 的初始浓度为 c，解离度为 α，解离平衡常数为 K_a

$$HAc \rightleftharpoons H^+ + Ac^-$$

初始浓度	c	0	0
变化浓度	$c\alpha$	$c\alpha$	$c\alpha$
平衡浓度	$c - c\alpha$	$c\alpha$	$c\alpha$

$$K_a = \frac{[H^+][Ac^-]}{[HAc]} = \frac{c\alpha \cdot c\alpha}{c - c\alpha} = \frac{c\alpha^2}{1 - \alpha}$$

根据经验，当 $\dfrac{c}{K_a} \geqslant 500$，此时 $\alpha \leqslant 5\%$，$1 - \alpha \approx 1$，上式可简化为

$$K_a = c\alpha^2 \text{ 或 } \alpha = \sqrt{\frac{K_a}{c}} \tag{5-7}$$

这个公式通常称为稀释定律。它表明同一弱电解质的解离度与其浓度的平方根成反比，溶液浓度越稀，解离度越大；相同浓度不同弱电解质的解离度与其解离平衡常数成正比，解离平衡常数越大，解离度也越大。因此解离平衡时

$$[H^+] = c\alpha = c \cdot \sqrt{\frac{K_a}{c}} = \sqrt{K_a \cdot c} \tag{5-8}$$

同理对于一元弱碱，当 $\dfrac{c}{K_b} \geqslant 500$，$\alpha \leqslant 5\%$ 时，$K_b = c\alpha^2$，$\alpha = \sqrt{\dfrac{K_b}{c}}$

解离平衡时 $[OH^-] = c\alpha = c \cdot \sqrt{\dfrac{K_b}{c}} = \sqrt{K_b \cdot c}$ 　　　　　　　　　$(5-9)$

例 5-2　已知 25℃时 0.1mol/L 醋酸溶液解离度 $\alpha = 1.32\%$，计算醋酸的解离平衡常数。

解：
$$HAc \rightleftharpoons H^+ + Ac^-$$

初始浓度	c	0	0
变化浓度	$c\alpha$	$c\alpha$	$c\alpha$
平衡浓度	$c - c\alpha$	$c\alpha$	$c\alpha$

$$K_a = \frac{[H^+][Ac^-]}{[HAc]} = \frac{c\alpha \cdot c\alpha}{c - c\alpha} = \frac{c\alpha^2}{1 - \alpha}$$

$$K_a = \frac{0.1 \times (1.32\%)^2}{1 - 1.32\%} = 1.74 \times 10^{-5}$$

或假设 $\dfrac{c}{K_a} \geqslant 500$，则 $K_a = c\alpha^2 = 0.1 \times (1.32\%)^2 = 1.74 \times 10^{-5}$

验证：$\dfrac{c}{K_a} = \dfrac{0.1}{1.74 \times 10^{-5}} = 5.75 \times 10^3 \geqslant 500$，假设成立，因此 $K_a = 1.74 \times 10^{-5}$。

即学即练 5 - 2

分别计算 25℃时 0.1mol/L 醋酸溶液和 0.1mol/L 盐酸溶液的 [H^+]。已知 25℃ 时醋酸解离平衡常数 $K_a = 1.75 \times 10^{-5}$。

答案解析

（五）多元酸的解离平衡

分子中含有两个或两个以上可解离的氢离子的酸称为多元酸，如碳酸（H_2CO_3）、氢硫酸（H_2S）、磷酸（H_3PO_4）等。多元弱酸的解离是分步进行的，即氢离子是依次解离出来的。例如 H_3PO_4 就是分三步解离，各步解离平衡和解离常数如下。

第一步解离 $\qquad\qquad\qquad H_3PO_4 \rightleftharpoons H^+ + H_2PO_4^-$

$$K_1 = \frac{[H^+][H_2PO_4^-]}{[H_3PO_4]} = 6.9 \times 10^{-3}$$

第二步解离 $\qquad\qquad\qquad H_2PO_4^- \rightleftharpoons H^+ + HPO_4^{2-}$

$$K_2 = \frac{[H^+][HPO_4^{2-}]}{[H_2PO_4^-]} = 6.2 \times 10^{-8}$$

第三步解离 $\qquad\qquad\qquad HPO_4^{2-} \rightleftharpoons H^+ + PO_4^{3-}$

$$K_3 = \frac{[H^+][PO_4^{3-}]}{[HPO_4^{2-}]} = 4.8 \times 10^{-13}$$

K_1、K_2、K_3 分别表示磷酸第一、第二、第三步解离平衡常数，且 $K_1 \gg K_2 \gg K_3$，因此，多元弱酸第一步解离比较容易，但第二步解离就比较困难了，其原因有二：一是带两个负电荷的 HPO_4^{2-} 对 H^+ 的吸引力要比带一个负电荷的 $H_2PO_4^-$ 对 H^+ 的吸引力要强得多；二是第一步解离生成的 H^+ 对第二步解离产生同离子效应，从而抑制了第二步解离。同理磷酸第三步解离就更困难了。也就是说多元弱酸的强弱主要取决于 K_1 值的大小，溶液中的 H^+ 主要来自于第一步解离，在计算 [H^+] 时可只考虑第一步解离即可。

例 5 - 3 计算 0.1mol/L H_2S 溶液中的 [H^+]、[HS^-]、[S^{2-}]。

已知 $\qquad\qquad\qquad H_2S \rightleftharpoons H^+ + HS^- \qquad\qquad K_1 = 8.9 \times 10^{-8}$

$\qquad\qquad\qquad\qquad HS^- \rightleftharpoons H^+ + S^{2-} \qquad\qquad K_2 = 1.0 \times 10^{-19}$

解： 因为 $K_1 \gg K_2$，在计算 [H^+] 时可忽略第二步解离，只考虑第一步解离。

由于 $\dfrac{c}{K_1} = \dfrac{0.1}{8.9 \times 10^{-8}} = 1.12 \times 10^6 \gg 500$，

$$[H^+] = \sqrt{K_1 \cdot c} = \sqrt{8.9 \times 10^{-8} \times 0.1} = 9.4 \times 10^{-5} mol/L$$

$$[HS^-] \approx [H^+] = 9.4 \times 10^{-5} mol/L$$

S^{2-} 是第二步解离的产物

$$HS^- \rightleftharpoons H^+ + S^{2-}$$

$$K_2 = \frac{[H^+][S^{2-}]}{[HS^-]} = 1.0 \times 10^{-19}$$

因为 $[HS^-] \approx [H^+]$，得 $[S^{2-}] = K_2 = 1.0 \times 10^{-19} mol/L$。

从此题结果可看出对于二元弱酸，当 $K_1 \gg K_2$ 时，可忽略第二步解离，只考虑第一步解离，$[H^+]$ 按一元弱酸计算，而酸根离子浓度数值上近似等于 K_2。

二、影响弱电解质解离平衡的因素

1. 电解质的性质　不同弱电解质有不同的解离平衡常数，在相同浓度时，解离平衡常数越大，解离度越大。

2. 溶液浓度　溶液浓度越小，离子间相互碰撞重新结合成分子的概率就越小，平衡向解离方向移动，解离度增大；反之溶液浓度越大，解离度减小。HAc 溶液 25℃时在不同浓度下的解离度见表 5–1。

表 5–1　HAc 溶液在不同浓度时的解离度（25℃）

HAc 溶液浓度（mol/L）	1.0	0.1	0.01	0.001	0.0001
解离度 α（%）	0.42	1.32	4.2	12.4	34

解离度和解离平衡常数都是衡量弱电解质解离程度大小的特性常数。但由表 5–1 可知，用解离度来衡量弱电解质的相对强弱，只有在相同浓度下才能比较。

3. 温度　弱电解质解离一般要吸收热量，所以升高溶液温度，平衡向解离方向移动，解离度增大。

4. 溶剂性质　在弱电解质解离过程中，溶剂的作用很大，同一电解质在不同溶剂中解离度也是不一样的。例如，氯化氢在水中解离度很大，而在有机溶剂中几乎不解离。

5. 同离子效应　这种在弱电解质溶液中加入一种与该弱电解质具有相同离子的易溶强电解质后，使弱电解质解离度降低的现象称为同离子效应。例如在醋酸溶液中加入 NaAc 后，溶液中存在下列解离关系

$$HAc \Longleftrightarrow H^+ + Ac^-$$

$$NaAc \Longleftrightarrow Na^+ + Ac^-$$

NaAc 是强电解质，完全解离后溶液中 Ac^- 浓度增加，使 HAc 解离平衡向左移动，HAc 解离度降低。

例 5–4　求 0.1mol/L HAc 溶液解离度。如果在此溶液中加入 NaAc 晶体，使 NaAc 浓度达到 0.1mol/L，此时溶液中 HAc 解离度是多少？已知 $K_a = 1.75 \times 10^{-5}$。

解：由式（5–7）得，0.1mol/L HAc 溶液解离度为

$$\alpha = \sqrt{\frac{K_a}{c}} = \sqrt{\frac{1.75 \times 10^{-5}}{0.1}} = 1.32\%$$

若此溶液加入 NaAc 后，因为 NaAc 完全解离，HAc 和 Ac^- 起始浓度均为 0.1mol/L

$$HAc \Longleftrightarrow H^+ + Ac^-$$

初始浓度　　0.1　　　　0　　　　0.1

平衡浓度　0.1 $-[H^+]$　　$[H^+]$　　0.1 $+[H^+]$

因为同离子效应，$[H^+] \ll 0.1$ mol/L，$0.1 - [H^+] \approx 0.1$，$0.1 + [H^+] \approx 0.1$

$$K_a = \frac{[H^+][Ac^-]}{[HAc]} = \frac{[H^+] \times 0.1}{0.1} = 1.75 \times 10^{-5}$$

$$[H^+] = 1.75 \times 10^{-5} mol/L$$

$$\alpha = \frac{1.75 \times 10^{-5}}{0.1} \times 100\% = 0.0175\%$$

计算结果表明，在 HAc 溶液中加入 NaAc 后，解离度比不加 NaAc 降低了 99%。

若在弱电解质溶液中加入不含同离子的强电解质，如在 HAc 溶液中加入 NaCl，因 NaCl 中 Cl^- 和 Na^+ 与 HAc 解离出来的 H^+ 和 Ac^- 相互吸引，降低了 H^+ 和 Ac^- 结合成 HAc 的速度，使 HAc 解离度略有增加。这种在弱电解质溶液中加入不含相同离子的易溶强电解质，使弱电解质解离度增大的现象，称为盐效应。

事实上，发生同离子效应同时，也伴随着盐效应，但与同离子效应相比，盐效应影响很小，因此有时可不考虑盐效应影响。

 知识链接

夏季"抗汗"当补钾

夏季外出，人们习惯带一瓶纯净水或茶水。虽然纯净水和茶水都能补充因大量出汗而丢失的水分，但是它们的作用却不尽相同，饮茶不仅能解渴而且能消除疲乏。为什么饮茶能消除疲乏呢？原因是夏季人体容易缺钾，缺钾会使人感到倦怠疲乏，而茶叶中刚好含有丰富的钾。

夏季人体缺钾原因有三：一是人体在夏季大量出汗，汗液中除了水分和钠离子外，还含有一定量的钾离子；二是夏季人的食欲减退，从食物中摄取的钾离子相应减少，这样会造成钾的摄入不足；三是天气炎热，人体消耗能量增多，而能量代谢需要钾的参与。人体血清中钾的浓度虽然只有 $3.5 \sim 5.5$ mmol/L，但它却是生命活动所必需的元素。钾在人体内的主要作用是维持酸碱平衡，参与能量代谢以及维持神经肌肉的正常功能。当体内缺钾时，会造成全身无力、疲乏、心跳减弱、头晕眼花，严重缺钾还会导致呼吸肌麻痹死亡。此外，低钾会使胃肠蠕动减慢，导致肠麻痹，加重厌食，出现恶心、呕吐、腹胀等症状。临床医学资料还证明，中暑者均有血钾降低现象。

防治低钾的关键是补钾。临床上可选用口服 10% 的氯化钾溶液，但最安全且有效的方法是多吃富钾食品，特别是多吃水果和蔬菜。含钾丰富的水果有香蕉、草莓、柑橘、葡萄、柚子、西瓜等；菠菜、山药、毛豆、苋菜、大葱等蔬菜中含钾也比较丰富；黄豆、绿豆、蚕豆、海带、紫菜、黄鱼、鸡肉、牛奶、玉米面等也含有一定量的钾；各种果汁，特别是橙汁，也含有丰富的钾，而且能补充水分和能量。前面提到的茶水，据测定含有 $1.1\% \sim 2.3\%$ 的钾，所以茶水是夏季最好的消暑饮品。

PPT

第二节 酸碱理论

在化学研究中有大量化学变化属于酸碱反应，酸碱理论对无机化学来说是一个非常重要的部分，人类对酸碱的认识经历了漫长的过程。从 1684 年英国化学家波义耳（Robert Boyle，$1627 \sim 1691$）最早提出朴素的酸碱概念至今，人们对酸碱本质的认识不断深化，逐渐完善，先后发展了多种酸碱理论，其中重要的有酸碱电离理论、酸碱质子理论和酸碱电子理论。

一、酸碱电离理论

1887 年瑞典化学家阿伦尼乌斯（S. A. Arrhenius，$1859 \sim 1927$）总结大量试验事实，提出了酸碱电离理论，认为在水溶液中电离出的阳离子全部是 H^+ 的化合物叫酸，电离出的阴离子全部是 OH^- 的化合物叫碱，酸碱中和反应的实质就是 H^+ 和 OH^- 结合成 H_2O，有盐类产生。电离理论在水溶液中是成功的，由于水溶液中 H^+ 和 OH^- 的浓度是可以测量的，电离理论是第一次从定量的角度来描述酸碱的性质，在 pH、解离度、缓冲溶液、溶解度等方面的计算精确度较高，至今仍然是一个非常实用的理论。

但电离理论把酸碱反应只限于在水溶液中进行，把酸碱的范围也局限在能电离出 H^+ 或 OH^- 的物质，不能解释物质在非水溶液中的酸碱性，也不能解释有些物质如 NH_4Cl 自身并不含 H^+ 但其水溶液呈酸性，Na_2CO_3、$NaAc$ 等物质自身不含有 OH^- 却在反应中显碱性的实验事实，因此电离理论有很大的局限性，需要进一步加以完善。

二、酸碱质子理论

为克服电离理论的不足，1923 年丹麦化学家布朗斯特（J. N. Brönsted，1879~1947）和英国化学家劳莱（T. M. Lowry，1874~1936）各自独立地提出了以质子为中心的酸碱质子理论。

1. 共轭酸碱　质子理论认为：任何能给出质子（H^+）的物质（分子或离子）都是酸，任何能接收质子的物质都是碱。上述酸碱又分别称为质子酸或质子碱，它们可以是分子，也可以是离子。例如 HAc、HCl、HNO_3 等是分子酸，HSO_4^-、$H_2PO_4^-$、NH_4^+ 等是离子酸，因为它们都能给出质子：

$$HAc \rightleftharpoons H^+ + Ac^-$$
$$HCl \rightleftharpoons H^+ + Cl^-$$
$$HNO_3 \rightleftharpoons H^+ + NO_3^-$$
$$HSO_4^- \rightleftharpoons H^+ + SO_4^{2-}$$
$$H_2PO_4^- \rightleftharpoons H^+ + HPO_4^{2-}$$
$$NH_4^+ \rightleftharpoons H^+ + NH_3$$

同理 NH_3、H_2O 等是分子碱，HSO_4^-、$H_2PO_4^-$、HCO_3^- 等是离子碱，因为它们都能接受质子：

$$H_2O + H^+ \rightleftharpoons H_3O^+$$
$$NH_3 + H^+ \rightleftharpoons NH_4^+$$
$$HSO_4^- + H^+ \rightleftharpoons H_2SO_4$$
$$H_2PO_4^- + H^+ \rightleftharpoons H_3PO_4$$
$$HCO_3^- + H^+ \rightleftharpoons H_2CO_3$$

其中有些物质如 HSO_4^-、$H_2PO_4^-$、H_2O 等既能放出质子，又能接受质子，称为两性物质。

根据酸碱质子理论，酸和碱不是孤立的，酸给出质子以后余下的部分就是碱；反之碱接受质子后即成为酸，这种对应关系称为酸碱共轭关系。

$$共轭酸 \rightleftharpoons 共轭碱 + 质子$$

我们把仅相差一个质子的对应酸、碱称为共轭酸碱。每一种酸（或碱）都对应有它自己的共轭碱（或共轭酸），如 NH_4^+ 和 NH_3、HAc 和 Ac^-。

根据酸碱共轭关系我们可以认识到，若酸越强，即越易放出质子，则其共轭碱就越难结合质子，其共轭碱就越弱；反之酸越弱，则其共轭碱就越强。例如，HCl 是强酸，则共轭碱 Cl^- 就是很弱的碱；HAc 的酸性比 HCN 强，则 Ac^- 的碱性比 CN^- 弱。表 5-2 列出了常见共轭酸碱对，并指出酸碱性的相对强弱。

表 5 – 2　常见的共轭酸碱对

共轭酸 ⇌ 质子 + 共轭碱

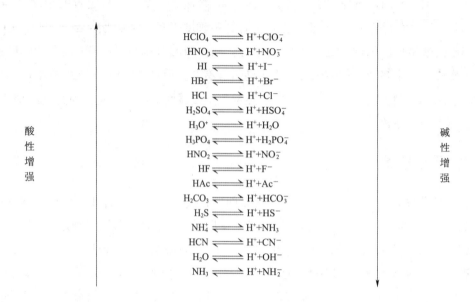

从质子理论观点，可得到以下几点。

（1）酸和碱可以是分子，也可以是离子，可以是液态、固态或气态。

（2）酸碱不是绝对的，而是相对的，有些物质在不同的反应中，可以是酸，也可以是碱。

（3）共轭酸和共轭碱是只差一个质子的相互依存关系。酸越弱，则共轭碱越强；碱越弱，则共轭酸越强。注意 H_2SO_4 与 SO_4^{2-} 、H_2CO_3 与 CO_3^{2-} 不是共轭酸碱。

（4）质子理论中没有盐的概念，认为电离理论中的盐在质子理论中都是离子酸或离子碱。

即学即练 5 – 3

答案解析

下列分子或离子：HS^- 、CO_3^{2-} 、$H_2PO_4^-$ 、NH_3 、H_2S 、NO_2^- 、HCl 、Ac^- 、H_2O ，根据酸碱质子理论，只能作酸的是 _____ ，只能作碱的是 _____ ，既是酸又是碱的有 _____ 。

2. 酸碱反应的实质　根据酸碱质子理论，任何酸碱反应的实质都是两个共轭酸碱对之间质子的传递过程，即

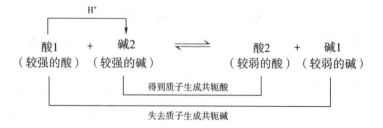

例如

$$\overset{\displaystyle H^+}{\underset{}{\text{HCl} + \text{H}_2\text{O}}} \rightleftharpoons \text{H}_3\text{O}^+ + \text{Cl}^-$$
$$\;\;\text{酸}_1\quad\;\;\text{碱}_2\qquad\;\;\text{酸}_2\quad\;\;\text{碱}_1$$

酸碱反应的方向是由较强的酸 1 和较强的碱 2 向生成较弱的酸 2 和较弱的碱 1 的方向进行。质子的传递过程不要求必须在水溶液中进行，也可在非水溶剂、无溶剂中进行。例如氨气和氯化氢在无溶剂的条件下氨夺取氯化氢质子的反应

$$\overset{\displaystyle H^+}{\underset{}{\text{HCl} + \text{NH}_3}} \rightleftharpoons \text{NH}_4^+ + \text{Cl}^-$$
$$\;\;\text{酸}_1\quad\;\;\text{碱}_2\qquad\;\;\text{酸}_2\quad\;\;\text{碱}_1$$

反应中氯化氢供给质子的是酸，氨气接受质子的是碱，由此可见，质子理论既适用于水溶液体系又适用于非水溶液体系，和电离理论相比，质子理论扩大了酸碱反应的范畴，以前我们学习过的酸、碱的解离和盐的水解都可归结为酸碱反应。

酸的解离

$$\overset{\displaystyle H^+}{\underset{}{\text{HAc} + \text{H}_2\text{O}}} \rightleftharpoons \text{H}_3\text{O}^+ + \text{Ac}^-$$

盐的水解

$$\overset{\displaystyle H^+}{\underset{}{\text{NH}_4^+ + \text{H}_2\text{O}}} \rightleftharpoons \text{H}_3\text{O}^+ + \text{NH}_3$$

和电离理论相比，酸碱质子理论给酸、碱引进了新的概念。电离理论认为的酸、碱在质子理论看来只不过是酸、碱中的一类，不能代表所有酸、碱。酸碱质子理论补充了离子酸、离子碱的概念，认为酸、碱既可以是分子，也可以是离子，扩大了酸碱的范畴，摆脱了酸碱反应必须在水中进行的局限性；但质子理论只限于质子的给出和接受，必须含有氢，对那些不含氢又具有酸碱性的物质就无法解释，也不能解释不含氢的一类的反应。例如，反应 $\text{SO}_3 + \text{Na}_2\text{O} \Longrightarrow \text{Na}_2\text{SO}_4$，$\text{SO}_3$ 虽然不含 H 但是也起着酸的作用。

三、酸碱电子理论

酸碱质子理论把酸碱的定义局限于质子的给予和接受，实际上有些物质如 SO_3、BCl_3，并不能给出质子，但显示了酸性，能发生酸碱反应。例如，$\text{SO}_3 + \text{Na}_2\text{O} \Longrightarrow \text{Na}_2\text{SO}_4$，这里 SO_3 虽然不含 H 但是也起着酸的作用。

为此，1923 年美国化学家路易斯（G. N. Lewies，1875 ~ 1946）考虑了酸碱的电子结构，从电子对的给予和接受出发，提出了酸碱电子理论，也称广义酸碱理论。该理论认为，凡是能够接受外来电子对的分子、离子或原子团均称为酸（又称为路易斯酸），酸是电子对的接收体；凡是能够给出电子对的分子、离子或原子团称为碱（又称为路易斯碱），碱是电子对的给予体。电子理论的核心是电子对的给予和接受，电子对由碱向酸转移。酸碱反应的实质是形成配位键生成酸碱配合物的过程。可用下式表示：

$$\text{A} + :\text{B} \longrightarrow \text{A} : \text{B}$$
$$\;\text{酸}\quad\;\text{碱}\quad\;\text{酸碱配合物}$$
$$\text{H}^+ + :\text{OH}^- \longrightarrow \text{H}_2\text{O}$$
$$\text{HCl} + :\text{NH}_3 \longrightarrow \text{NH}_4\text{Cl}$$

反应中 NH_3 和 OH^- 都是电子对的给予体，是路易斯碱。

电子理论较好地解释了无质子参与的酸碱反应，扩大了酸碱的范围，在有机化学和配位化学反应中应用较为广泛。

第三节　水的解离和溶液的 pH

PPT

一、水的解离

水是极弱的电解质，其解离方程式为

$$H_2O \rightleftharpoons H^+ + OH^-$$

解离平衡时，未解离的 H_2O 的浓度和由 H_2O 解离产生的 H^+ 和 OH^- 浓度之间存在以下定量关系

$$\frac{[H^+][OH^-]}{[H_2O]} = K_a$$

由于水是极弱的电解质，25℃时达到解离平衡时 1L 水仅有 10^{-7} mol 水分子电离，因此 $[H^+] = [OH^-] = 10^{-7}$ mol/L，则 $[H^+][OH^-] = 10^{-7} \times 10^{-7} = 10^{-14} = K_a \cdot [H_2O]$。

在纯水或稀溶液中，一般将 $[H_2O]$ 视为常数，且在一定温度下水的解离平衡常数 K_a 也是常数，因此 $[H^+][OH^-]$ 是一个常数，称为水的离子积常数，简称水的离子积，通常用 K_w 表示。

25℃时　　　　　$K_w = [H^+][OH^-] = 10^{-7} \times 10^{-7} = 1 \times 10^{-14}$　　　　　(5-10)

水的离子积常数不是固定不变的，因为水的解离是吸热反应，升高温度有利于水的解离，故水的离子积随着温度的升高而增大，但在常温（25℃左右）下一般可认为水的离子积常数为 1×10^{-14}。

水的离子积常数不仅适用于纯水，也适用于所有水溶液，它表明在一定温度下水溶液中 $[H^+]$ 和 $[OH^-]$ 的乘积是常数，若已知溶液中 $[H^+]$，即可求出 $[OH^-]$。例如 0.01mol/L HCl 溶液中，$[H^+] = 10^{-2}$ mol/L，则

$$[OH^-] = \frac{K_w}{[H^+]} = \frac{1 \times 10^{-14}}{10^{-2}} = 1 \times 10^{-12} \text{mol/L}$$

同理，0.01mol/L NaOH 溶液中

$$[H^+] = \frac{K_w}{[OH^-]} = \frac{1 \times 10^{-14}}{10^{-2}} = 1 \times 10^{-12} \text{mol/L}$$

在共轭酸碱对中，共轭酸 K_a 和共轭碱 K_b 的乘积也是一个常数，在常温下，该常数即为水的离子积常数 1×10^{-14}。

$$K_a K_b = K_w = 1 \times 10^{-14}$$　　　　　(5-11)

由式（5-11）可知，酸愈强，其共轭碱愈弱；反之，碱愈强，其共轭酸愈弱。

例 5-5　已知醋酸解离平衡常数为 1.75×10^{-5}，求水溶液中醋酸根（Ac^-）解离平衡常数。

解：　　　　　$HAc \rightleftharpoons H^+ + Ac^-$

$$K_a = \frac{[H^+][Ac^-]}{[HAc]} = 1.75 \times 10^{-5}$$

$$Ac^- + H_2O \rightleftharpoons HAc + OH^-$$

$$K_b = \frac{[HAc][OH^-]}{[Ac^-]}$$

$$K_a K_b = \frac{[H^+][Ac^-]}{[HAc]} \cdot \frac{[HAc][OH^-]}{[Ac^-]} = [H^+][OH^-] = K_w = 1 \times 10^{-14}$$

$$K_b = \frac{K_w}{K_a} = \frac{1 \times 10^{-14}}{1.75 \times 10^{-5}} = 5.71 \times 10^{-10}$$

即学即练 5 – 4

已知 25℃时，0.1 mol/L 醋酸溶液解离度 $\alpha = 1.32\%$，计算醋酸溶液的 $[OH^-]$。

答案解析

二、溶液的 pH 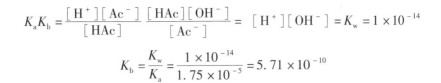 微课2

1. 溶液的酸碱性　由水的离子积常数概念可知，水溶液中由于有水的存在，H^+ 和 OH^- 总是同时存在的。而水溶液之所以呈中性、酸性或碱性，是由 $[H^+]$ 和 $[OH^-]$ 的相对大小决定的。纯水由于 $[H^+]$ 和 $[OH^-]$ 相等而呈中性；若溶液中 $[H^+] > [OH^-]$，则溶液呈酸性；反之则溶液呈碱性。溶液的酸碱性习惯上用 $[H^+]$ 来表示，在 25℃时概括如下。

当 $[H^+] > 10^{-7}$ mol/L，即 $[H^+] > [OH^-]$，水溶液呈酸性；

当 $[H^+] = [OH^-] = 10^{-7}$ mol/L，水溶液呈中性；

当 $[H^+] < 10^{-7}$ mol/L，即 $[H^+] < [OH^-]$，水溶液呈碱性。

2. 溶液的 pH　溶液的酸碱性可用 $[H^+]$ 来表示，但对于一些 $[H^+]$ 很小的溶液，如果直接使用 $[H^+]$ 表示溶液的酸碱性，使用和记忆都不方便。为了简便起见，常采用 pH 来表示溶液的酸碱性。我们把溶液中 $[H^+]$ 的负对数称为 pH。

$$pH = -\lg[H^+] \tag{5-12}$$

例如溶液中若 $[H^+] = 10^{-3}$ mol/L，则 pH = 3；若 $[H^+] = 10^{-12}$ mol/L，pH = 12。

根据 pH 定义可知，常温时

酸性溶液：$[H^+] > 10^{-7}$ mol/L，pH < 7

中性溶液：$[H^+] = 10^{-7}$ mol/L，pH = 7

碱性溶液：$[H^+] < 10^{-7}$ mol/L，pH > 7

且溶液中 $[H^+]$ 越大，即溶液酸性越强，则 pH 越小；反之，溶液中 $[H^+]$ 越小，即溶液碱性越强，则 pH 越大。

pH 使用范围一般为 0 ~ 14。对于 $[H^+] > 1$ mol/L 的溶液，用物质的量浓度来表示更加方便。溶液的酸碱性除了用 $[H^+]$ 外，也可用 $[OH^-]$ 即 pOH 来表示。

$$pOH = -\lg[OH^-]$$

由 $[H^+][OH^-] = 1 \times 10^{-14}$ 可知，等号两边同时取负对数，得 pH 和 pOH 之间关系

$$-\lg[H^+] - \lg[OH^-] = -\lg[1 \times 10^{-14}]$$

$$pH + pOH = 14$$

例 5 – 6　某溶液的 pH = 4.35 时 $[H^+]$ 为多少？

解：$pH = -\lg[H^+] = 4.35$

$[H^+] = 10^{-4.35} = 4.47 \times 10^{-5}$ mol/L

例 5 - 7 分别计算 25℃时 0.1mol/L 盐酸溶液和 0.1mol/L 醋酸溶液的 pH。已知 25℃时醋酸电离平衡常数 $K_a = 1.75 \times 10^{-5}$。

解：（1）0.1mol/L 盐酸溶液

因为盐酸是强电解质，0.1mol/L 盐酸溶液中 $[H^+] = 0.1$mol/L，

$$pH = -lg[H^+] = -lg0.1 = 1$$

（2）0.1mol/L 醋酸溶液

$$\frac{c}{K_a} = \frac{0.1}{1.75 \times 10^{-5}} = 5714.3 \gg 500,$$

$$[H^+] = \sqrt{K_a \cdot c} = \sqrt{1.75 \times 10^{-5} \times 0.1} = 1.32 \times 10^{-3} \text{mol/L}$$

$$pH = -lg[H^+] = -lg(1.32 \times 10^{-3}) = 2.88$$

即学即练 5 - 5

已知鲜橙汁的 pH 为 2.8，它的 $[H^+]$ 和 $[OH^-]$ 各为多少？

答案解析

例 5 - 8 求 0.1mol/L $NH_3 \cdot H_2O$ 的 pH。（$K_b = 1.8 \times 10^{-5}$）

解： $NH_3 \cdot H_2O$ 是一元弱碱，$\frac{c}{K_b} = \frac{0.1}{1.8 \times 10^{-5}} = 5555.6 \gg 500$

因此 $[OH^-] = c\alpha = c \cdot \sqrt{\frac{K_b}{c}} = \sqrt{K_b \cdot c} = \sqrt{1.8 \times 10^{-5} \times 0.1} = 1.34 \times 10^{-3} \text{mol/L}$

$$[H^+] = \frac{K_w}{[OH^-]} = \frac{1 \times 10^{-14}}{1.34 \times 10^{-3}} = 7.46 \times 10^{-12} \text{mol/L}$$

$$pH = -lg[H^+] = -lg7.46 \times 10^{-12} = 11.13$$

即学即练 5 - 6

将 0.1mol/L $NH_3 \cdot H_2O$ 与 0.1mol/L NH_4Cl 溶液等体积混合，计算混合前后溶液

答案解析 pH 和 $NH_3 \cdot H_2O$ 解离度各为多少？已知 $NH_3 \cdot H_2O$ 解离平衡常数 $K_b = 1.8 \times 10^{-5}$。

三、酸碱指示剂

借助其颜色变化来指示溶液 pH 的物质叫作酸碱指示剂，酸碱指示剂一般是有机弱酸或有机弱碱，它们的共轭酸碱对具有不同的结构，因而呈现不同的颜色。当溶液 pH 发生改变时，指示剂发生解离平衡移动，从而引起指示剂颜色的变化。现以弱酸型指示剂（HIn）为例说明酸碱指示剂的变色原理。其解离平衡如下

$$HIn \rightleftharpoons H^+ + In^-$$

酸式色　　　碱式色

$$K_{HIn} = \frac{[H^+][In^-]}{[HIn]} \qquad [H^+] = K_{HIn}\frac{[HIn]}{[In^-]}$$

式中，K_{HIn} 是弱酸型指示剂的解离平衡常数，在一定温度下是常数。上式两边各取负对数得

$$pH = pK_{HIn} + \lg \left[\frac{[In^-]}{[HIn]}\right] \tag{5-13}$$

式（5-13）表明，比值 $\frac{[In^-]}{[HIn]}$ 是 pH 的函数。当溶液 pH 改变时，$\frac{[In^-]}{[HIn]}$ 有不同数值，溶液呈现不同颜色。虽然人眼对颜色的辨识有一定限度，溶液中含有带不同颜色的 HIn 和 In$^-$，但如果两者浓度相差 10 倍或者 10 倍以上时，就只能看见 HIn 或 In$^-$ 的颜色。当 $\frac{[In^-]}{[HIn]} \geq 10$ 即 $pH \geq pK_{HIn} + 1$，看到的是 In$^-$ 的颜色即碱式色；当 $\frac{[In^-]}{[HIn]} \leq 0.1$ 即 $pH \leq pK_{HIn} - 1$，看到的是 HIn 的颜色即酸式色；当 $10 > \frac{[In^-]}{[HIn]} > 0.1$ 即 $pK_{HIn} + 1 > pH > pK_{HIn} - 1$ 看到的是混合色。当 $\frac{[In^-]}{[HIn]} = 1$ 时，此时 $pH = pK_{HIn}$，称为指示剂的理论变色点。

当溶液 pH 由 $pK_{HIn} - 1$ 变到 $pK_{HIn} + 1$，可以明显看到指示剂由酸式色变为碱式色，我们把肉眼能观察到指示剂发生颜色变化的 pH 范围称为指示剂的变色范围，因此指示剂的变色范围是 $pK_{HIn} - 1 \sim pK_{HIn} + 1$，在 pK_{HIn} 附近两个 pH 单位内指示剂变色。但由于人眼对不同颜色的敏感程度和辨识能力不同，实际变色范围和理论变色范围可能有差别。例如甲基橙的 $pK_{HIn} = 3.4$，其理论变色范围为 $pH = 2.4 \sim 4.4$，但实际变色范围是 $pH = 3.1 \sim 4.4$，这是由于人眼对红色比对黄色更加敏感的缘故，即酸式色（红色）浓度只要达到碱式色（黄色）浓度二倍 $\left(\frac{[In^-]}{[HIn]} = \frac{1}{2}\right.$ 时，$pH = 3.1\right)$，就能观察出酸式色（红色）了。多数指示剂的实际变色范围不足两个 pH 单位，表5-3 给出一些常见酸碱指示剂 pK_{HIn} 和实际变色范围。

表5-3 常见酸碱指示剂 pK_{HIn} 和变色范围

指示剂	pK_{HIn}	pH 变色范围	颜色		
			酸式色	过渡	碱式色
百里酚蓝	1.7	1.2~2.8	红	橙	黄
甲基橙	3.4	3.1~4.4	红	橙	黄
溴酚蓝	4.1	3.1~4.6	黄	蓝紫	紫
甲基红	5.0	4.4~6.2	红	橙	黄
溴百里酚蓝	7.3	6.0~7.6	黄	绿	蓝
酚酞	9.1	8.0~10.0	无	粉红	红
百里酚酞	10.0	9.4~10.6	无	淡黄	蓝

利用酸碱指示剂的颜色变化，可以判断溶液 pH 大约是多少，只能粗略知道溶液的酸碱性。要精确知道溶液的酸碱性，可以用 pH 试纸或酸度计。

第四节 缓冲溶液

PPT

人们日常所摄取的食物在体内经过分解代谢后，如最终转换成含氮、碳、氯、硫、磷等元素的酸根离子，则称为酸性食物；反之，若最终转换成含钠、钾、钙、镁、铁等元素的矿物质，则称为碱性食物。此外，人体新陈代谢也会不断地产生碳酸、乳酸等酸性物质和碳酸氢盐、磷酸氢盐等碱性物质，但健康人的血液却总是能够消除上述酸、碱类物质的影响，始终维持人体血液 pH 在 7.35~7.45，且不会

发生显著改变。一旦人体血液 pH 小于 7.35，将引起酸中毒；大于 7.45，将引起碱中毒。如果人体血液 pH 持续偏离正常范围，将会导致代谢紊乱，引发心脑血管、癌症、高血压、糖尿病、肥胖等疾病，严重时甚至造成死亡。因此，如何使溶液的 pH 保持相对稳定，在化学和医学上都具有十分重要的意义。

一、缓冲溶液的组成和缓冲作用机制 微课3

演示实验

取 6 支试管依次编号，在 1、2 号两支试管内各加入蒸馏水 4ml，3、4 号两支试管内各加入 0.1mol/L NaCl 溶液 4ml，5、6 号两支试管内分别加入 0.2mol/L HAc 溶液和 0.2mol/L NaAc 溶液各 2ml，用 pH 试纸分别测定 6 支试管中溶液的 pH。然后在 1、3、5 号 3 支试管中各加入 1mol/L HCl 溶液 0.04ml，在 2、4、6 号 3 支试管中各加入 1mol/L NaOH 溶液 0.04ml，再用 pH 试纸分别测定其 pH。将结果填入表 5 - 4 中。

表 5 - 4　演示实验的有关数据

溶液	蒸馏水	0.1mol/L NaCl	HAc - NaAc
溶液本身 pH	7	7	5
加入盐酸后 pH	2	2	5
加入氢氧化钠后 pH	12	12	5

实验显示加入盐酸或氢氧化钠后 HAc 和 NaAc 混合溶液的 pH 几乎不变，而蒸馏水和 NaCl 溶液的 pH 发生了显著改变。

（一）缓冲溶液的组成

像 HAc - NaAc 这种能抵抗外加少量酸、碱或适当的稀释而保持 pH 几乎不变的溶液称为缓冲溶液，缓冲溶液的这种作用称为缓冲作用。

缓冲溶液之所以具有缓冲作用，是因为溶液里通常含有两种成分：一种是能与外加的酸作用，称为抗酸成分；另一种是能与外加的碱作用，称为抗碱成分。两种成分之间只相差一个质子，属于共轭酸碱对，存在着化学平衡。其中共轭酸是抗碱成分，共轭碱是抗酸成分。通常把这两种成分称为缓冲对或缓冲系。缓冲对或缓冲系主要分为三种类型。

1. 弱酸及其对应的盐

例如

	弱酸（抗碱成分）	对应的盐（抗酸成分）
	HAc	$NaAc$
	H_2CO_3	$NaHCO_3$
	H_3PO_4	NaH_2PO_4

2. 弱碱及其对应的盐

	弱碱（抗酸成分）	对应的盐（抗碱成分）
例如	$NH_3 \cdot H_2O$	NH_4Cl

3. 多元酸的酸式盐及其对应的次级盐

	多元酸的酸式盐（抗碱成分）	对应的次级盐（抗酸成分）
例如	$NaHCO_3$	Na_2CO_3
	NaH_2PO_4	Na_2HPO_4
	Na_2HPO_4	Na_3PO_4

（二）缓冲作用机制

为什么 HAc 和 NaAc 混合溶液具有缓冲作用而水和氯化钠溶液则不具有缓冲作用呢？下面以 HAc – NaAc 这个缓冲对为例来说明。

HAc 为弱电解质，解离度较小。NaAc 属于强电解质，在溶液中几乎完全解离，Ac^- 产生同离子效应，使 HAc 解离度变得更小，HAc 基本以分子状态存在。

$$HAc \rightleftharpoons H^+ + Ac^-$$
$$大量 \quad 极少量 \quad 大量$$

$$NaAc \rightleftharpoons Na^+ + Ac^-$$
$$大量 \quad 大量$$

1. 向溶液中加入少量的强酸（H^+） 溶液中大量的 Ac^- 和外加的少量的 H^+ 结合生成难解离的 HAc，使 HAc 的解离平衡向左移动。当建立新的平衡时，溶液中的 HAc 浓度略有增加，Ac^- 浓度略有减少，但 H^+ 的浓度几乎没有增加，故溶液的 pH 几乎不变。抗酸的离子方程式是

$$Ac^- + H^+ （外加）\rightleftharpoons HAc$$

在这个过程中，Ac^- 起到了对抗外来 H^+ 的作用，由于 Ac^- 主要来自于 NaAc，因此 NaAc 是抗酸成分。

2. 向溶液中加入少量碱（OH^-） 溶液中 HAc 解离出的 H^+ 和外加的 OH^- 结合生成 H_2O，使 HAc 的解离平衡向右移动。当建立新的平衡时，溶液中 HAc 的浓度略有减少，Ac^- 的浓度略有增加，但 OH^- 的浓度几乎没有增加，故溶液的 pH 几乎不变。抗碱的离子方程式是

$$HAc + OH^- （外加）\rightleftharpoons Ac^- + H_2O$$

在这个过程中，HAc 解离出的 H^+ 起到了对抗外来 OH^- 的作用，因此 HAc 是抗碱成分。

其他类型的缓冲溶液的作用原理与上述作用原理基本相同。

应当注意的是，当向缓冲溶液中加入的酸或碱的量过多时，溶液中的抗碱成分和抗酸成分就会消耗尽，缓冲溶液就会失去缓冲作用，因此，缓冲溶液的缓冲能力是有限的。适当增大缓冲溶液中缓冲组分的浓度，可以提高缓冲溶液的缓冲能力。

即学即练 5 –7

以 $NH_3 \cdot H_2O$ 和 NH_4Cl 组成的缓冲溶液为例说明缓冲溶液的缓冲原理。

答案解析

二、缓冲溶液 pH 的近似计算公式

以弱酸 HB 和对应的盐 MB 构成的缓冲溶液为例推导缓冲溶液 pH 的计算公式。

假设在缓冲溶液中弱酸 HB 的浓度为 $c_{酸}$，其对应的盐 MB 的浓度为 $c_{盐}$，由于 HB 和 B^- 是一对共轭酸碱，在水溶液中存在下列平衡：

$$HB \rightleftharpoons H^+ + B^-$$

式中，HB 表示共轭酸，B^- 表示共轭碱。达到平衡时，HB 的解离平衡常数为

$$K_a = \frac{[H^+][B^-]}{[HB]}$$

因为弱酸 HB 的解离度很小，加上弱酸盐 MB 完全解离生成的 B^- 产生同离子效应，弱酸 HB 的解离

度就更小，故可认为平衡时 B^- 的浓度近似等于弱酸盐 MB 的原始浓度 $c_{盐}$，HB 的浓度近似等于弱酸 HB 的原始浓度 $c_{酸}$，即 $[B^-] \approx c_{盐}$，$[HB] \approx c_{酸}$，带入上式得

$$K_a = [H^+] \frac{c_{盐}}{c_{酸}}$$

上式转化后得

$$[H^+] = \frac{K_a \cdot c_{酸}}{c_{盐}}$$

等式两边取负对数并化简得

$$pH = pK_a + \lg \frac{c_{盐}}{c_{酸}} \tag{5-14}$$

以上是弱酸及对应盐的缓冲溶液 pH 计算近似公式。

同理弱碱及其对应盐所组成的缓冲溶液 pH 亦可通过类似方法推导得

$$pH = pK_a + \lg \frac{c_{碱}}{c_{盐}} \tag{5-15}$$

实际上式（5-14）、（5-15）可统一为

$$pH = pK_a + \lg \frac{c_{共轭碱}}{c_{共轭酸}} \tag{5-16}$$

其中，共轭酸 - 共轭碱为缓冲溶液的组成，即缓冲对。同时，由于共轭酸和共轭碱处于同一溶液中，故对两者来说，溶液体积是相等的，因此，又可以把式（5-16）改写为

$$pH = pK_a + \lg \frac{n_{共轭碱}}{n_{共轭酸}} \tag{5-17}$$

下面，我们以本节开头演示实验中的数据来计算：（1）0.2mol/L HAc 溶液和 0.2mol/L NaAc 溶液各 2ml 组成的缓冲溶液的 pH。（2）缓冲溶液中加入 1mol/L HCl 溶液 0.04ml 后溶液的 pH。（3）缓冲溶液中加入 1mol/L NaOH 溶液 0.04ml 后溶液的 pH。

解：（1）HAc 溶液和 NaAc 溶液各 2ml 混合后

$$n_{HAc} = c_{HAc} \cdot V_{HAc} = 0.2 \times 0.002 = 0.0004 (mol)$$

$$n_{NaAc} = c_{NaAc} \cdot V_{NaAc} = 0.2 \times 0.002 = 0.0004 (mol)$$

HAc 的 $pK_a = 4.76$，将以上数据带入式（5-17）得

$$pH = pK_a + \lg \frac{n_{Ac^-}}{n_{HAc}} = 4.76 + \lg \frac{0.0004}{0.0004} = 4.76 + \lg 1 = 4.76$$

（2）在缓冲溶液中加入 1mol/L HCl 溶液 0.04ml

$$HCl + NaAc = HAc + NaCl$$

$$pH = pK_a + \lg \frac{n_{Ac^-}}{n_{HAc}} = 4.76 + \lg \frac{0.2 \times 0.002 - 1 \times 0.00004}{0.2 \times 0.002 + 1 \times 0.00004}$$

$$= 4.76 + \lg 0.82 = 4.76 - 0.087 = 4.673$$

因此，在 HAc - NaAc 缓冲溶液中加入 1mol/L HCl 溶液 0.04ml 后，溶液 pH 比原来减小 0.087 个单位，用 pH 试纸检测几乎没有变化。

（3）在缓冲溶液中加入 1mol/L NaOH 溶液 0.04ml

$$NaOH + HAc \Longrightarrow NaAc + H_2O$$

$$\text{pH} = \text{p}K_a + \lg\frac{n_{Ac^-}}{n_{HAc}} = 4.76 + \lg\frac{0.2\times0.002 + 1\times0.00004}{0.2\times0.002 - 1\times0.00004}$$

$$= 4.76 + \lg1.22 = 4.76 + 0.087 = 4.847$$

因此，在 HAc – NaAc 缓冲溶液中加入 1mol/L NaOH 溶液 0.04ml 后，溶液 pH 比原来增大 0.087 个单位，用 pH 试纸检测几乎没有变化。

 知识链接 ....

缓冲溶液 pH 其他近似计算公式

在计算缓冲溶液 pH 时，除了上面式（5 – 16）、（5 – 17）外，在某种特定条件下，还会有以下几种计算形式。

当共轭碱和共轭酸同体积混合时，缓冲体系浓度比就是它们混合前初始浓度比，则计算公式可改为：

$$\text{pH} = \text{p}K_a + \lg\frac{c_{混合前碱}}{c_{混合后酸}} \tag{5-18}$$

当共轭碱和共轭酸混合前浓度相同时，缓冲体系浓度比就是它们混合前体积比，则计算公式可改为：

$$\text{pH} = \text{p}K_a + \lg\frac{V_{混合前碱}}{V_{混合后酸}} \tag{5-19}$$

三、缓冲溶液的缓冲能力

缓冲溶液的缓冲作用是有一定限度的，当缓冲溶液中抗酸成分或抗碱成分消耗殆尽时，缓冲溶液对外来酸碱的抵抗能力则消失，即失去缓冲作用。对于同种缓冲溶液，其缓冲能力（又称为缓冲容量）与缓冲溶液的组分总浓度及组分配比密切相关，缓冲容量是指能使 1L（或 1ml）缓冲溶液的 pH 改变一个单位所加一元强酸或一元强碱的物质的量（mol 或 mmol）。我们仍以演示实验中例子加以分析。

由上面计算已知，0.2mol/L HAc 溶液和 0.2mol/L NaAc 溶液各 2ml 组成的缓冲溶液，加入 1mol/L HCl 溶液 0.04ml 后，pH 减小了 0.087。

若 0.1mol/L HAc 溶液和 0.1mol/L NaAc 溶液各 2ml 组成的缓冲溶液，加入 1mol/L HCl 溶液 0.04ml 后，pH 会改变多少？

解： 原缓冲溶液的 pH 为

$$\text{pH} = \text{p}K_a + \lg\frac{n_{Ac^-}}{n_{HAc}} = 4.76 + \lg\frac{0.1\times0.002}{0.1\times0.002} = 4.76 + \lg1 = 4.76$$

当加入 1mol/L HCl 溶液 0.04ml 后

$$\text{pH} = \text{p}K_a + \lg\frac{n_{Ac^-}}{n_{HAc}} = 4.76 + \lg\frac{0.1\times0.002 - 1\times0.00004}{0.1\times0.002 + 1\times0.00004}$$

$$= 4.76 + \lg0.67 = 4.76 - 0.176 = 4.584$$

即加入 1mol/L HCl 溶液 0.04ml 后，溶液 pH 减小了 0.176。

若 0.25mol/L HAc 溶液和 0.15mol/L NaAc 溶液各 2ml 组成的缓冲溶液，加入 1mol/L HCl 溶液 0.04ml 后，pH 会改变多少？

解：原缓冲溶液的 pH

$$pH = pK_a + \lg\frac{n_{Ac^-}}{n_{HAc}} = 4.76 + \lg\frac{0.15 \times 0.002}{0.25 \times 0.002} = 4.76 + \lg 0.6 = 4.76 - 0.22 = 4.54$$

当加入 1mol/L HCl 溶液 0.04ml 后

$$pH = pK_a + \lg\frac{n_{Ac^-}}{n_{HAc}} = 4.76 + \lg\frac{0.15 \times 0.002 - 1 \times 0.00004}{0.25 \times 0.002 + 1 \times 0.00004} = 4.76 + \lg 0.48 = 4.76 - 0.32 = 4.44$$

$$4.54 - 4.44 = 0.10$$

即加入 1mol/L HCl 溶液 0.04ml 后，溶液 pH 减小了 0.10。

若 0.15mol/L HAc 溶液和 0.25mol/L NaAc 溶液各 2ml 组成的缓冲溶液，加入 1mol/L HCl 溶液 0.04ml 后，pH 会改变多少？

解：原缓冲溶液的 pH

$$pH = pK_a + \lg\frac{n_{Ac^-}}{n_{HAc}} = 4.76 + \lg\frac{0.25 \times 0.002}{0.15 \times 0.002} = 4.76 + \lg 1.67 = 4.76 + 0.22 = 4.98$$

当加入 1mol/L HCl 溶液 0.04ml 后

$$pH = pK_a + \lg\frac{n_{Ac^-}}{n_{HAc}} = 4.76 + \lg\frac{0.25 \times 0.002 - 1 \times 0.00004}{0.15 \times 0.002 + 1 \times 0.00004} = 4.76 + \lg 1.35 = 4.76 + 0.13 = 4.89$$

$$4.98 - 4.89 = 0.09$$

即加入 1mol/L HCl 溶液 0.04ml 后，溶液 pH 减小了 0.09。

缓冲溶液缓冲能力的影响因素见表 5-5。

表 5-5　缓冲溶液缓冲能力的影响因素

缓冲溶液组成	0.2mol/L HAc 0.2mol/L NaAc	0.1mol/L HAc 0.1mol/L NaAc	0.25mol/L HAc 0.15mol/L NaAc	0.15mol/L HAc 0.25mol/L NaAc
缓冲对浓度总和（mol/L）	0.4	0.2	0.4	0.4
缓冲对浓度比	1:1	1:1	5:3	3:5
缓冲溶液 pH	4.76	4.76	4.54	4.98
加入 1mol/L HCl 0.04ml 后	4.673	4.584	4.44	4.89
缓冲溶液 pH 变化情况	减小了 0.087	减小了 0.176	减小了 0.10	减小了 0.09

分析表 5-5 中数据可得以下结论。

1. 加入同样的酸，缓冲对浓度总和为 0.4mol/L 的缓冲溶液 pH 改变量比缓冲对浓度总和为 0.2mol/L 的缓冲溶液 pH 改变量要小，即缓冲溶液总浓度越大，抗酸抗碱成分越多，缓冲容量越大，缓冲能力越强。

2. 缓冲溶液总浓度为 0.4mol/L 的缓冲溶液，加入同样的酸，共轭酸碱浓度比为 1:1 的缓冲溶液 pH 改变量要比浓度比为 5:3 或 3:5 的缓冲溶液 pH 改变量小，即缓冲溶液总浓度一定时，缓冲溶液缓冲对浓度比等于 1 时，缓冲容量最大，缓冲能力最强。这时溶液 $pH = pK_a$；反之，缓冲溶液缓冲对浓度比相差越大，缓冲容量越小，缓冲能力越弱。

3. 实验证明，一般缓冲溶液缓冲对浓度比应控制在 0.1～10，缓冲溶液 pH 在 $pK_a \pm 1$ 之间，否则缓冲能力太小起不到缓冲作用。我们将 $pK_a \pm 1$ 称为缓冲范围。

四、缓冲溶液的配制

在实际工作中，有时需要配制一定 pH 的缓冲溶液，为使所配制的缓冲溶液符合工作需要，可按以下原则和步骤进行。

1. 选择合适的缓冲对 使所选缓冲对中共轭酸的 pK_a 尽可能接近所配制溶液的 pH，从而使缓冲溶液具有较大的缓冲能力。如配制 pH 为 4.8 的缓冲溶液可选择 HAc 和 NaAc 组成的缓冲对，因 HAc 的 $pK_a = 4.76$。又如配制 pH 为 7.0 的缓冲溶液可选择 NaH_2PO_4 和 Na_2HPO_4 组成的缓冲对，因 H_3PO_4 的 $pK_{a_2} = 7.21$。另外，还应注意组成缓冲对的物质应稳定、无毒、不参与化学反应等。例如：硼酸 – 硼酸盐缓冲液有一定毒性，不能用做口服液和注射液的缓冲对；在加温灭菌和储存期内为保持稳定，不能用易分解的碳酸 – 碳酸氢盐缓冲对。

2. 选择适当的浓度 缓冲溶液的总浓度越大，抗酸抗碱成分越多，缓冲能力越强，但浓度过高会造成不必要的浪费。所以，在实际工作中，抗酸成分和抗碱成分总浓度一般控制在 $0.05 \sim 0.5mol/L$。

3. 计算所需缓冲对的量 一般为了计算和配制方便，常使用相同浓度的共轭酸和共轭碱，按照公式 $pH = pK_a + lg\dfrac{[B^-]}{[HB]}$ 计算出共轭酸和共轭碱的体积，分别取所需的体积混合即可。

4. 校正 用上述方法计算和配制的缓冲溶液 pH 与实际测得的 pH 会稍有差异，因为计算公式忽略了溶液中各离子、分子间的相互影响所致。若需要准确配制缓冲溶液时，按上述方法配好后，再用酸度计加以校正。

例 5 – 9 如何配制 1000ml pH 为 5.0 的缓冲溶液？

解：（1）选择缓冲对 由于 HAc 的 $pK_a = 4.76$，与所要配制的缓冲溶液 pH 接近，所以选用 HAc – NaAc 缓冲对。

（2）确定浓度并计算相应共轭酸、共轭碱的体积 配制具备中等缓冲能力的缓冲溶液，并计算方便，选用浓度均为 0.1mol/L HAc 和 NaAc 溶液。由式（5 – 6）有

$$pH = pK_a + lg\frac{V_{NaAc}}{V_{HAc}}$$

$$lg\frac{V_{NaAc}}{V_{HAc}} = pH - pK_a = 5.0 - 4.76 = 0.24$$

$$\frac{V_{NaAc}}{V_{HAc}} = 10^{0.24} = 1.738$$

又因为 $$V_{NaAc} + V_{HAc} = 1000$$

解得 $$V_{NaAc} = 635ml，V_{HAc} = 365ml$$

因此，量取 365ml 0.1mol/L HAc 溶液和 635ml 0.1mol/L NaAc 溶液混合即可配制 1000ml pH 为 5.0 的缓冲溶液。

五、缓冲溶液在医药学中的应用

缓冲溶液在医药学上具有重要意义。在药物生产中，药物的疗效、稳定性、溶解性以及对人体的刺激性均必须全面考虑。选择合适的缓冲溶液在药物生产中是必不可少的。如维生素 C 水溶液（5mg/ml）的 pH = 3.0，若直接用于局部注射会产生难受的刺痛，常用 $NaHCO_3$ 调节其 pH 在 5.5 ~ 6.0，就可以减轻注射时的刺痛，并能增加其稳定性。在配置抗生素的注射剂时，常加入适量的维生素 C 与甘氨酸钠作为缓冲剂以减少机体的刺激，且有利于药物吸收。有些注射液经高温灭菌后，pH 会发生较大变化，一般可采取加入适当的缓冲液进行 pH 调整，使加温灭菌后其 pH 仍保持恒定。因此在药物制剂生产中进

行药理、生理、生化实验时，都需要使用缓冲溶液。

人体内各种体液都有一定的 pH 范围，例如人体血液的 pH 维持在 7.35 ~ 7.45，最有利于细胞的代谢及整个机体的生存。由于食物消化、吸收或组织新陈代谢会产生大量的酸性物质或碱性物质，正常人体血液的 pH 还始终恒定在一定的范围，原因之一就是其中存在着一系列缓冲对。

血液中的缓冲对主要分布于血浆和红细胞中。

1. 血浆中的缓冲对 主要包括 $H_2CO_3 - NaHCO_3$、$NaH_2PO_4 - Na_2HPO_4$、$HPr - NaPr$（Pr 代表血浆蛋白）。

2. 红细胞中的缓冲对 主要包括 $H_2CO_3 - KHCO_3$、$KH_2PO_4 - K_2HPO_4$、$HHb - KHb$（Hb 代表血红蛋白），$HHbO_2 - KHbO_2$（HbO_2 代表氧合血红蛋白）。红细胞里血红蛋白缓冲对的含量占绝对优势，是红细胞里的主要缓冲对。

在这些缓冲对中，$H_2CO_3 - NaHCO_3$ 缓冲对在血液中浓度最高，缓冲能力最大，对维持血液的正常 pH 作用最重要。在人体代谢过程中产生的酸性或碱性物质以及食入的酸性或碱性物质进入血液后，正是因为这些缓冲对发挥的抗酸抗碱作用，才使血液的 pH 维持恒定。

第五节　难溶强电解质的沉淀 – 溶解平衡

PPT

一、沉淀 – 溶解平衡和溶度积常数

（一）沉淀 – 溶解平衡

难溶电解质在水中的溶解是一个复杂的过程。例如 $AgCl(s)$ 是由 Ag^+ 和 Cl^- 组成的晶体，在一定温度下，把难溶的固体 AgCl 放入水中。一方面，由于水分子的作用，不断地有 Ag^+ 和 Cl^- 脱离固体 AgCl 表面而进入溶液，成为无规则运动的水合离子，这个过程称为溶解；另一方面，已经溶解在溶液中的 Ag^+ 和 Cl^- 也在不停地运动并相互碰撞，离子在运动过程中碰到固体 AgCl 的表面，又会重新回到固体表面上去，这个过程称为沉淀。

任何难溶电解质的溶解和沉淀都是可逆的两个过程。如果溶液是不饱和的，那么溶液中溶解过程是主要的，即溶解速率大于沉淀速率，固体继续溶解；相反，在过饱和溶液中，沉淀过程是主要的，即沉淀速率大于溶解速率，会有一些沉淀生成；如果溶液中沉淀和溶解两个相反过程的速率相等，溶液就达到饱和状态。在饱和溶液中各种离子的浓度不再改变，但沉淀和溶解这两个相反过程并没有停止，此时固体和溶液中的离子之间处于一种动态的平衡状态。这种难溶强电解质在饱和溶液中溶解与沉淀的平衡，称为沉淀 – 溶解平衡。例如 AgCl 的沉淀 – 溶解平衡可表示为

$$AgCl(s) \rightleftharpoons Ag^+ + Cl^-$$
未溶解的固体　溶液中的离子

（二）溶度积常数

在难溶电解质 AgCl 的饱和溶液中，存在沉淀 – 溶解平衡，根据化学平衡定律，其平衡常数表达式为

$$K = K_{AgCl} = [Ag^+][Cl^-]$$

式中，K_{AgCl} 是一个常数，用 K_{sp} 表示。

$$K_{sp, AgCl} = [Ag^+][Cl^-]$$

K_{sp} 表示在难溶强电解质的饱和溶液中，当温度一定时，其离子浓度幂的乘积是一个常数，称为溶度积常数，简称为溶度积。它反映了难溶强电解质在水中的溶解能力，同时也反映了生成该难溶电解质沉淀的难易程度。任何难溶电解质，无论它多么难溶，其饱和溶液中总有与其形成平衡的离子，其离子浓度幂的乘积必定是一个常数。

难溶强电解质有不同类型，如 AB 型（AgCl）、A_2B 型（Ag_2CrO_4）、AB_2 型（PbI_2）等，用符号 A_mB_n 表示。对于电离出两个以上相同离子的难溶强电解质，其 K_{sp} 公式中各离子的浓度项，应取其沉淀 – 溶解平衡方程式中该离子的系数为指数，其溶度积通式可表示为

$$A_mB_n(s) \rightleftharpoons mA^{n+} + nB^{m-}$$

$$K_{sp} = [A^{n+}]^m [B^{m-}]^n$$

例如

$$Ag_2CrO_4(s) \rightleftharpoons 2Ag^+ + CrO_4^{2-}$$

$$K_{sp} = [Ag^+]^2 [CrO_4^{2-}]$$

又如

$$Fe(OH)_3(s) \rightleftharpoons Fe^{3+} + 3OH^-$$

$$K_{sp} = [Fe^{3+}][OH^-]^3$$

即学即练 5 – 8

写出难溶电解质 AgCl、$PbCl_2$、$Cr(OH)_3$、$Ba_3(PO_4)_2$ 的溶度积表达式。

答案解析

与其他平衡常数一样，K_{sp} 与溶液浓度无关，只取决于难溶电解质的本质和温度。同一电解质不同温度时 K_{sp} 也不同，通常情况下，温度升高时，K_{sp} 增大。在实际工作中常用室温下的常数。表 5 – 6 给出了 $BaSO_4$ 的溶度积和溶解度随温度的变化结果。

表 5 – 6　$BaSO_4$ 溶度积和溶解度随温度的变化

温度（K）	273	283	298	323	373
溶解度（mg/L）	1.9	2.2	2.8	3.4	3.9
溶度积 K_{sp}	6.7×10^{-11}	8.9×10^{-11}	1.1×10^{-10}	2.1×10^{-10}	2.8×10^{-10}

二、溶度积与溶解度的关系

（一）溶度积与溶解度

溶解度（S）是指在一定温度下，一定量饱和溶液中溶解溶质的含量，一般常用摩尔溶解度表示。摩尔溶解度是指 1L 饱和溶液中所含溶解的溶质的物质的量，单位是 mol/L（也可以用 1L 饱和溶液中所溶解溶质的克数来表示，单位是 g/L）。溶解度大的电解质，溶液中离子的浓度就大；溶解度小的电解质，溶液中离子的浓度就小。

虽然溶度积和溶解度都可以表示物质的溶解能力，但它们是两个既有联系又有区别的不同概念，它们之间可以相互换算。溶度积反映了难溶强电解质在水中的溶解能力，只与温度有关；溶解度除了与温度有关，还与系统的组成、pH 的改变等因素有关。

要强调说明的是，虽然溶度积的大小与溶液中离子浓度的大小有关，但不能认为溶解度大的难溶强

电解质，其溶度积（K_{sp}）就大，溶解度小的难溶强电解质，其溶度积（K_{sp}）就小，这要根据难溶电解质的类型来比较，因为不同类型的难溶电解质的 K_{sp} 表达式不相同。对于相同类型的难溶电解质，同温下可以用溶度积的大小来比较其溶解度的大小。如 AB 型的 AgCl、AgBr、AgI 等，有关数据见表 5-7。

表 5-7　AgCl、AgBr、AgI 的溶度积及溶解度（298K）

难溶电解质	溶度积（K_{sp}）	溶解度（mol/L）
AgCl	1.77×10^{-10}	1.33×10^{-5}
AgBr	5.35×10^{-13}	7.31×10^{-7}
AgI	8.52×10^{-17}	9.23×10^{-9}

从表 5-7 可以看出，对于相同类型的难溶电解质，在相同温度下，K_{sp} 大的，溶解度就大；K_{sp} 小的，溶解度也小。因此可以根据溶度积的大小直接比较溶解度的大小。

对于不同类型的难溶电解质就不能用 K_{sp} 的大小来比较其溶解度的大小，而必须通过计算说明。例如 AgCl 和 Ag_2CrO_4 是不同类型的难溶电解质，其溶度积和溶解度的有关数据见表 5-8。同温度下，Ag_2CrO_4 的 K_{sp} 比 AgCl 小，但 Ag_2CrO_4 的溶解度比 AgCl 要大。

表 5-8　AgCl、Ag_2CrO_4 的溶度积及溶解度（298K）

难溶电解质	溶度积（K_{sp}）	溶解度（mol/L）
AgCl	1.77×10^{-10}	1.33×10^{-5}
Ag_2CrO_4	1.12×10^{-12}	6.54×10^{-5}

（二）溶度积和溶解度的换算

由于难溶电解质的溶度积和溶解度之间有内在的联系，它们之间可以进行相互换算，即利用难溶电解质的溶解度求算溶度积，或者利用难溶电解质的溶度积求算溶解度。计算时必须注意，溶解度和溶度积的换算是有条件的。

1. 仅适用于离子强度较小，浓度可代替活度的难溶电解质饱和溶液。

2. 难溶电解质溶于水的部分完全电离。

3. 离子的浓度单位是 mol/L。

例 5-10　AgCl 在 298K 时溶解度为 1.33×10^{-5} mol/L，计算 AgCl 的溶度积。

解：已知 AgCl 的溶解度为 1.33×10^{-5} mol/L

根据　　　　　　　　　　　　AgCl（s）$\rightleftharpoons$ Ag^+ + Cl^-

平衡时有　　　　　　　　$[Ag^+] = [Cl^-] = 1.33 \times 10^{-5}$ mol/L

$$K_{sp,AgCl} = [Ag^+][Cl^-] = (1.33 \times 10^{-5})^2 = 1.77 \times 10^{-10}$$

故 AgCl 的溶度积为 1.77×10^{-10}。

例 5-11　Ag_2CrO_4 在 298K 时溶度积为 1.12×10^{-12}，计算 Ag_2CrO_4 的溶解度是多少？

解：设 Ag_2CrO_4 的溶解度为 x mol/L。

根据　　　　　　　　　　　Ag_2CrO_4(s) $\rightleftharpoons$ $2Ag^+$ + CrO_4^{2-}

平衡时各离子浓度为（mol/L）　　　　　　　$2x$　　　　　x

因为　　　　$K_{sp,Ag_2CrO_4} = [Ag^+]^2[CrO_4^{2-}] = (2x)^2 x = 4x^3$

$$x^3 = \frac{K_{sp,Ag_2CrO_4}}{4}$$

$$x = \sqrt[3]{\frac{K_{sp,Ag_2CrO_4}}{4}}$$

$$x = \sqrt[3]{\frac{1.12 \times 10^{-12}}{4}}$$

$$x = 6.54 \times 10^{-5}$$

故 Ag_2CrO_4 的溶解度为 $6.54 \times 10^{-5} mol/L$。

例 5-12　已知在 298K 时每升溶液中溶解了 0.0024g $BaSO_4$，计算 $BaSO_4$ 的溶度积。

解：首先将溶解度单位进行换算

$$M(BaSO_4) = 233.4 g/mol$$

$$S(BaSO_4) = 0.0024 \div 233.4 = 1.03 \times 10^{-5} mol/L$$

根据　　　　　　　　　　$BaSO_4(s) \Longrightarrow Ba^{2+} + SO_4^{2-}$

平衡时　　　　　　　　$[Ba^{2+}] = [SO_4^{2-}] = 1.03 \times 10^{-5} mol/L$

所以　　　　$K_{sp,BaSO_4} = [Ba^{2+}][SO_4^{2-}] = (1.03 \times 10^{-5})^2 = 1.06 \times 10^{-10}$

故 $BaSO_4$ 溶度积为 1.06×10^{-10}。

例 5-13　已知 298K 时 Ag_2CrO_4 的 $K_{sp} = 1.12 \times 10^{-12}$，AgCl 的 $K_{sp} = 1.77 \times 10^{-10}$。试比较两物质溶解度的大小。

解：设 Ag_2CrO_4 的溶解度为 $x mol/L$。

因为　　　　　　　　　　$Ag_2CrO_4(s) \Longrightarrow 2Ag^+ + CrO_4^{2-}$

则 Ag_2CrO_4 饱和溶液中 $[Ag^+] = 2x mol/L$，$[CrO_4^{2-}] = x mol/L$

所以　　　　　　$K_{sp,Ag_2CrO_4} = [Ag^+]^2[CrO_4^{2-}] = (2x)^2 x$

$$x = \sqrt[3]{\frac{K_{sp,Ag_2CrO_4}}{4}}$$

$$x = \sqrt[3]{\frac{1.12 \times 10^{-12}}{4}}$$

$$x = 6.54 \times 10^{-5}$$

设 AgCl 的溶解度为 $y mol/L$。

因为　　　　　　　　　　$AgCl(s) \Longrightarrow Ag^+ + Cl^-$

则 AgCl 的饱和溶液中 $[Ag^+] = [Cl^-] = y mol/L$

所以　　　　　　　　$K_{sp,AgCl} = [Ag^+][Cl^-] = y^2$

$$y = \sqrt{K_{sp,AgCl}} = \sqrt{1.77 \times 10^{-10}} = 1.33 \times 10^{-5}$$

因为 $6.54 \times 10^{-5} > 1.33 \times 10^{-5}$，故相同条件下，$Ag_2CrO_4$ 的溶解度大于 AgCl 的溶解度。

Ag_2CrO_4 的溶度积比 AgCl 的小，但溶解度却比 AgCl 的大，其原因是 Ag_2CrO_4 属 A_2B 型，而 AgCl 属 AB 型。因此，对不同类型的化合物，不能由 K_{sp} 的大小直接比较溶解能力的大小，必须计算出溶解度后进行比较。对相同类型的难溶化合物，同温度下可由 K_{sp} 的大小直接比较溶解能力的大小。但应指出，通过计算所得到的结果数值与实验数据可能有所不同，因为某些阴、阳离子会水解。

三、溶度积规则 📱微课4

根据难溶强电解质的溶度积，可以判断难溶强电解质的溶液在一定条件下，是否有沉淀生成或溶解。

任意条件下，难溶电解质溶液中离子浓度幂的乘积称为离子积，用符号 Q 表示。Q 的表达式和 K_{sp} 表达式相似。例如在 Ag_2CrO_4 溶液中

$$Ag_2CrO_4(s) \rightleftharpoons 2Ag^+ + CrO_4^{2-}$$

$$Q = c_{Ag^+}^2 \cdot c_{CrO_4^{2-}}$$

$$K_{sp, Ag_2CrO_4} = [Ag^+]^2 [CrO_4^{2-}]$$

在 AgCl 溶液中

$$AgCl(s) \rightleftharpoons Ag^+ + Cl^-$$

$$Q = c_{Ag^+} \cdot c_{Cl^-}$$

$$K_{sp, AgCl} = [Ag^+][Cl^-]$$

要特别注意：虽然 Q 和 K_{sp} 两者的表达式相似，但两者的含义是不同的。K_{sp} 是难溶电解质在沉淀和溶解达到平衡时，也就是在它的饱和溶液中离子浓度幂次方的乘积，在一定温度下，K_{sp} 是一个常数。而 Q 表示在任何情况下离子浓度幂次方的乘积，其数值不是固定的，随着离子浓度的变化而变化，只有当溶液处于饱和状态时，K_{sp} 和 Q 才相同。在任意条件下，Q 与 K_{sp} 间的关系有以下三种情况。

1. $Q = K_{sp}$，表示溶液为饱和溶液，沉淀和溶解达到动态平衡。

2. $Q < K_{sp}$，表示溶液为不饱和溶液，无沉淀析出。若加入难溶强电解质固体，则固体将溶解直至溶液饱和为止。

3. $Q > K_{sp}$，表示溶液为过饱和溶液，有沉淀析出，直至溶液饱和，达到新的平衡。

上述 Q 与 K_{sp} 的关系及用来判断沉淀的生成或溶解的规则称为溶度积规则，也叫溶度积原理。它是难溶电解质与其离子间两相平衡移动的总结，可以看出，沉淀的生成或溶解这两个方向相反的过程，是可以相互转化的，转化的条件就是离子的浓度。因此通过控制离子的浓度，可以生成沉淀或使沉淀溶解。

即学即练 5-9

将 10ml 0.01mol/L 氯化锌溶液和 10ml 0.01mol/L 的硫化钠溶液在 298K 时混合，是否有 ZnS 沉淀生成？

答案解析

四、沉淀溶解平衡的移动

在实际工作中，常会遇到使难溶电解质沉淀溶解的问题。根据溶度积原理，要使处于沉淀平衡状态的难溶电解质溶解，就必须降低该难溶电解质溶液中某一离子的浓度，以使其 $Q < K_{sp}$，这样难溶电解质就会溶解。使离子浓度降低的方法很多，在化学中主要是利用化学反应使某一离子生成弱酸、弱碱、水等弱电解质；或者是利用反应使某一离子生成配合物；也可以利用氧化还原反应使离子浓度降低。

(一) 生成弱电解质使沉淀溶解

在实际应用中，加入适当的试剂与溶液中的某种离子结合生成水、弱酸、弱碱等弱电解质，使溶液中相关离子的浓度降低，从而使得 $Q < K_{sp}$，达到沉淀溶解的目的。

1. 生成水 $Mg(OH)_2$ 能溶于盐酸，其溶解过程为

$$Mg(OH)_2(s) \rightleftharpoons Mg^{2+} + 2OH^-$$

$$HCl \Longrightarrow Cl^- + H^+$$

$$OH^- + H^+ \rightleftharpoons H_2O$$

因为 $Mg(OH)_2$ 固体溶解电离出的 OH^- 与 HCl 电离的 H^+ 结合生成弱电解质 H_2O，使溶液中 OH^- 浓度降低，因而使得 $Mg(OH)_2$ 的 $Q < K_{sp}$，于是平衡向 $Mg(OH)_2$ 沉淀溶解的方向移动。如果加入的 HCl 足够多，可使 $Mg(OH)_2$ 沉淀不断溶解，直到全部溶解。

2. 生成弱碱　某些难溶的氢氧化物还可以溶解于铵盐。例如 $Mg(OH)_2$ 还可以溶解于 NH_4Cl，溶解过程为

$$Mg(OH)_2(s) \rightleftharpoons Mg^{2+} + 2OH^-$$

$$NH_4Cl \Longrightarrow NH_4^+ + Cl^-$$

$$OH^- + NH_4^+ \rightleftharpoons NH_3 \cdot H_2O \rightleftharpoons H_2O + NH_3\uparrow$$

生成的 $NH_3 \cdot H_2O$ 是弱电解质，同时 NH_3 还有挥发性，使溶液中 OH^- 浓度降低，导致 $Q < K_{sp}$，从而使平衡向 $Mg(OH)_2$ 沉淀溶解的方向移动，直到沉淀全部溶解。

3. 生成弱酸　对于一些由弱酸所生成的难溶电解质，它们能溶于强酸或者较强的酸。因为这些弱酸盐的酸根离子，与强酸或者较强的酸电离出的 H^+ 结合，生成弱酸或者是气体，从而使溶液中酸根离子的浓度降低，使得 $Q < K_{sp}$，平衡即可向沉淀溶解方向移动。

例如难溶解于水的碳酸盐，由于分子中的 CO_3^{2-} 能与强酸作用生成难电离的 H_2CO_3，继而转化为 CO_2 气体，使沉淀溶解。例如 $CaCO_3$ 可溶于 HCl，溶解过程如下

$$CaCO_3(s) \rightleftharpoons Ca^{2+} + CO_3^{2-}$$

$$HCl \Longrightarrow Cl^- + H^+$$

$$CO_3^{2-} + 2H^+ \rightleftharpoons H_2CO_3 \rightleftharpoons H_2O + CO_2\uparrow$$

若加入足够量的 HCl，$CaCO_3$ 可以全部溶解。

部分金属硫化物能溶于稀酸中。例如 ZnS 可溶于盐酸，反应如下

$$ZnS(s) \rightleftharpoons Zn^{2+} + S^{2-}$$

$$HCl \Longrightarrow Cl^- + H^+$$

$$S^{2-} + 2H^+ \rightleftharpoons H_2S\uparrow$$

因此，利用化学反应使难溶电解质中的离子生成弱电解质，是沉淀溶解的常用方法。

（二）利用氧化还原反应使沉淀溶解

有些 K_{sp} 很小的化合物（如 HgS、CuS 等），即使在浓盐酸中也不能有效地溶解，因此它们不溶于非氧化性强酸，可以通过加入氧化剂使某一离子发生氧化还原反应降低其浓度，达到沉淀溶解的目的。如 CuS 不溶于浓盐酸，但可溶于 HNO_3 中，反应式为

$$3CuS(s) + 8HNO_3 \Longrightarrow 3Cu(NO_3)_2 + 3S\downarrow + 2NO\uparrow + 4H_2O$$

由于 S^{2-} 被氧化成 S 沉淀出来，使溶液中 S^{2-} 浓度降低，$[Cu^{2+}][S^{2-}] < K_{sp,CuS}$，沉淀就会慢慢溶解。

（三）利用生成配合物使沉淀溶解

当难溶电解质中的金属离子与某些试剂形成配位化合物时，也会使沉淀溶解。如 AgCl 沉淀可溶于氨水，反应式为

$$AgCl(s) + 2NH_3 \Longrightarrow [Ag(NH_3)_2]Cl$$

由于生成了更难离解而且易溶于水的配离子 $[Ag(NH_3)_2]^+$，使溶液中 $[Ag^+]$ 降低，从而使 AgCl 沉淀逐步溶解。

五、沉淀溶解平衡在医药学中的应用

溶度积原理在物质分离和药物分析中应用较多。

在分析药物含量时，常用沉淀滴定分析法。即把要测定的药物制成溶液，再加入试剂和被测药物中的某种离子进行反应，使之生成沉淀，然后根据所消耗试剂的体积和浓度，计算被测药物的含量。其操作原理和注意事项都与溶度积有关。

氢氧化铝作为药用常制成干燥氢氧化铝和氢氧化铝片（胃舒平），用于治疗胃酸过多、胃及十二指肠溃疡等疾病。它的优点是本身不被吸收，具有两性，其碱性很弱，作口服药物时无碱中毒的危险，与胃酸中和后生成的 $AlCl_3$ 具有收敛性和局部止血作用，是一种常用抗酸药。

医药上注射用水中 Cl^- 的检查，就是应用沉淀生成的原理进行的。检查时取水样 50ml，加 2mol/L 稀硝酸 5 滴，0.1mol/L 硝酸银 1ml，放置半分钟，不发生浑浊就是合格。如果发生浑浊说明有 AgCl 沉淀产生，就不合格。反应方程式

$$Ag^+ + Cl^- \Longrightarrow AgCl \downarrow$$

操作中加入 HNO_3 是为了防止 CO_3^{2-} 和 OH^- 的干扰，如果溶液中有 CO_3^{2-} 或 OH^- 就会发生下面的干扰反应

$$2Ag^+ + CO_3^{2-} \Longrightarrow Ag_2CO_3 \downarrow$$

$$2Ag^+ + 2OH^- \Longrightarrow Ag_2O \downarrow + H_2O$$

Ag_2O 和 Ag_2CO_3 都是难溶电解质，但是它们在酸性溶液中不能存在，因此加入稀硝酸就避免了 Ag_2O 和 Ag_2CO_3 沉淀的生成，防止了 CO_3^{2-} 和 OH^- 的干扰。

如果有 AgCl 沉淀生成，溶液中 Cl^- 的浓度可以根据水样的体积，以及所用试剂的体积与浓度计算：

因为 $\quad\quad\quad\quad V_{水} = 50ml，\ V_{AgNO_3} = 1ml，\ [AgNO_3] = 0.1mol/L$

所以 $\quad\quad\quad\quad [Ag^+] = 0.1 \times 1 \div (50 + 1) = 2.0 \times 10^{-3} mol/L$

根据 $\quad\quad\quad\quad K_{sp,AgCl} = 1.77 \times 10^{-10}$

若生成 AgCl 沉淀，溶液中 $[Cl^-]$ 为

$$[Cl^-] = \frac{K_{sp,AgCl}}{[Ag^+]} = \frac{1.77 \times 10^{-10}}{2.0 \times 10^{-3}} = 8.85 \times 10^{-8} mol/L$$

若生成 AgCl 沉淀，说明溶液中 $[Cl^-]$ 超过 $8.85 \times 10^{-8} mol/L$，水样就不合格（合格的注射用水中 $[Cl^-] < 8.85 \times 10^{-8} mol/L$）。

在医学中，蛀牙是一种常见的口腔疾病，在防治方面就利用了沉淀反应。

牙齿表面有一薄层珐琅质层（又称釉质）起保护作用，釉质是由难溶的羟基磷酸钙 $[Ca_5(PO_4)_3OH]$ 组成。当它溶解时，相关离子进入了唾液

$$Ca_5(PO_4)_3OH(s) \Longrightarrow 5Ca^{2+} + 3PO_4^{3-} + OH^-$$

在正常的情况下，此反应向右进行的程度是很小的。该反应的逆过程叫再矿化作用，这是人体自身的防蛀过程。

当人进餐后，口腔中的细菌会分解食物产生有机酸，如醋酸。特别是糖果、冰淇淋等含糖高的物质，产生的酸很多，从而导致 pH 减小，促进牙齿脱矿化作用。当保护性的釉质层被削弱时，就开始蛀

牙了。防止蛀牙的最好方法是养成良好的习惯，多吃低糖食物和坚持饭后立即刷牙，在多数牙膏中含有氟化物（如 NaF 或 SnF_2），这些氟化物能够帮助减少蛀牙。因为在再矿化过程中 F^- 取代了 OH^-

$$5Ca^{2+} + 3PO_4^{3-} + F^- === Ca_5(PO_4)_3F \downarrow$$

牙齿的釉质层组成发生变化。氟磷灰石 $Ca_5(PO_4)_3F$ 是更难溶的化合物。其 K_{sp} 为 1.0×10^{-60}，又因为 F^- 是比 OH^- 更弱的碱，不易与酸反应。

废水的处理也要用到沉淀生成的原理。水中的污染物如有毒的重金属离子 Hg^{2+}、Cd^{2+}、Cr^{3+} 等，和某些非金属离子如 F^- 等，都可以用沉淀法除去。常用试剂有 Na_2S、$(NH_4)_2S$、$Ca(OH)_2$ 等，有关反应式为

$$Hg^{2+} + Na_2S === HgS \downarrow + 2Na^+$$
$$Cd^{2+} + Ca(OH)_2 === Cd(OH)_2 \downarrow + Ca^{2+}$$
$$2Cr^{3+} + 3Ca(OH)_2 === 2Cr(OH)_3 \downarrow + 3Ca^{2+}$$

可以看出沉淀生成的理论应用是很广的。

✐ 实践实训

实训五 药用 NaCl 的精制 ✐ 微课5

一、目的要求

1. 理解 药用 NaCl 精制的原理和方法。

2. 应用 称量、溶解、过滤、蒸发、浓缩、结晶和干燥等基本操作。

二、实训指导

粗食盐中含有不溶性杂质如泥沙、草木屑等，含有可溶性杂质如 Ca^{2+}、Mg^{2+}、Fe^{3+}、K^+、SO_4^{2-}、CO_3^{2-}、Br^-、I^-、NO_3^- 等。不溶性杂质可用过滤法除去，可溶性杂质用化学方法转为沉淀过滤除去。

1. 加入稍过量 $BaCl_2$，除去 SO_4^{2-}

$$Ba^{2+} + SO_4^{2-} === BaSO_4 \downarrow$$

2. 加入 NaOH、Na_2CO_3，除 Ca^{2+}、Mg^{2+}、Fe^{3+} 及过量 Ba^{2+}

$$Mg^{2+} + 2OH^- === Mg(OH)_2 \downarrow$$
$$Ca^{2+} + CO_3^{2-} === CaCO_3 \downarrow$$
$$Fe^{3+} + 3OH^- === Fe(OH)_3 \downarrow$$
$$2Fe^{3+} + 3CO_3^{2-} + 3H_2O === 2Fe(OH)_3 \downarrow + 3CO_2 \uparrow$$
$$Ba^{2+} + CO_3^{2-} === BaCO_3 \downarrow$$

3. 加 HCl，除过量 OH^-、CO_3^{2-}

$$OH^- + H^+ === H_2O$$
$$CO_3^{2-} + 2H^+ === CO_2 \uparrow + H_2O$$

4. 由于钾盐溶解度随温度变化比 NaCl 显著，故在 NaCl 蒸发结晶时，可溶性杂质，如 K^+、Br^-、I^-、NO_3^- 等，留在母液中与 NaCl 晶体分离。

5. 吸附在 NaCl 表面的 HCl，可用水或乙醇洗涤除去，水分再加热除去。

三、实训内容

（一）仪器和试剂

1. 仪器 电子台秤或托盘天平；烧杯（100ml、200ml 各 1 个）；量筒（50ml）；布氏漏斗；抽滤瓶；长颈漏斗；漏斗架；铁架台；蒸发皿；石棉网；酒精灯；循环水式多用真空泵等。

2. 试剂 粗食盐（研细，并炒过）；乙醇（95%）；HCl(6mol/L)；NaOH(6mol/L)；$BaCl_2$(6mol/L)；饱和 Na_2CO_3 溶液等。

（二）操作步骤

1. 称量和溶解 用电子台秤或托盘天平称取 5.0g 粗食盐（研细，并炒过），置于 100ml 小烧杯中，加入 18ml 蒸馏水，边加热边搅拌使之溶解。

2. 除去 SO_4^{2-} 离子 在煮沸的粗食盐溶液中，边搅拌边滴加 2ml $BaCl_2$ 溶液。为了检验沉淀是否完全，可将酒精灯移开，待沉淀下降后，在上层清液中加入 1～2 滴 $BaCl_2$ 溶液，观察是否有浑浊现象。若无浑浊，说明 SO_4^{2-} 已沉淀完全。若有浑浊则要继续滴加 $BaCl_2$ 溶液，直到沉淀完全。然后小火加热 5 分钟，减压抽滤，保留滤液，弃去沉淀。

3. 除去 Ca^{2+}、Mg^{2+}、Fe^{3+}、Ba^{2+} 等离子 在滤液中加入 1ml NaOH 溶液和 2ml Na_2CO_3 溶液，加热至沸。方法同上，用 Na_2CO_3 溶液检验沉淀是否完全。继续煮沸 5 分钟，常压过滤，弃去沉淀，保留滤液。

4. 调节溶液的 pH 在滤液中逐滴加入 6mol/L 盐酸，加热，充分搅拌，除尽 CO_2 气体，并用玻璃棒蘸取溶液在 pH 试纸上试验，直到溶液呈微酸性（pH 为 3～4）。

5. 蒸发浓缩 将溶液转移到蒸发皿中，用小火加热，蒸发浓缩至溶液呈稠粥状为止，切不可将溶液蒸干。

6. 结晶和干燥 将浓缩液冷却至室温，减压过滤，用少量 95% 乙醇淋洗滤饼 2～3 次，将晶体转移到事先称量好的蒸发皿中，加热烘干，冷却后称量，计算产率。

四、实训注意

1. 蒸发浓缩时应边加热边用玻璃棒搅拌。

2. 抽滤时，滤纸要比布氏漏斗内径略小，但必须覆盖全部小孔，要用母液全部转移晶体。

五、实训思考

1. 实训中，为什么要先加入 $BaCl_2$ 溶液，然后依次加入 NaOH、Na_2CO_3 溶液？能否先加 Na_2CO_3 溶液？

2. 如何检验 Ca^{2+}、Mg^{2+} 和 SO_4^{2-} 离子沉淀完全？

3. 当加入沉淀剂分离 Ca^{2+}、Mg^{2+}、Ba^{2+} 和 SO_4^{2-} 等离子时，加热和不加热对沉淀分离有何影响？

实训六　缓冲溶液的配制和性质 微课6

一、目的要求

1. **理解** 缓冲溶液的性质。

2. **应用** 缓冲溶液 pH 的计算和配制方法；使用酸度计和复合电极测定溶液 pH。

二、实训指导

缓冲溶液具有抵抗少量强酸、强碱或稍加稀释等影响仍保持其 pH 几乎不变的能力。

缓冲溶液一般是由共轭酸碱对组成，其中共轭酸为抗碱成分，共轭碱为抗酸成分。当共轭酸和共轭碱浓度相等时，pH 计算公式为

$$pH = pK_a + \lg \frac{V_{混合前碱}}{V_{混合前酸}}$$

根据以上公式和缓冲溶液的总体积可计算所需共轭酸及其共轭碱的体积，将所需体积的共轭酸溶液和共轭碱溶液混合，即得所需缓冲溶液。

缓冲溶液的缓冲能力用缓冲容量来衡量，缓冲容量越大，缓冲能力越强。缓冲容量与总浓度及缓冲比有关，当缓冲比一定时，总浓度越大，缓冲容量越大；当总浓度一定时，缓冲比越接近 1，缓冲容量越大（缓冲比等于 1 时，缓冲容量最大）。

由上述计算配制的溶液，所得的 pH 为近似值，需用酸度计和复合电极测定其 pH，再用相应酸或碱调节 pH。

三、实训内容

（一）仪器和试剂

1. 仪器　试管（6 支）、试管架、玻璃棒、滴管、洗瓶，吸量管（10ml、20ml），烧杯（100ml）、量杯（5ml）、酸度计、复合电极、温度计、洗耳球、塑料烧杯（50ml、3 个）、精密 pH 试纸、点滴板等。

2. 试剂　HAc（2mol/L、1mol/L、0.1mol/L），NaAc（1mol/L、0.1mol/L），NaH$_2$PO$_4$（2mol/L、0.2mol/L），Na$_2$HPO$_4$（0.2mol/L），HCl（0.1mol/L），NaOH（2mol/L、1mol/L、0.1mol/L），邻苯二甲酸氢钾标准缓冲溶液（0.05mol/L），混合磷酸盐标准缓冲溶液（0.025mol/L），溴酚红指示剂等。

（二）操作步骤

1. 缓冲溶液的配制

（1）计算配制 pH = 5.00 的缓冲溶液 20ml 所需 0.1mol/L HAc（pK_a = 4.76）溶液和 0.1mol/L NaAc 溶液的体积。分别用吸量管移取所需量的 HAc 溶液和 NaAc 溶液，置于 50ml 塑料烧杯中，摇匀。用酸度计（配用复合电极，下同）测定其 pH，并用 2mol/L NaOH 或 2mol/L HAc 调节 pH 为 5.00，保存备用。

（2）计算配制 pH = 7.00 的缓冲溶液 20ml 所需 0.2mol/L NaH$_2$PO$_4$（pK_{a_2} = 7.21）溶液和 0.2mol/L Na$_2$HPO$_4$ 溶液的体积。分别用吸量管移取所需量的 NaH$_2$PO$_4$ 溶液和 Na$_2$HPO$_4$ 溶液，置于 50ml 塑料烧杯中，摇匀。用酸度计测定其 pH，并用 2mol/L NaOH 或 2mol/L NaH$_2$PO$_4$ 调节 pH 为 7.00，保存备用。

2. 缓冲溶液的性质

（1）抗酸作用　取 3 支试管，分别加入上述配制的 pH 为 5.00、7.00 的缓冲溶液和蒸馏水各 3ml，再各加入 2 滴 1mol/L HCl 溶液，摇匀。用精密 pH 试纸分别测定其 pH。

（2）抗碱作用　取 3 支试管，分别加入上述配制的 pH 为 5.00、7.00 的缓冲溶液和蒸馏水各 3ml，再各加入 2 滴 1mol/L NaOH 溶液，摇匀。用精密 pH 试纸分别测定其 pH。

（3）抗稀释作用　取 4 支试管，分别加入上述配制的 pH 为 5.00、7.00 的缓冲溶液、0.1mol/L HCl 溶液，0.1mol/L NaOH 溶液各 0.5ml，再各加入 5ml 蒸馏水，振荡试管。用精密 pH 试纸分别测定其 pH。

解释上述实验结果。

3. 缓冲容量的比较

（1）缓冲容量与总浓度的关系　取 2 支试管，在一支试管中加入 0.1mol/L HAc 溶液和 0.1mol/L NaAc 溶液各 2ml，在另一支试管中加入 1mol/L HAc 溶液和 1mol/L NaAc 溶液各 2ml，测定两试管中溶液 pH，两者是否相同？向 2 支试管中各滴入 2 滴溴酚红（变色范围 pH 为 5.0 ~ 6.8，pH < 5.0 呈黄色，pH > 6.8 呈红色），然后向 2 支试管中分别滴加 1mol/L NaOH 溶液，边滴加边振荡试管，直至溶液颜色变为红色。记录两支试管所加 NaOH 溶液滴数。

（2）缓冲容量与缓冲比的关系　取 2 支试管，在一支试管中加入 0.1mol/L HAc 溶液和 0.1mol/L NaAc 溶液各 5ml，在另一支试管中加入 9ml 0.1mol/L NaAc 溶液和 1ml 0.1mol/L HAc 溶液。计算两缓冲溶液的缓冲比，用精密 pH 试纸测定两溶液 pH。然后向每支试管中加入 1ml 1mol/L NaOH 溶液，用精密 pH 试纸测量两溶液 pH。

解释上述实验结果。

四、实训注意

1. 离子强度的影响，会造成所配缓冲溶液 pH 测定值与理论值偏离，需用酸度计测定其 pH，再用相应酸或碱调节其 pH。

2. 配制缓冲溶液的蒸馏水应是新沸腾过并放冷的纯化水，其 pH 应为 5.5 ~ 7.0。

五、实训思考

1. 若同倍数改变共轭酸及共轭碱浓度而体积不变，则缓冲溶液 pH 是否改变？

2. 配制 pH 为 9 的缓冲溶液，应选何种缓冲对？

3. 影响缓冲溶液缓冲容量的主要因素是什么？如何影响？

4. 10ml 0.2mol/L HAc 溶液和 10ml 0.1mol/L NaOH 溶液混合后所得的溶液是否具有缓冲作用，为什么？

实训七　解离平衡和沉淀反应

一、目的要求

1. **理解**　同离子效应、盐类的水解及影响因素；影响沉淀溶解平衡的因素。
2. **应用**　运用溶度积规则判断沉淀的生成和溶解。

二、实训指导

弱电解质溶液中加入含有相同离子的另一种强电解质时，弱电解质解离程度降低，这种效应称为同离子效应。

弱酸及其盐或弱碱及其盐溶液，将其稀释或在其中加入少量酸或碱时，溶液 pH 基本不改变，这种溶液称为缓冲溶液。

按照酸碱质子理论，盐类水解是溶液中质子酸碱与水分子发生质子传递反应，影响因素有溶液酸度和温度等。

在难溶电解质饱和溶液中，未溶解的难溶电解质和溶液中相应离子之间建立多相离子平衡。例如，在 PbI_2 饱和溶液中，建立如下平衡。

$$PbI_2(s) \Longrightarrow Pb^{2+} + 2I^-$$

其平衡常数表达式为 $K_{sp} = [Pb^{2+}][I^-]^2$ 称为溶度积。

根据溶度积规则，可判断沉淀的生成和溶解。

1. $Q = K_{sp}$，表示溶液为饱和溶液，沉淀和溶解达到动态平衡。

2. $Q < K_{sp}$，表示溶液为不饱和溶液，无沉淀析出。若加入难溶强电解质固体，则固体将溶解直至溶液饱和为止。

3. $Q > K_{sp}$，表示溶液为过饱和溶液，有沉淀析出，直至溶液饱和，达到新的平衡。

三、实训内容

(一) 准备仪器和试剂

1. 仪器　试管、离心试管、离心机、药匙、烧杯（100ml）、量筒（10ml）、点滴板、pH 试纸等。

2. 试剂　HAc(2mol/L、0.1mol/L)，HCl(2mol/L、0.1mol/L)，氨水（2mol/L、0.1mol/L），NaOH（0.1mol/L），HNO$_3$（6mol/L），NH$_4$Ac（s、1mol/L、0.1mol/L），NaAc（0.1mol/L），NaCl（1mol/L、0.1mol/L），NH$_4$Cl（饱和溶液、0.1mol/L），MgCl$_2$（1mol/L），CaCl$_2$（0.1mol/L），Pb(NO$_3$)$_2$（0.1mol/L、0.001mol/L），Fe(NO$_3$)$_3 \cdot 9H_2O$(s)，ZnCl$_2$（0.1mol/L），Pb(Ac)$_2$（0.01mol/L），Na$_2$S（0.1mol/L），KI（0.1mol/L、0.001mol/L），Na$_2$CO$_3$（饱和溶液、0.1mol/L），（NH$_4$）$_2$C$_2$O$_4$（饱和溶液），NaHCO$_3$（0.1mol/L），NaH$_2$PO$_4$（0.1mol/L），Na$_2$HPO$_4$（0.1mol/L），Na$_3$PO$_4$（0.1mol/L），Al$_2$(SO$_4$)$_3$（饱和溶液），酚酞指示剂，甲基橙指示剂，去离子水等。

(二) 操作步骤

1. 同离子效应和缓冲溶液

（1）取 3 支有编号的试管，各加 1ml 0.1mol/L 氨水和 1 滴酚酞，在 2 号试管中加 2 滴 1mol/L NH$_4$Ac 溶液，在 3 号试管中加 2 滴 1mol/L NaCl 溶液，比较 3 支试管中颜色变化，并解释原因。

（2）取 3 支有编号的试管，各加 1ml 0.1mol/L HAc 和 1 滴甲基橙，在 2 号试管中加 2 滴 1mol/L NH$_4$Ac 溶液，在 3 号试管中加 2 滴 1mol/L NaCl 溶液，比较 3 支试管中颜色变化，并解释原因。

（3）用 0.1mol/L NaOH 代替 0.1mol/L 氨水，用 0.1mol/L HCl 代替 0.1mol/L HAc，重做（1）、（2）实验，比较酚酞、甲基橙颜色变化，并加以解释。

（4）在烧杯中加入 10ml 0.1mol/L HAc 和 10ml 0.1mol/L NaAc，搅匀，用 pH 试纸测定其 pH，然后将溶液分成两份，一份加入 10 滴 0.1mol/L HCl，测其 pH，另一份加入 10 滴 0.1mol/L NaOH，测其 pH。在另一烧杯中加入 10ml 去离子水，重复上述实验。说明缓冲溶液的作用。

2. 盐类的水解及其影响因素

（1）在点滴板上，用 pH 试纸测定浓度为 0.1mol/L 的下列各溶液 pH：Na$_2$CO$_3$、NaHCO$_3$、NaCl、Na$_2$S、NaH$_2$PO$_4$、Na$_2$HPO$_4$、Na$_3$PO$_4$、NaAc、NH$_4$Cl、NH$_4$Ac，并与计算值相比较。

（2）取少量 NaAc 固体，溶于少量去离子水中，加 1 滴酚酞，观察溶液颜色。在小火上将溶液加热，观察颜色变化。

（3）取少量 Fe(NO$_3$)$_3 \cdot 9H_2O$ 固体，用 6ml 去离子水溶解后，观察溶液颜色 [Fe^{3+} 水解生成 Fe(OH)$_3$ 胶体而使溶液呈黄棕色]。然后将溶液分成 3 份，一份加数滴 6mol/L HNO$_3$，另一份在小火上加热煮沸，观察现象并比较。通过上述现象说明，加 HNO$_3$ 或加热对水解平衡的影响。

（4）在一支装有 Al$_2$(SO$_4$)$_3$ 饱和溶液的试管中，加入饱和 Na$_2$CO$_3$ 溶液，观察现象。通过实验证明产

生的沉淀是 $Al(OH)_3$ 而不是 $Al_2(CO_3)_3$，并写出反应方程式。

3. 溶度积规则的应用

（1）在试管中加入 0.5ml 0.1mol/L $Pb(NO_3)_2$ 溶液及 0.5ml 0.1mol/L KI 溶液，观察有无沉淀生成？用溶度积规则解释此现象。

（2）体积不变，用 0.001mol/L $Pb(NO_3)_2$ 溶液和 0.001mol/L KI 溶液重复上述实验，观察有无沉淀生成？用溶度积规则解释此现象。

4. 沉淀的生成和溶解

（1）在 2 支试管中分别加入 0.5ml $(NH_4)_2C_2O_4$ 饱和溶液和 0.5ml 0.1mol/L $CaCl_2$ 溶液，观察白色沉淀的生成。然后在一支试管中加入约 2ml 2mol/L HCl 溶液，搅匀，沉淀是否溶解？在另 1 支试管中加入约 2ml 2mol/L HAc 溶液，沉淀是否溶解？解释现象。

（2）取 2 滴 0.1mol/L $ZnCl_2$ 溶液，加入 2 滴 0.1mol/L Na_2S 溶液，观察沉淀的生成和颜色，再在试管中加入数滴 2mol/L HCl，观察沉淀是否溶解？写出相关反应式。

（3）在 2 支试管中分别加入 1ml 1mol/L $MgCl_2$ 溶液，并分别滴加 2mol/L 氨水至有白色沉淀生成，在 1 支试管中加入 2mol/L HCl 溶液，沉淀是否溶解？在另 1 支试管中加入饱和 NH_4Cl 溶液，沉淀是否溶解？说明加入 HCl 或 NH_4Cl 对 $Mg(OH)_2$ 沉淀溶解平衡的影响。

四、实训思考

1. 同离子效应与缓冲溶液的原理有何异同？

2. 如何抑制或促进水解？举例说明。

3. 是否一定要在碱性条件下，才能生成氢氧化物沉淀？不同浓度的金属离子溶液，开始生成氢氧化物沉淀时，溶液 pH 是否相同？

 目标检测

答案解析

一、单项选择题

1. 下列离子中只能作碱的是（　　）。

　　A. H_2O　　　　　　　　B. HCO_3^-　　　　　　　　C. S^{2-}　　　　　　　　D. HSO_4^-

2. 0.4mol/L HAc 溶液中 H^+ 浓度是 0.1mol/L HAc 溶液中 H^+ 浓度的（　　）。

　　A. 1 倍　　　　　　　　B. 2 倍　　　　　　　　C. 3 倍　　　　　　　　D. 4 倍

3. 某二元弱酸 H_2A 浓度为 0.05 mol/L，$K_{a_1} = 6 \times 10^{-8}$，$K_{a_2} = 8 \times 10^{-14}$，则溶液中 A^{2-} 浓度约为（　　）。

　　A. 6×10^{-8} mol/L　　　　　　　　　　　　B. 8×10^{-14} mol/L

　　C. 3×10^{-8} mol/L　　　　　　　　　　　　D. 4×10^{-14} mol/L

4. 在常温下，pH = 6 的溶液与 pOH = 6 的溶液相比，其氢离子浓度（　　）。

　　A. 相等　　　　　　B. 高 2 倍　　　　　　C. 高 10 倍　　　　　　D. 高 100 倍

5. HCN 的电离平衡常数表达式为 $K_a = \dfrac{[H^+][CN^-]}{[HCN]}$，下列说法正确的是（　　）。

　　A. 加 HCl，K_a 变大　　　　　　　　　　　B. 加 NaCN，K_a 变大

　　C. 加 HCN，K_a 变小　　　　　　　　　　　D. 加 H_2O，K_a 不变

6. 在纯水中加入一些酸，则溶液中（　　　）。

    A. H^+ 和 OH^- 浓度的乘积增大　　　　　　　　B. H^+ 和 OH^- 浓度的乘积减小

    C. H^+ 和 OH^- 浓度的乘积不变　　　　　　　　D. 溶液 pH 增大

7. 下列各对物质，能组成缓冲溶液的是（　　　）。

    A. NaOH – HCl　　　　　　　　　　　　　　B. KCl – HCl

    C. H_2CO_3 – Na_2CO_3　　　　　　　　　　　D. HAc – NaAc

8. 向醋酸和醋酸钠混合溶液中加入适量的蒸馏水，则溶液的 pH（　　　）。

    A. 增加　　　　　　B. 减少　　　　　　C. 几乎不变　　　　　　D. 无法判断

9. 欲配制 pH 为 9.0 的缓冲溶液，应选用何种弱酸或弱碱及其盐来配制（　　　）。

    A. $HNO_2(K_a = 5.6 \times 10^{-4})$　　　　　　　　B. $NH_3 \cdot H_2O(K_b = 1.8 \times 10^{-5})$

    C. $HAc(K_a = 1.75 \times 10^{-5})$　　　　　　　　D. $HCOOH(K_a = 1.8 \times 10^{-4})$

10. 用 HAc 和 NaOH 配制缓冲溶液，所得缓冲溶液的抗酸成分是（　　　）。

    A. H^+　　　　　　B. OH^-　　　　　　C. HAc　　　　　　D. NaAc

11. 下列各组水溶液，当其等体积混合时，能作为缓冲溶液的是（　　　）。

    A. 0.1mol/L NaOH 和 0.2mol/L HCl　　　　　B. 0.1mol/L NaAc 和 0.1mol/L HCl

    C. 0.1mol/L NaCl 和 0.1mol/L HCl　　　　　D. 0.15mol/L NaOH 和 0.3mol/L HNO_2

12. 某 AB_2 型沉淀的溶解度为 1×10^{-6}mol/L，其 K_{sp} 为（　　　）。

    A. 4×10^{-18}　　　B. 4×10^{-12}　　　C. 4×10^{-17}　　　D. 1×10^{-12}

13. Ag_2S 的溶度积常数表达式正确的是（　　　）。

    A. $K_{sp} = [Ag^+][S^{2-}]$　　　　　　　　　　B. $K_{sp} = [Ag^+][S^{2-}]^2$

    C. $K_{sp} = [Ag^+]^2[S^{2-}]$　　　　　　　　　D. $K_{sp} = [2Ag^+]^2[S^{2-}]$

14. 某温度时，在 AgCl 的饱和溶液中，当 $[Ag^+]$ 分别为 0.01mol/L 和 0.001mol/L 时，其溶度积常数 K_{sp}（　　　）。

    A. 相同

    B. 不同

    C. $[Ag^+] = 0.01$mol/L 的 K_{sp} 大于 $[Ag^+] = 0.001$mol/L 的 K_{sp}

    D. $[Ag^+] = 0.001$mol/L 的 K_{sp} 大于 $[Ag^+] = 0.01$ mol/L 的 K_{sp}

15. 在 AgBr 溶液处于沉淀 – 溶解平衡状态时，向此溶液加 $AgNO_3$ 后，溶液中的沉淀（　　　）。

    A. 增加　　　　　　B. 减小　　　　　　C. 数量不变　　　　　　D. 不能确定

16. 向饱和 $BaSO_4$ 溶液中加水，下列叙述正确的是（　　　）。

    A. $BaSO_4$ 的溶解度增大、K_{sp} 不变　　　　　B. $BaSO_4$ 的溶解度和 K_{sp} 均不变

    C. $BaSO_4$ 的溶解度不变、K_{sp} 增大　　　　　D. $BaSO_4$ 的溶解度减小、K_{sp} 增大

二、填空题

1. 根据酸碱质子理论，任何酸碱反应的实质都是_____。

2. 1923 年丹麦化学家_____和英国化学家_____各自独立地提出了酸碱质子理论，该理论认为_____是酸，_____是碱。

3. 同离子效应使弱电解质解离度_____，盐效应使弱电解质解离度_____，同离子子效应较盐效应_____得多。

4. _____称为 pH。pH 使用范围一般在_____，溶液中 $[H^+]$ 越大，pH 越_____。

5. 血液中浓度最大、缓冲能力最强的缓冲对是_____。其中_____是抗酸成分，_____是抗碱成分。

6. 常见的缓冲对类型有_____、_____、_____。

7. 对于同类型的电解质，若 K_{sp} 大的溶解度_____，K_{sp} 小的溶解度_____。

8. 在难溶电解质的饱和溶液中 K_{sp} _____ Q，在不饱和溶液中 K_{sp} _____ Q，过饱和溶液中 K_{sp} _____ Q。

9. 要使处于沉淀平衡状态的难溶电解质溶解，就要_____该难溶电解质在溶液中的离子浓度。

三、简答题

1. 什么是同离子效应？

2. 什么是酸碱共轭关系？

3. 缓冲溶液的选择原则是什么？

4. 已知 AgCl、Ag_2CrO_4、$Ag_2C_2O_4$ 和 AgBr 的溶度积常数分别为 1.77×10^{-10}，1.12×10^{-12}，5.4×10^{-12} 和 5.35×10^{-13}。在上述难溶银盐的饱和溶液中，Ag^+ 离子浓度由大到小的顺序是？

四、综合题

1. 分别计算 25℃时 0.01mol/L 盐酸和 0.01mol/L 醋酸的 H^+ 浓度和 pH 各为多少？已知 25℃时醋酸解离平衡常数 $K_a = 1.75 \times 10^{-5}$。

2. 已知次氯酸的解离平衡常数 $K_a = 3.5 \times 10^{-8}$，求 0.05mol/L 次氯酸（HClO）溶液中 H^+ 浓度、ClO^- 浓度及次氯酸（HClO）的解离度。

3. 将 pH = 1.0 与 pH = 3.0 的两种溶液以等体积混合后，溶液的 pH 是多少？

4. 制备 200ml pH = 9.0 的缓冲溶液，应取 0.50mol/L NH_4Cl 和 0.50mol/L $NH_3 \cdot H_2O$ 各多少毫升？

5. 将 50ml 0.1mol/L HAc 与 25ml 0.1mol/L NaOH 混合，求溶液的 pH。

6. 已知 $BaCrO_4$ 在 298K 时的 $K_{sp} = 1.17 \times 10^{-10}$，求 $BaCrO_4$ 在 298K 时的溶解度是多少（mol/L）？

书网融合……

知识回顾　　微课1　　微课2　　微课3

微课4　　微课5　　微课6　　习题

（倪　汀　肖立军）

在药物制剂的制备、储存以及临床使用过程中，常常因处方因素和外界因素的影响，从而导致药物制剂的稳定性和功效等方面得不到保障。因此在生产过程中，常加入亚硫酸钠、硫酸氢钠等物质作为稳定剂，例如维生素 C 注射液常加入亚硫酸氢钠作稳定剂。加入稳定剂的目的是什么？为什么其能发挥稳定作用？

本章主要介绍氧化还原反应的基本概念，进一步讨论氧化还原反应的应用。

学习目标

1. **掌握**　氧化数、氧化还原反应的概念；氧化还原反应式的配平；电极电势的应用。
2. **熟悉**　原电池的组成；电池符号的书写。
3. **了解**　能斯特方程的计算。

化学反应可分为氧化还原反应和非氧化还原反应两类。氧化还原反应是一类涉及电子得失或者共用电子对偏移的反应，它与生命活动和医药卫生领域关系非常密切。在药物研究方面，从中间体的制备到目标产物的合成，从作用机理研究到药物配伍的探索，氧化还原反应渗透了医药学的各个领域。例如，许多药物在人体内通过生物氧化转化为代谢产物，某些消毒剂的杀菌原理也属于氧化还原反应的范畴。

本章主要学习氧化还原反应基本概念，讨论电极电势产生的原因，标准电极电势的含义，能斯特方程及其计算，并介绍电极电势在氧化还原反应中的应用。

第一节　氧化还原反应

PPT

一、氧化还原反应的基本概念 ⓔ 微课 1

氧化还原反应最初是根据氧的得失来进行定义的，例如：在 $CuO + H_2 \Longrightarrow Cu + H_2O$ 的反应中，CuO 失去氧发生还原反应是氧化剂，H_2 得到氧发生氧化反应是还原剂。对于像 $Cu^{2+} + Zn \Longrightarrow Cu + Zn^{2+}$ 这类没有氧参与的化学反应又如何来判断它是否属于氧化还原反应呢？后来人们把这类没有氧参与，但是有电子得失的反应也归类于氧化还原反应。在上述反应中，Zn 失去电子发生氧化反应，Cu^{2+} 得到电子发生还原反应。

但是，在许多有机反应中没有电子得失，只有电子云密度偏离或偏向某一原子，这对判断反应是否属于氧化还原反应又带来新的困难。为了克服上述困难，化学家们提出了氧化数（又称氧化值）的概念。

（一）氧化数

元素的氧化数是指化合物或单质中元素一个原子的荷电数。这种荷电数是假设把成键电子指定给电负性较大的原子而求得。同时规定，氧化数为负值时在数字前加" −"号，氧化数为正值时在数字前加" +"号。例如，在 NH_3 分子中，把 N—H 键中的电子给电负性较大的 N 原子，可以认为 H 原子失去一个电子，荷电数为 +1，氧化数为 +1；NH_3 分子中有三个 N—H 键，N 原子得到三个电子，荷电数为 −3，氧化数为 −3。

确定氧化数的方法如下。

1. 单质中，元素的氧化数为 0，如 H_2、Br_2、N_2（分子中两个原子电负性相同，成键电子不能指定给其中任何一个原子）中的 H、Br、N 元素的氧化数为 0。

2. 单原子离子，元素的氧化数即为离子的电荷数，如 Ca^{2+}、S^{2-} 中 Ca、S 的氧化数分别为 +2、−2。

3. 氧在大多数化合物（如 CO_2）中的氧化数为 −2；但在过氧化物（如 H_2O_2、Na_2O_2）中为 −1。在超氧化物（如 HO_2）中为 $-\dfrac{1}{2}$；在氟的氧化物（如 OF_2）中为 +2。

4. 氢在大多数化合物（如 H_2O）中氧化数为 +1；但在活泼的金属氢化物（如 NaH）中，氧化数为 −1。

5. 在电中性的化合物分子中，所有元素的氧化数的代数和等于 0。

6. 元素的氧化数最大为族序数，如 H_2SO_4 中，硫的氧化数为 +6。

例 6 −1 计算 H_2S、$Na_2S_2O_3$、Na_2SO_3、Na_2SO_4 中 S 元素的氧化数。

H_2S：$2 \times (+1) + x = 0$，$\qquad\qquad\qquad\qquad x = -2$

$Na_2S_2O_3$：$2 \times (+1) + 2x + 3 \times (-2) = 0$ $\qquad x = +2$

Na_2SO_3：$2 \times (+1) + x + 3 \times (-2) = 0$ $\qquad x = +4$

Na_2SO_4：$2 \times (+1) + x + 4 \times (-2) = 0$ $\qquad x = +6$

由上讨论可知，氧化数不是一个元素原子所带的真实电荷，只是形式电荷数，它可以为整数、分数或小数，与化合价的概念不同。例如 C_2H_2 中 C 的氧化数为 −1，而化合价为 −4。

即学即练 6 −1

计算 Fe_3O_4 中 Fe 元素的氧化数，结合氧化数的概念，总结氧化数与化合价的区别。

答案解析

（二）氧化剂与还原剂

化学反应前后氧化数发生改变的反应，称为氧化还原反应。例如：

氧化数由0变为−2（降低）

$$CH_4(g) + 2O_2 = CO_2 + 2H_2O$$

氧化数由−4变为+4（升高）

由氧化数的定义可知，氧化还原反应的本质是电子的转移或偏移。在上述反应中，CH_4 的氧化数由 -4 升为 $+4$，氧化数升高，发生了氧化反应；CH_4 被氧化，称为还原剂。而氧原子氧化数由 0 降为 -2，氧化数降低，发生了还原反应；O_2 被还原，称为氧化剂。在反应过程中，氧化剂被还原，表现出氧化性；还原剂被氧化，表现出还原性。常见的氧化剂和还原剂主要有如下。

1. 氧化剂　是反应中氧化数容易降低的物质，常见的有活泼的非金属单质，如 O_2、Cl_2、Br_2 等；以及元素处于较高氧化数的含氧化合物，如 $KMnO_4$、$K_2Cr_2O_7$、浓 H_2SO_4 和 HNO_3 等。

2. 还原剂　是反应中氧化数容易升高的物质，常见的有活泼的金属，如 Na、Mg、Fe 等，以及氧化数低的离子或化合物，如 H_2S、KI、Na_2SO_3 等。

需注意的是，判断化合物是氧化剂或还原剂时，要根据具体的反应而定。例如 SO_2 在 $SO_2 + 2H_2S =\!=\!= S\downarrow + 2H_2O$ 反应中作为氧化剂，而在 $SO_2 + H_2O_2 =\!=\!= H_2SO_4$ 反应中则作为还原剂。又如在 $Cl_2 + H_2O =\!=\!= HClO + HCl$ 反应中，Cl_2 既是氧化剂，又是还原剂。类似的还有 FeO、H_2S、H_2O_2 等。

（三）氧化还原电对与半反应

在氧化还原反应中，氧化剂与其还原产物、还原剂与其氧化产物称为氧化还原电对，简称电对。处于高氧化态的物质称为该元素的氧化型，处于低氧化态的物质称为该元素的还原型。

金属锌浸泡入硫酸铜溶液中可发生如下反应

$$Zn + Cu^{2+} =\!=\!= Zn^{2+} + Cu \tag{8-1}$$

该反应中 Zn 失去 2 个电子，氧化数从 0 升到了 $+2$，被氧化，其半反应为

$$Zn - 2e =\!=\!= Zn^{2+} \tag{8-1a}$$

Cu^{2+} 得到 2 个电子，氧化值从 $+2$ 降到了 0，被还原，其半反应为

$$Cu^{2+} + 2e =\!=\!= Cu \tag{8-1b}$$

反应式（8-1）是反应式（8-1a）与（8-1b）的加和。任何氧化还原反应都是由两个"半反应"组成的。氧化还原半反应不能单独存在，一个是还原剂被氧化的半反应，另一个则必然是氧化剂被还原的半反应。在半反应中，同一元素两种不同氧化数的物态组成了氧化还原电对，通常表示为：氧化型/还原型（Ox/Red）。如，由 Zn^{2+} 与 Zn 所组成的氧化还原电对表示为 Zn^{2+}/Zn；由 Cu^{2+} 与 Cu 所组成的氧化还原电对表示为 Cu^{2+}/Cu。因此任何氧化还原反应都可以拆成两个半反应，任一特定的氧化或还原半反应都对应于一个氧化还原电对。

在氧化还原电对中，氧化型物质的氧化能力越强，其对应的还原型物质的还原能力越弱，反之亦然。例如 Zn 的还原性强于 Cu，则 Zn^{2+} 的氧化性则弱于 Cu^{2+}。

即学即练 6-2

泡菜等含有亚硝酸盐，若大量食用则会出现中毒症状，其原因是人体正常的血红蛋白中含有 Fe^{2+}，亚硝酸盐可使血红蛋白中 Fe^{2+} 转化为 Fe^{3+} 而丧失生理功能。其在体内发生以下氧化还原反应：

$$Fe^{2+} + NO_2^- + 2H^+ =\!=\!= Fe^{3+} + NO + H_2O$$

答案解析

1. 分别写出该反应液的氧化半反应和还原半反应。

2. 分别写出上述半反应的氧化还原电对。

二、氧化还原反应方程式的配平

简单的氧化还原反应可以通过目测进行配平，复杂的氧化还原反应，主要采用氧化数法和离子 – 电子法进行配平。

（一）氧化数法

氧化数法是根据在氧化还原反应中氧化剂和还原剂的氧化数增减总数必须相等的原则来配平反应方程式的。以 $KMnO_4$ 和 $FeSO_4$ 在稀硫酸溶液中的反应为例，说明此法配平的步骤。

1. 根据实验事实写出基本反应式。

$$KMnO_4 + FeSO_4 + H_2SO_4 \longrightarrow MnSO_4 + Fe_2(SO_4)_3 + K_2SO_4 + H_2O$$

2. 标明氧化数有变化的元素，并根据元素的氧化数升高和降低的总数必须相等的原则，按照最小公倍数确定氧化剂和还原剂的化学式前面的系数。

$$5 \times 1 \times 2 = 10$$
$$KMnO_4 + FeSO_4 \longrightarrow MnSO_4 + Fe_2(SO_4)_3$$
$$1 \times 2 \times 5 = 10$$

3. 根据反应式两边同种元素的原子总数相等的原则，逐一调整系数。

$$2KMnO_4 + 10FeSO_4 + 8H_2SO_4 \rightleftharpoons 2MnSO_4 + 5Fe_2(SO_4)_3 + K_2SO_4 + 8H_2O$$

（二）离子 – 电子法

氧化还原反应大多数在水溶液中进行，一般只有部分离子参加反应，因此常用离子 – 电子法进行配平。离子 – 电子法是将氧化还原反应拆成两个半反应，根据两个半反应得失电子的总数相等进行配平。以 $K_2Cr_2O_7$ 与 H_2S 在稀 H_2SO_4 中的反应为例，说明此法配平的步骤。

1. 根据实验事实，写出未配平的离子方程式。

$$Cr_2O_7^{2-} + H_2S \longrightarrow Cr^{3+} + S$$

2. 将上述未配平的反应式分别写成两个半反应式，一个表示氧化剂的还原反应，一个表示还原剂的氧化反应。

$$Cr_2O_7^{2-} \longrightarrow Cr^{3+} \qquad （还原反应）$$
$$H_2S \longrightarrow S \qquad （氧化反应）$$

3. 配平两个半反应，使等式两边的原子个数和净电荷数相等。

$$Cr_2O_7^{2-} + 14H^+ + 6e \rightleftharpoons 2Cr^{3+} + 7H_2O \cdots\cdots（1）$$
$$H_2S - 2e \longrightarrow S + 2H^+ \cdots\cdots（2）$$

4. 根据氧化剂和还原剂得失电子数必须相等的原则，在两个半反应中乘上适当的系数（由得失电子的最小公倍数确定），然后两式相加，得到配平的离子反应式。

（1）×1 +（2）×3 得：

$$Cr_2O_7^{2-} + 8H^+ + 3H_2S \rightleftharpoons 2Cr^{3+} + 7H_2O + 3S$$

5. 加上未参与反应的正负离子，使上述配平的离子反应式改为分子反应式：

$$K_2Cr_2O_7 + 3H_2S + 4H_2SO_4 \rightleftharpoons Cr_2(SO_4)_3 + 3S + 7H_2O + K_2SO_4$$

在配平过程中，如果半反应式两边的氧原子数不等，可根据反应的介质条件（酸碱性），增加 H^+、

OH^- 或 H_2O，以配平半反应式。

即学即练 6 - 3

答案解析　　　氯气和氢氧化钾在室温条件下反应生成次氯酸钾和氯化钾，试用离子 – 电子法写出配平的离子反应方程式。

第二节　原电池与电极电势

PPT

通过前面的知识可知，氧化还原反应是伴随着电子转移的反应。一个氧化还原反应必然有氧化剂和还原剂（有时候还包括介质）参加反应。

一、原电池

（一）原电池的组成和工作原理 微课 2 微课 3

以 Cu – Zn 电池为例，如果将锌片置于 $ZnSO_4$ 溶液中，将铜片置于 $CuSO_4$ 溶液中，两种溶液用一个装满饱和 KCl 溶液和琼脂的倒置 U 形管（称为盐桥）连接起来，再用导线连接锌片和铜片，并在导线中间接一个电流计，则可看到电流计的指针发生偏转（图 6 – 1）。这说明反应中发生了电子的定向转移，由锌片流向铜片。这种借助于氧化还原反应可将化学能转变为电能的装置称为原电池。

原电池由两个半电池组成，半电池也称为电极。输出电子的电极称为负极，输入电子的电极称为正极。当有盐桥存在时，盐桥中的负离子（如 Cl^-）向 $ZnSO_4$ 溶液中扩散，正离子（如 K^+）向 $CuSO_4$ 溶液中扩散，以保持溶液的电中性，使氧化还原反应得以继续进行，电流继续产生。

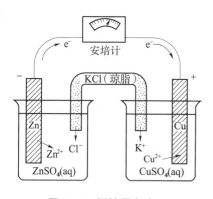

图 6 – 1　铜锌原电池

在原电池中，正极和负极分别发生了以下的电极反应：

$$负极：Zn - 2e \longrightarrow Zn^{2+} \quad （氧化反应）$$

$$正极：Cu^{2+} + 2e \longrightarrow Cu \quad （还原反应）$$

由正极反应和负极反应构成了原电池的电池反应：

$$Zn + Cu^{2+} =\!=\!= Zn^{2+} + Cu$$

由此可知，电池反应实际上就是氧化还原反应。

（二）电极类型

电极是电池的基本组成部分，根据电极组成材料可分为三类。

1. 第一类电极　由一种金属浸在该金属离子的溶液中，金属与其离子成平衡。例如，$Zn(s)$ 插在 $ZnSO_4$ 溶液中，可表示为

$$Zn(s) \,|\, ZnSO_4(aq) \ 作负极 \qquad 电极反应 \ Zn(s) - 2e \longrightarrow Zn^{2+}$$

$$或 \ ZnSO_4(aq) \,|\, Zn(s) \ 作正极 \qquad 电极反应 \ Zn^{2+} + 2e \longrightarrow Zn(s)$$

第一类电极包括氢、氧或卤素与相应的氢离子、氢氧根离子或卤素离子溶液构成的电极。由于气态

是非导体，故需借助某种不腐蚀的金属。例如，Pt 起导电作用，并使氢、氧或卤素与其离子在电极上达到平衡。如氯气电极 $Cl^-(c_1)$ $|Cl_2(g)|Pt$，其电极反应如下：

$$Cl_2(g) + 2e \Longrightarrow 2Cl^-(c_1)$$

2. 第二类电极　这类电极是在金属表面上覆盖一层该金属的难溶盐，然后将其浸入含有该盐阴离子的溶液中构成。最常见的是银－氯化银电极，它是将表面涂有 AgCl 的银丝插入 1mol/L 的 KCl（或 HCl）溶液中制得，其电极反应如下：

$$AgCl + e \Longrightarrow Ag + Cl^-$$

3. 第三类电极　又称氧化还原电极，由惰性电极（如铂或石墨）浸入含有同一种元素不同氧化态的两种离子的溶液中构成的。金属只起输送电子的作用，参与电极反应的物质都在溶液中。如 Pt 插入含有 Fe^{3+} 和 Fe^{2+} 的溶液中，即构成 $Fe^{3+}(c_1)$ $|Cl_2(c_2)|Pt$ 电极，其电极反应为：

$$Fe^{3+} + e \Longrightarrow Fe^{2+}$$

电池符号是：

$$Pt(s) \ |Fe^{3+}(c_1), \ Fe^{2+}(c_2)$$

（三）原电池的符号表示

为了方便且科学地表达原电池的组成和结构，1953 年，国际纯粹和应用化学联合会（IUPAC）作了具体的书写规定。

（1）发生氧化反应的负极写在左边，发生还原反应的正极写在右边，并用"－"和"＋"标明。两个半电池用盐桥连接，盐桥用"‖"表示。

（2）原电池中的各种物质组成用化学式表示，并需标明物理状态。如果是溶液，要标明其浓度，气体要标明分压（kPa）。如不作特殊说明，一般指 1mol/L 或 100kPa。

（3）用"|"表示电极电对的两种组成物质间的界面；如果不存在界面则用","表示。例如，Pt $|MnO_4^-(c_1)$, $Mn^{2+}(c_2)$, $H^+(c_3)$，表示 Pt 与 MnO_4^-、Mn^{2+}、H^+ 有界面，而 MnO_4^-、Mn^{2+} 和 H^+ 之间无界面。

（4）不能直接作为电极的气体或液体，如 H_2、O_2、Br_2 等，应标明其依附的惰性金属（如 Pt 或石墨）。

根据以上的书写规则，前面所述的铜－锌原电池可用以下电池符号表示：

$$(-) \ Zn(s) \ |Zn^{2+}(c_1) \ \| \ Cu^{2+}(c_2)|Cu(s) \ (+)$$

即学即练 6 - 4

　　将 Cu 片插入盛有 0.5mol/L 的 $CuSO_4$ 溶液的烧杯中，Ag 片插入盛有 0.5mol/L 的 $AgNO_3$ 溶液的烧杯中，写出该原电池的符号。

答案解析

二、电极电势 微课4

在铜－锌原电池中，当用导线把铜电极和锌电极连接后，电子从锌极流向铜极，说明这两个电极间存在电势差。为什么两个电极会存在电势差呢？电极电势又是如何测定的呢？要解决这些问题，就要先知道电极电势是如何产生的。

（一）电极电势的产生

金属是由金属原子、金属离子和自由移动的电子以金属键构成，将金属插入含有该金属离子的盐溶液中，金属与其盐溶液的界面上发生两个相反的过程。一方面，金属表面的金属原子由于本身热运动和溶液中水分子的作用以水合离子进入溶液中；另一方面，溶液中的金属离子受到金属表面电子的吸引而沉积在金属表面上。因此在金属及其盐溶液之间存在以下平衡：

$$M(s) \underset{\text{沉积}}{\overset{\text{溶解}}{\rightleftharpoons}} M^{n+}(aq) + ne$$

金属越活泼或溶液中金属离子的浓度越低，越有利于金属进入溶液形成金属离子；反之，金属越不活泼或溶液中金属离子浓度越高，越有利于金属离子沉积在金属表面。带电离子的迁移，破坏了金属与溶液界面原有的电中性。对于活泼金属，金属离子进入溶液比沉积更容易，这使得溶液带正电荷，金属表面带负电荷，溶液与金属的界面处形成了双电层［图6-2（a）］。反之，对于不活泼金属，金属离子沉积比进入溶液更容易，金属表面带正电荷而溶液带负电荷，也可形成双电层［图6-2（b）］。这种双电层结构使电极与溶液间产生了电势差，即电极电势。　e 微课5

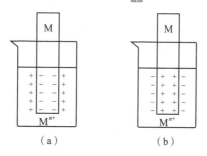

（a）　　　　　　（b）

图6-2　金属电极在溶液中产生双电层示意图

（二）标准电极电势

如前所述，金属电极电势的大小反映了金属在水溶液中得失电子能力的大小。但是，迄今为止，任一半电池电极电势的绝对值仍无法测定。

1. 标准氢电极　国际纯粹与应用化学联合会（IUPAC）采用标准氢电极作为基准电极（构造如图6-3所示）。　e 微课6

标准氢电极的制备方法为：将镀有蓬松铂黑的铂片浸入 H^+ 浓度为 1mol/L 的溶液中，并不断通入压力为标准大气压（100kPa）的纯净 H_2，使铂片上吸附的 H_2 达到饱和，构成标准氢电极。并规定，任意温度下，标准氢电极的电极电势为0，用 $\varphi^{\ominus}_{H^+/H_2} = 0.0000V$ 表示。式中 $\varphi^{\ominus}$ 右下角注明了参加电极反应物质的共轭电对，右上角的 $\ominus$ 代表标准。其电极反应为：

$$2H^+(aq) + 2e \rightleftharpoons H_2(g)$$

2. 标准电极电势　某电极在标准状态下（100kPa，溶液离子浓度为1mol/L）的电极电势称为该电极的标准电极电势。标准电极电势用符号 $\varphi^{\ominus}$ 表示，单位为 V。测定某电极的标准电极电势时，在标准条件下待测电极与标准氢电极（SHE）组成原电池，测出该原电池的电动势，即可求出待测电极的标准电极电势。

根据 IUPAC 的规定，标准氢电极作为负极，待测电极为正极，

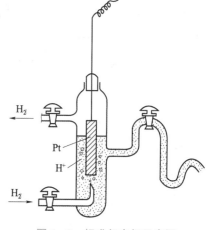

图6-3　标准氢电极示意图

两电极间用盐桥连接，则可以组成如下原电池：

（－）标准氢电极 ‖ 待测标准电极 （＋）

通过测定该原电池的标准电动势，就可以求出待测电极的标准电极电势。

$$E^{\ominus} = \varphi^{\ominus}_{待测} - \varphi^{\ominus}_{SHE}$$

例如，要测定铜电极 $Cu^{2+}(c = 1.0mol/L)|Cu(+)$ 的标准电极电势 $\varphi^{\ominus}_{Cu^{2+}/Cu}$，可将铜电极与标准氢电极组成原电池，铜电极为正极，标准氢电极为负极，该原电池表示如下：

（－）Pt，$H_2(100kPa)$ | $H^+(c = 1.0mol/L)$ ‖ $Cu^{2+}(c = 1.0\ mol/L)$ | $Cu(+)$

测得上述原电池的电动势 $E^{\ominus} = 0.3419V$，即铜电极的标准电极电势 $\varphi^{\ominus}_{Cu^{2+}/Cu} = E^{\ominus} = 0.3419V$。298.15K 时部分电极的标准电极电势见附录五。

三、影响电极电势的因素

标准电极电势只能在标准状态下应用，但是绝大多数氧化还原反应都是在非标准状态下进行的，其电动势和电极电势也是非标准的。那么影响非标准状态的电极电势和电动势的因素有哪些呢？它们之间有何关系呢？

电极电势的大小主要取决于电极的本性。此外，温度、反应物浓度、溶液的 pH 均对电极电势有影响。若有气体参与反应，气体分压对电极电势也有影响。

（一）Nernst（能斯特）方程

Nernst 方程给出了电极电势与温度、溶液中的离子浓度等因素之间的关系。

对于一个电极反应：

$$a\mathrm{Ox}(aq) + n\mathrm{e} \Longrightarrow b\mathrm{Red}(aq)$$

其标准电极电势是在标准状态下测定的，如果条件改变，电势就会发生明显变化，其与标准电极电势的关系可以用 Nernst 方程表示：

$$\varphi = \varphi^{\ominus} + \frac{RT}{nF}\ln\frac{[\mathrm{Ox}]^a}{[\mathrm{Red}]^b} \tag{6-2}$$

式中，φ 为电极电势；$\varphi^{\ominus}$ 为标准电极电势；R 为摩尔气体常数，$8.314J/(mol \cdot K)$；T 为绝对温度；n 为进行氧化还原反应时的得失电子数；F 为 Faraday 常数（96485C/mol）；$[\mathrm{Ox}]$ 为氧化型物质浓度，$[\mathrm{Red}]$ 为还原型物质浓度，a、b 分别为已配平的氧化还原半反应中氧化型、还原型物质的计量系数。在计算浓度时，固体物质及单质的浓度规定为1，计算时可不出现在能斯特方程中；气体用相对分压 $p(\mathrm{Ox})/p^{\ominus}$ 或 $p(\mathrm{Red})/p^{\ominus}$ 表示。

当温度为 298.15K 时，将各常数代入上式，把自然对数换成常用对数，则（6-2）可简化为：

$$\varphi = \varphi^{\ominus} + \frac{0.05916}{n}\ln\frac{[\mathrm{Ox}]^a}{[\mathrm{Red}]^b} \tag{6-3}$$

当 $[\mathrm{Ox}] = [\mathrm{Red}] = 1mol/L$，$\varphi = \varphi^{\ominus}$，此标准电极电势是在 298.15K，氧化型和还原型浓度均为 1mol/L 时的电极电势。

由（6-3）可以看出，当减小氧化型物质的浓度或增大还原型物质的浓度时，都将使电对的电极电势减小。

例 6-2 计算 298.15K 时，$Zn(s)$ 插在 0.0100mol/L 的 $ZnSO_4$ 溶液中的电极电势。

解： $Zn^{2+}(aq) + 2e \Longrightarrow Zn(s)$

查表得 298.15K 时

$$\varphi^{\ominus}_{Zn^{2+}/Zn} = -0.7618V$$

$$\varphi = \varphi^{\ominus} + \frac{0.05916}{2}\lg [Zn^{2+}] = -0.7618 + \frac{0.05916}{2}\lg 0.0100 = -0.821(V)$$

（二）酸度对电极电势的影响

对于有 H^+ 或 OH^- 参加的反应，溶液酸度改变也会使电极电势发生变化，在有些电极反应中会成为决定电极电势大小的主要因素。

例 6-3　求电极反应 $MnO_4^- + 8H + 5e \rightleftharpoons Mn^{2+} + 4H_2O$ 在 pH =7 时的电极电势，其他条件与标准状态相同。

解： 已知 pH =7，即 $[H^+] = 1.0 \times 10^{-7}mol/L$；标准状态下，$c_{MnO_4^-} = c_{Mn^{2+}} = 1mol/L$；由反应方程可知，反应中转移了 5 个电子 $n = 5$。查表得到 298.15K，$\varphi^{\ominus}_{MnO_4^-/Mn^{2+}} = 1.507V$。

根据 Nernst 方程

$$\begin{aligned}
\varphi_{MnO_4^-/Mn^{2+}} &= \varphi^{\ominus}_{Mno_4^-/Mn^{2+}} + \frac{0.05916}{n}\lg \frac{[氧化态]^a}{[氧化态]^b}\\
&= \varphi^{\ominus}_{MnO_4^-/Mn^{2+}} + \frac{0.05916}{n}\lg \frac{c_{MnO_4^-} \cdot c_{H^+}^8}{c_{Mn^{2+}}}\\
&= 1.507 + \frac{0.05916}{5}\lg \frac{1 \times (1.0 \times 10^{-7})^8}{1}\\
&= 0.8444(V)
\end{aligned}$$

总之，在非标准状态下，氧化态或还原态的浓度改变、溶液 pH 的改变都有可能使得电极电势发生改变，将影响氧化还原反应的进行程度，甚至可能改变氧化还原反应的方向。

四、电极电势的应用

（一）比较氧化剂和还原剂的相对强弱

电极电势的大小，反映了氧化还原电对中氧化型和还原型物质的氧化还原能力的强弱。电对中的电极电势值越大，表明电对中的氧化态物质越容易得到电子，氧化能力越强，是强氧化剂；而其对应的还原态物质的还原能力则越弱。反之，电对的电极电势值越小，表明电对中的还原态物质越容易失去电子，还原能力越强，是强还原剂，而其对应的氧化态物质的氧化能力则越弱。

例 6-4　在标准状态下，下列四个电对的标准电极电势已给出，请从中选择出最强的氧化剂和最强的还原剂，并将氧化剂的氧化能力和还原剂的还原能力分别从强到弱排序。

$$\begin{aligned}
Al^{3+} + 3e &\rightleftharpoons Al & \varphi^{\ominus}_{Al^{3+}/Al} &= -1.66V\\
Fe^{2+} + 2e &\rightleftharpoons Fe & \varphi^{\ominus}_{Fe^{2+}/Fe} &= -0.44V\\
Cu^{2+} + 2e &\rightleftharpoons Cu & \varphi^{\ominus}_{Cu^{2+}/Cu} &= 0.34V\\
Fe^{3+} + e &\rightleftharpoons Fe^{2+} & \varphi^{\ominus}_{Fe^{3+}/Fe^{2+}} &= 0.77V
\end{aligned}$$

解： 由题得知，$\varphi^{\ominus}_{Fe^{3+}/Fe^{2+}} > \varphi^{\ominus}_{Cu^{2+}/Cu} > \varphi^{\ominus}_{Fe^{2+}/Fe} > \varphi^{\ominus}_{Al^{3+}/Al}$，因此，在标准状态下，电对 Fe^{3+}/Fe^{2+} 中氧化态物质 Fe^{3+} 是最强的氧化剂，电对 Al^{3+}/Al 中 Al 是最强的还原剂。

氧化剂的氧化能力排序为：$Fe^{3+} > Cu^{2+} > Fe^{2+} > Al^{3+}$

还原剂的还原能力排序为：$Al > Fe > Cu > Fe^{2+}$

⟫⟫ 实例分析

实例 $FeSO_4 \cdot 7H_2O$ 为绿色晶体，俗称绿矾。它作为一种重要的铁盐，在医药领域常用于缺铁性贫血的治疗；工业上可用于制造铁盐、墨水、消毒剂、净水剂等。但是久置的硫酸亚铁水溶液常常会有棕色的盐沉淀，使用时需新鲜配置，并加入适量的酸以及少量的铁单质或者其他抗氧剂。

问题 1. 使用一定浓度的亚铁盐溶液为什么要新鲜配置？

2. 绿矾应该如何储存？

答案解析

（二）判断氧化还原反应自发进行的方向

氧化还原反应一般情况下是较强的氧化剂和较强的还原剂作用，向生成较弱的还原剂和较弱的氧化剂的方向进行，其反应可用下式表示：

$$强氧化剂 + 强还原剂 \Longleftrightarrow 弱氧化剂 + 弱还原剂$$

上式也可以表述为：只有当氧化剂所在电对的电极电势大于还原剂所在的电对的电极电势时，氧化还原反应才能进行。据此就可以判断氧化还原反应进行的方向。

例 6 - 5 判断标准状态下，下列氧化还原反应进行的方向：

$$2Fe^{3+}(aq) + Sn^{2+}(aq) \Longleftrightarrow 2Fe^{2+}(aq) + Sn^{4+}(aq)$$

解： 查表

$$Fe^{3+}(aq) + e \Longleftrightarrow Fe^{2+}(aq) \qquad \varphi_{Fe^{3+}/Fe^{2+}}^{\ominus} = +0.771V$$

$$Sn^{4+}(aq) + 2e \Longleftrightarrow Sn^{2+}(aq) \qquad \varphi_{Sn^{4+}/Sn^{2+}}^{\ominus} = +0.151V$$

$$E^{\ominus} = \varphi_{Fe^{3+}/Fe^{2+}}^{\ominus} - \varphi_{Sn^{4+}/Sn^{2+}}^{\ominus} = 0.771 - 0.151 = 0.62 > 0$$

所以反应正向自发进行，即反应为：

$$2Fe^{3+}(aq) + Sn^{2+}(aq) \longrightarrow 2Fe^{2+}(aq) + Sn^{4+}(aq)$$

即学即练 6 - 5

将标准电极电势数值由小到大排列成表得：

Zn^{2+}/Zn	$Zn^{2+} + 2e \Longleftrightarrow Zn$	$-0.762V$
H^+/H_2	$2H^+ + 2e \Longleftrightarrow H_2$	$0.000V$
Cu^{2+}/Cu	$Cu^{2+} + 2e \Longleftrightarrow Cu$	$+0.337V$
Cl_2/Cl^-	$Cl_2 + 2e \Longleftrightarrow 2Cl^-$	$+1.360V$

答案解析

试根据以上 $\varphi^{\ominus}$ 数值的大小，判断氧化型及还原型能力的大小。

✐ 实践实训

实训八　氧化还原反应与电极电势

一、实训目的

1. 理解 原电池组成和电动势测定方法。

2. 应用　浓度、介质酸碱性对电极电势与氧化还原反应的影响。

二、实训原理

氧化还原反应伴随着电子转移，可组成原电池，如铜锌原电池：

$$(-)\ Zn(s)\ |\ Zn^{2+}(c_1)\ \|\ Cu^{2+}(c_2)\ |\ Cu\ (s)\ (+)$$

在原电池中，化学能转化为电能，产生电流和电动势，可用电位计测量其电动势。

氧化剂和还原剂的相对强弱，氧化还原反应能否自发进行，进行程度如何，可通过电对电极电势的大小判断。

若作为氧化剂所对应电对的电极电势和作为还原剂所对应电对的电极电势，数值之差大于零时，则氧化还原反应自发进行，即 $\varphi^{\ominus}$ 值大的氧化态物质可氧化 $\varphi^{\ominus}$ 值小的还原态物质，或 $\varphi^{\ominus}$ 小的还原态物质可还原 $\varphi^{\ominus}$ 值大的氧化态物质。

若两者标准电极电势数值相差不大，则要考虑浓度对氧化还原反应的影响。利用25℃时能斯特方程：

$$\varphi = \varphi^{\ominus} + \frac{0.05916}{n} \lg \frac{[Ox]^a}{[Red]^b}$$

计算不同浓度的电极电势值判断氧化还原反应进行的方向。

若有 H^+ 或 OH^- 参加的氧化还原反应，还要考虑介质酸碱性对电极电势和氧化还原反应的影响。

三、实训内容

（一）仪器和试剂

1. 仪器　烧杯（50ml，2个）、电位计、锌棒、铜棒、盐桥、试管等。

2. 试剂　$CuSO_4$（0.1mol/L），$ZnSO_4$（0.1mol/L），浓 HNO_3，HNO_3（0.5mol/L），$FeSO_4$（0.2mol/L），$AgNO_3$（0.1mol/L），NH_4SCN（100g/L），锌粒，$KClO_3$（0.1mol/L），H_2SO_4（3mol/L），$KMnO_4$（0.1mol/L），$NaOH$（6mol/L），Na_2SO_3（0.1mol/L），KI（0.1mol/L），KBr（0.1mol/L），$FeCl_3$（0.1mol/L），CCl_4，碘水，溴水，H_2O_2（30g/L）。

（二）操作步骤

1. 原电池组成和电动势的测定　取两个50ml烧杯，一个加入30ml 0.1mol/L $CuSO_4$，另一个加入30ml 0.1mol/L $ZnSO_4$，按图6–1装配成原电池。接电位计（注意正负极），观察电位计指针偏转方向，并记录电位计读数。写出原电池电池符号、电极反应及原电池反应。

2. 氧化还原电对的氧化还原性

（1）氧化性　取两支试管，各加入少量0.1mol/L $FeSO_4$溶液，向其中一支试管加入碘水，另一支试管加入溴水，观察现象，并解释之。

（2）还原性　取两支试管，向其中一支试管加入少量0.1mol/L KI 溶液，另一支试管加入少量0.1mol/L KBr溶液，再向两支试管中各加入少量0.1mol/L $FeCl_3$溶液，摇匀，有何现象？若再向两支试管中各加入少量 CCl_4，摇匀，观察现象，并解释之。

比较 I_2/I^-、Fe^{3+}/Fe^{2+} 和 Br_2/Br^- 三种电对电极电势大小，指出它们作为氧化剂、还原剂的相对强弱。

3. 浓度、介质酸碱性对电极电势和氧化还原反应的影响

（1）浓度对电极电势的影响　往两支各盛一粒锌粒的试管中，分别加入3ml 浓硝酸和0.1mol/L HNO_3溶液。观察它们的反应产物有无不同，观察气体产物颜色，并解释浓度对电极电位的影响。

（2）介质对电极电势和氧化还原反应的影响

1）介质酸碱性对氯酸钾氧化性的影响　取一支试管，加入少量 0.1mol/L KClO$_3$ 和 KI 溶液混匀，观察现象。若加热之，有无变化？若用 3mol/L H$_2$SO$_4$ 溶液酸化之，又有何变化？并加以解释。

2）介质酸碱性对高锰酸钾氧化性的影响　取三支试管各加入 2 滴 0.1mol/L KMnO$_4$ 溶液，向三支试管中分别加入相同量的 3mol/L H$_2$SO$_4$ 溶液、6mol/L NaOH 溶液和 H$_2$O。再向三支试管中各加入少量等量的 0.1mol/L Na$_2$SO$_3$ 溶液。观察现象有何不同，并加以解释。

三、实训注意

1. 改变电对中某一离子浓度，电极电势会相应变化，硝酸浓度越大，其氧化性越强。颜色观察要迅速，NO 容易被氧气氧化。

2. 注意在碱性条件下，0.1mol/L Na$_2$SO$_3$ 溶液用量尽量少，同时碱溶液用量不宜过少。

四、实训思考

1. 原电池中盐桥起什么作用？

2. 通过实验比较下列物质的氧化性和还原性的强弱：

（1）Br$_2$、I$_2$ 和 Fe^{3+}；（2）Br$^-$、I$^-$ 和 Fe^{2+}。

3. 在氧化还原反应中，为什么一般不用 HNO$_3$、HCl 作为酸性介质？

 知识链接

诺贝尔将得主亨利·陶布（Henry Taube）

亨利·陶布（1915—2005）出生于加拿大的萨斯喀彻温。1940 年，亨利·陶布在美国加里福利亚大学伯克利分校获得博士学位，于 1961 年被斯坦福大学聘为教授。陶布博士主要研究一些原子或分子从其他原子或分子争夺电子的反应，这些反应现在称之为"氧化还原反应"，其包含"氧化"和"还原"过程，也是电子得失的过程。

陶布博士具有丰富的化学知识和一整套缜密思考问题的方式。在金属溶液的化学反应中，以前科学家认为只是简单的电子转移，而陶布博士发现，带电原子在转移之前，必须搭建一座化学的"桥"，电子才能由化学桥从一个原子迁移到另一个原子。这一发现解释了金属和离子间的反应为什么会如此之快，然而有些反应却很慢。该发现还可以解释人为什么不会自燃：脂肪和蛋白是能失去电子的可被氧化分子，而氧是具有氧化性且容易得到电子的分子，当人体和氧结合后，发生氧化还原反应，释放出能量，即"燃烧"过程。然而，这种氧化还原反应过程进行的非常缓慢，因此人体不会自燃。

基于陶布博士在电子转移反应机制，特别是金属化合物反应方面取得的卓越成就，于 1983 年被授予诺贝尔化学奖。

 **目标检测**

答案解析

一、单项选择题

1. 下列关于氧化数的叙述，不正确的是（　　）。

A. 单质的氧化数为 0 　　　　　　　　B. 在多原子分子中，各元素氧化数的代数和为 0

C. 氧化数可以为整数或分数　　　　　　　D. 氢元素的氧化数始终为 +1

2. 在下列化合物中，S 的氧化数为 –2 的是（　　　）。

A. H_2S　　　　　　　B. $Na_2S_2O_3$　　　　　　C. Na_2SO_3　　　　　　D. Na_2SO_4

3. 下列关于氧化还原反应本质的叙述，不正确的是（　　　）。

A. 氧化还原反应必然有电子的得失或偏移

B. 氧化还原反应必然引起元素氧化数的变化

C. 同种元素的原子之间不会发生电子的偏移或得失

D. 氧化还原反应中，还原剂氧化数升高总值与氧化剂的氧化数降低总值相等

4. 下列说法错误的是（　　　）。

A. 在原电池中，正极发生氧化反应，负极发生还原反应

B. 在原电池中，电极电势较高的电对是原电池的正极

C. 在原电池中，电极电势较低的电对是原电池的负极

D. 原电池的电动势等于正极电极电势减去负极电极电势

5. 下列电池符号书写，正确的是（　　　）。

A. $(-)\ Zn\,|\,Zn^{2+}(c_1)\,\|\,Cu^{2+}(c_2)\,|\,Cu(+)$

B. $(-)\ Zn^{2+}(c_1)\,|\,Zn\,\|\,Cu^{2+}(c_2)\,|\,Cu(+)$

C. $(-)\ Zn\,|\,Zn^{2+}(c_1)\,\|\,Cu\,|\,Cu^{2+}(c_2)(+)$

D. $(-)\ Zn^{2+}(c_1)\,|\,Zn\,\|\,Cu\,|\,Cu^{2+}(c_2)(+)$

6. 已知 $\varphi^{\ominus}_{Fe^{3+}/Fe^{2+}} = 0.77V$，$\varphi^{\ominus}_{Cu^{2+}/Cu} = 0.34V$，$\varphi^{\ominus}_{Sn^{4+}/Sn^{2+}} = 0.15V$，$\varphi^{\ominus}_{Fe^{2+}/Fe} = -0.41V$。在标准状态下，下列反应能进行的是（　　　）。

A. $2Fe^{3+} + Cu =\!=\!= 2Fe^{2+} + Cu^{2+}$　　　　　　B. $Sn^{4+} + Cu =\!=\!= Sn^{2+} + Cu^{2+}$

C. $Fe^{2+} + Cu =\!=\!= Fe + Cu^{2+}$　　　　　　D. $Sn^{4+} + 2Fe^{2+} =\!=\!= Sn^{2+} + 2Fe^{3+}$

7. 在酸性条件下，MnO_4^- 能使 Br^- 氧化成 Br_2，Br_2 能使 Fe^{2+} 氧化成 Fe^{3+}，而 Fe^{3+} 能使 I^- 氧化成 I_2，判断以上电对中最强的还原剂是（　　　）。

A. Mn^{2+}　　　　　　B. Br^-　　　　　　C. Fe^{2+}　　　　　　D. I^-

8. 有关标准氢电极的叙述中不正确的是（　　　）。

A. 标准氢电极是指将吸附纯氢气（分压为 101.325kPa）达饱和的镀铂黑的铂片浸在 H^+ 离子活度为 1mol/L 的酸溶液中组成的电极

B. 标准状态下的温度为 298.15K

C. 通常某电极的电极电势绝对值难以测得，而常用的电极电势值是指定标准氢电极的电势为零而得到的相对电势

D. 使用标准氢电极可以测定所有金属的标准电极电势

9. 电池反应为 $2Fe^{2+}(1mol/L) + I_2 \Longrightarrow 2Fe^{3+}(0.0001mol/L) + 2I^-(0.0001mol/L)$ 原电池符号正确的是（　　　）。

A. $(-)\ Fe\,|\,Fe^{2+}(1mol/L)，Fe^{3+}(0.0001mol/L)\,\|\,I^-(0.0001mol/L)，I_2\,|\,Pt(+)$

B. $(-)\ Pt\,|\,Fe^{2+}(1mol/L)，Fe^{3+}(0.0001mol/L)\,\|\,I^-(0.0001mol/L) + I_2(s)\ (+)$

C. $(-)\ Pt\,|\,I_2，I^-(0.0001mol/L)\,\|\,Fe^{2+}(1mol/L)，Fe^{3+}(0.0001mol/L)\,|\,Pt(+)$

D. $(-)\ Pt\,|\,Fe^{2+}(1mol/L)，Fe^{3+}(0.0001mol/L)\,\|\,I^-(0.0001mol/L)，I_2\,|\,Pt(+)$

10. 在一个氧化还原反应中，若两电对的电极电势值差很大，则可判断（　　）。

　　A. 该反应是可逆反应　　　　　　　　B. 该反应的反应趋势很大

　　C. 该反应能剧烈地进行　　　　　　　D. 该反应的反应速度很大

二、填空题

1. Na_2S，$Na_2S_2O_3$和Na_2SO_4中，硫元素的氧化数分别为_____，_____和_____。

2. 在原电池中，正极发生_____反应，负极发生_____反应。

3. 在反应$4HCl + MnO_2 == MnCl_2 + Cl_2\uparrow + 2H_2O$中，_____是氧化剂，_____是还原剂。

4. 依次指出以下单质或化合物中铁元素的氧化数：Fe_____，Fe_2O_3_____，FeO_____，$FeCl_3$_____，$FeSO_4$_____。

5. 电极电势的产生，是因为电极和溶液产生的_____结构。

三、综合问答题

1. 分别指出以下两个氧化还原反应的氧化剂和还原剂。

$$4HCl + MnO_2 == MnCl_2 + Cl_2\uparrow + 2H_2O$$
$$16HCl + 2KMnO_4 == 2KCl + 2MnCl_2 + 5Cl_2\uparrow + 8H_2O$$

2. 依次指出以下单质或化合物中铁元素的氧化数：

$$Fe、Fe_2O_3、FeO、FeCl_3、FeSO_4$$

3. 已知 $\varphi^\ominus_{Sn^{4+}/Sn^{2+}} = 0.15V$，$\varphi^\ominus_{SO_4^{2-}/SO_2} = 0.17V$，$\varphi^\ominus_{Mg^{2+}/Mg} = -2.375V$

$$\varphi^\ominus_{Al^{3+}/Al} = -1.66V，\varphi^\ominus_{S/H_2S} = 0.141V$$

根据以上 $\varphi^\ominus$ 值，将还原型还原能力大小依次排列。

4. 将氧化还原反应：$Ag(s) + Fe^{3+}(c_1) \rightleftharpoons Fe^{2+}(c_2) + Ag^+(c_3)$ 设计成原电池，请写出其电池符号，以及正极反应与负极反应。

5. 电极电势与物质氧化还原性有什么关系？

四、计算题

电池　$(-)\ Zn\,|\,Zn^{2+}(1mol/L)\,\|\,Cl^-(1mol/L)\,|\,Cl_2(101kPa)\,|\,Pt(+)$

　　已知$\varphi^\ominus_{Cl_2/Cl^-} = 1.36V$，$\varphi^\ominus_{Zn^{2+}/Zn} = -0.76\ V$。

　　(1) 写出该电池涉及的电极反应式和电池反应式。

　　(2) 写出原电池的电动势。

书网融合……

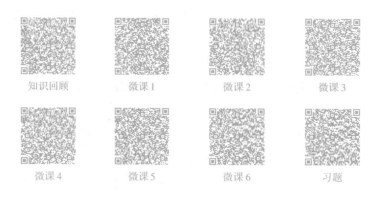

知识回顾　　　微课1　　　微课2　　　微课3

微课4　　　微课5　　　微课6　　　习题

（张稳稳）

学习引导

原子是组成物质的基本微粒，原子由带正电的原子核和带负电的核外电子组成。那么电子在原子核外以怎样的形式存在？原子运动的轨迹可以准确测量吗？应该怎么描述它的运动状态呢？自然界存在的元素可以归纳成一个元素周期表，元素周期表的排布规律与原子的结构又有怎样的关系？元素的性质又有怎样的变化规律？

本章将通过原子结构介绍，从微观角度帮助同学们去认识原子核外电子的运动规律及其描述方法。在原子结构理论的基础上，去理解和掌握元素周期表的组成及元素的周期性变化规律。

学习目标

1. **掌握**　四个量子数的意义及取值；多电子原子轨道近似能级图；原子核外电子排布的规律。
2. **熟悉**　元素周期表及元素性质的周期性变化规律。
3. **了解**　电子的波粒二象性；不确定原理；屏蔽效应；钻穿效应。

自然界的物质种类繁多，结构各异，物质内部结构不同，导致物质的性质千差万别。原子是组成这些物质的基本单元。因此，要了解物质的性质及其变化规律就必须先了解原子结构，特别是核外电子的运动状态。

第一节　原子核外电子的运动状态

PPT

原子是化学反应的最小微粒。自然界中发生的化学反应，无论是肉眼可观察到的，如酸碱中和、镁条燃烧等，还是肉眼观察不到的，如人体内每时每刻进行的生化反应（糖酵解、脂类代谢等），其宏观现象是有新物质生成，微观实质则是原子核并不发生变化，发生变化的只是核外电子。因此，要了解物质性质及变化规律就要了解核外电子的运动状态及规律。

一、电子的波粒二象性与电子云

（一）电子的波粒二象性　e 微课1

1924 年法国青年物理学家德·布罗意（deBroglie L）提出：一般被看成物质粒子的电子，其实也具有波动性的观点，即电子等实物微粒具有波粒二象性。

对于一个质量为 m，运动速度为 v，波长为 λ 的实物粒子，p 为粒子的动量，有如下关系：

$$\lambda = \frac{h}{p} = \frac{h}{mv} \tag{7-1}$$

式（7-1）称为德布罗意关系式。它表示微观粒子的波动性和粒子性可通过普朗克常量 h 联系起来，通过实物微粒的质量及运动速度可以求得物质波的波长。宏观物体由于物质波的波长很短，通常不显示波动性。对于微观粒子，虽然 λ 的大小和微粒本身的大小可以比拟，但其数量级仍很小。因此，这种物质波开始时很难被人们所察觉。

1927 年，德布罗意的假设分别被戴维逊（Davisson C）－革末（Germer L H）的电子束在镍单晶上反射实验及汤姆逊（Thomson G P）做的电子衍射实验所证实。

1928 年后，实验进一步证明，分子、原子、质子、中子、α 粒子等一切微观质点都具有波动性，并且都符合德布罗意关系式，最终确定了物质波的假设适用于一切物质微粒。

电子确实具有波动性。现在的问题是：究竟怎样把以连续分布于空间为特征的波动性和以分立分布为特征的粒子性统一起来呢？玻恩（Born M）提出了较为合理的"统计解释"，即空间任一点波的强度与粒子出现的概率成正比。

（二）不确定原理

经典力学认为宏观质点的运动总有一个确定的轨道，即在任一瞬间，宏观质点运动同时有确定的坐标、速度或动量。而电子等微观质点的运动具有波动性，这种波动性又有统计性质，那么它能否同时具有确定的位置和动量呢？

1927 年，海森堡（Heisenberg W）提出：具有波动性的粒子，不能同时有精确的坐标和动量。当它的某个坐标被确定得越精确，其动量就越不确定，反之亦然。两个量不确定的程度的乘积约为普朗克常数 h 的数量级，这就是著名的"不确定原理"。

在原子或分子中运动的电子是被局限在尺度为 10^{-10} m 的空间内运动的，其速度方面的不确定性达 6.6×10^6 m/s。如果它被限制的空间范围越小，其速度方面的不确定量将会越大。

"不确定原理"反映了微观粒子运动的基本规律，为人类打开了一扇认识微观世界的大门。"不确定原理"的提出让人们感悟到微观世界不同于宏观物体，任何粒子的"能量"都是不确定的，而是在一个范围内波动。因此，高速运动的电子，没有固定的轨道，它的运动已不可能再用"轨道"的概念来描述了，那么怎样来描述电子的运动呢？

▶▶ 实例分析

实例 汽车在公路上行驶，火车在铁轨上奔驰，飞机沿航线飞行，都可以用准确的位置和速度描述它们的运动状态，我们说宏观物体在有一定的轨道上运动。原子中的电子是微观粒子，它在原子核外一定的空间进行高速运动，电子的运动具有波粒二象性。

问题 1. 核外电子的运动还可以像宏观物体一样用确定的轨道来描述吗？

2. 可以同时准确测定电子的位置和速率吗？

3. 电子在原子核外的运动状态如何描述？

答案解析

（三）电子云

电子在原子核外直径约为 10^{-10} m 的空间高速运动，速率接近真空中的光速（即 3×10^8 m/s），其运动规律与宏观物体不同，没有固定的轨道，不能同时准确地测定某一瞬间的位置和运动速度。人们用统计的方法描述电子在核外空间某个区域出现机会的多少即概率。例如，氢原子核外的 1 个电子，用统计的方法把该电子在核外空间成千上万个瞬间位置进行叠加，发现电子在各区域中出现的概率是不均匀的。如果用小黑点的疏密来表示电子在空间各点概率的大小，这样小黑点的疏密就形象地描绘了电子在空间的概率分布，把这些小黑点称为"电子云"。图 7-1 为氢原子电子云图，由图可见，离核越近，电子云密度越大，表明电子单位体积空间内出现的概率越大；离核越远，电子云密度越小，表明电子出现的概率就越小。我们把电子出现概率相等的地方连接起来，称为电子云的界面，这个界面所包括的空间范围叫作原子轨道。可见，原子轨道与宏观轨道的含义不同，原子轨道表示的是电子经常出现的区域。

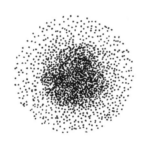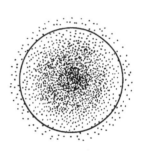

图 7-1　氢原子电子云示意图

二、原子核外电子运动状态的描述

电子在原子核外一定的区域内做高速的运动，都具有一定的能量。实验证明，电子离原子核越近，能量越低；离原子核越远，能量越高。氢原子核外只有一个电子，它在离核 53 pm 处出现的概率最大，这时的能量最低，称为基态。如果给氢原子增加能量，电子就会跑到离核较远的区域运动。由些可见，核外电子由于能量不同表现为分层运动。除氢原子以外，其他元素的原子的核外电子都多于 1 个，这些原子称为多电子原子，多电子原子的电子在核外运动状态更为复杂，其运动状态需用四个量子数来描述，它们各自反映着电子不同的运动状态及能量关系。

1. 主量子数（n）　表示电子运动离原子核的远近程度，n 也称为电子层数。n 可以取任意正整数，即 1，2，3，4，……光谱学上分别对应于 K，L，M，N，……具有相同主量子数的电子属于同一电子层。主量子数是决定电子能量的主要因素，n 越大，电子层离核的距离越远，该电子层上的电子能量越高。对于氢原子核外只有一个电子，其能量仅由主量子数决定。

2. 角量子数（l）　科学研究发现，多电子原子中，同一电子层上电子的能量仍有差别，电子云的形状（也称原子轨道）也不同。因此，同一电子层又分为若干个能量稍有差别的电子亚层，用角量子数 l 表示。l 取值受主量子数 n 的限制，可取 0，1，2，3，…，$(n-1)$，共 n 个正整数值，按光谱学习惯，分别表示为 s，p，d，f，g，……l 又称为电子亚层，它决定电子云的形状。

实验测出，不同亚层的电子云形状不同。s 电子云呈球形对称；p 电子云呈哑铃形；d 电子云呈花瓣形如图 7-2 所示，f 电子云的形状比较复杂，不作讨论。

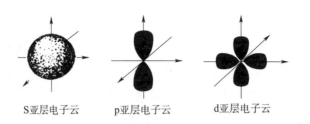

S亚层电子云   p亚层电子云   d亚层电子云

图 7-2　不同亚层电子云形状

多电子原子中，由于电子间存在相互静电排斥，原子轨道的能量由 n、l 共同决定。在描述多电子原子核外电子能量状态时，需要 n 和 l 两个量子数，如 $n = 3$，$l = 1$ 时，相应的电子亚层可表示为 3p，即第三电子层中 p 亚层。处于同一电子亚层电子具有相同能量，故电子亚层又可称为能级，第三个电子层共有 3s、3p、3d 三个能级。当 n 确定后，即在同一电子层中，l 越大，轨道能量越高。如 $n = 3$，l 取值为 0、1、2，分别对应 3s、3p、3d 电子亚层或能级，则有 $E_{3d} > E_{3p} > E_{3s}$。

即学即练 7-1

请写出 4p、3d 电子亚层所对应的主量子数 n 和角量子数 l 的取值，并说出它们代表的含义。

答案解析

3. 磁量子数（m）　　m 取值受 l 的限制，对于给定的 l，m 可以取 0，± 1，± 2，…，$\pm l$，共 $(2l+1)$ 个值。它决定原子轨道的空间取向。即 l 电子亚层共有 $(2l+1)$ 个不同空间伸展方向的原子轨道。例如，$l = 1$ 时，m 可取 0，± 1，表示 p 轨道（亚层）有三种空间取向，如图 7-3 所示。

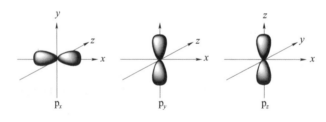

图 7-3　p 电子云的三个伸展方向

s 电子云是球形对称，只有 1 个伸展方向；p 电子云在空间沿 x、y、z 轴三个方向伸展；d 电子云有 5 个伸展方向；f 电子云有 7 个伸展方向。因此，s、p、d、f 四个亚层分别有 1、3、5、7 个原子轨道。

在没有外加磁场情况下，l 相同 m 不同的原子轨道，其能量是相同的，不同原子轨道具有相同能量的现象称为能量简并，能量相同的各原子轨道称为简并轨道（或等价轨道）。p、d、f 亚层对应的简并轨道数分别为 3、5、7。

即学即练 7-2

请写出 $l = 2$，m 的所有取值，并说出其简并轨道的数目。

答案解析

主量子数 n、角量子数 l、磁量子数 m 的关系及轨道数目见表 7-1。由表可知，每一个电子层所具有的轨道数由主量子数 n 决定，为 n^2。

表 7 – 1　n、l、m 的关系及轨道数目

主量子数 n		角量子数 l		磁量子数 m		亚层轨道数 $(2l+1)$	电子层轨道数 (n^2)
取值	电子层符号	取值	亚层符号	取值	原子轨道符号		
1	K	0	1s	0	1s	1	1
2	L	0	2s	0	2s	1	4
		1	2p	0、±1	$2p_x$、$2p_y$、$2p_z$	3	
3	M	0	3s	0	3s	1	9
		1	3p	0、±1	$3p_x$、$3p_y$、$3p_z$	3	
		2	3d	0、±1、±2	$3d_{xy}$、$3d_{xz}$、$3d_{yz}$、$3d_{x2}$、$3d_{x2-y2}$	5	
4	N	0	4s	0	4s	1	16
		1	4p	0、±1	$4p_x$、$4p_y$、$4p_z$	3	
		2	4d	0、±1、±2	$4d_{xy}$、$4d_{xz}$、$4d_{yz}$、$4d_{x2}$、$4d_{x2-y2}$	5	
		3	4f	0、±1、±2、±3	$4f_{xyz}$、$4f_{xz2}$、$4f_{yz2}$、$4f_{y(3x2-y2)}$、$4f_{x(x2-y2)}$、$4f_{x(x2-y2)}$、$4f_{z3}$	7	

4. 自旋量子数（m_s）　原子中电子绕核高速运动的同时，也进行着"自旋"运动。自旋有顺时针或逆时针两种方向，用符号"↑"和"↓""表示，可取 $+\dfrac{1}{2}$ 和 $-\dfrac{1}{2}$ 两个值。

引进电子的自旋假设后，核外电子运动可理解为包含电子绕核轨道运动和自旋运动两部分。确定原子核外每个电子的运动状态可以用 n、l、m、m_s 四个量子数来描述，前三个量子数确定电子所在的轨道，m_s 确定电子的自旋状态。

第二节　原子核外电子的排布规律

PPT

多电子原子中由于电子间存在静电作用，且电子的位置瞬息万变，给描述多电子运动状态带来困难。为克服这种困难，采用轨道近似方法来处理多电子体系，即假定多电子原子中每个电子都是在原子核的静电场及其他电子的有效平均负电场中"独立地"运动着，因此，多电子原子的能级是近似能级。

一、多电子原子轨道近似能级图　微课2

1. 屏蔽效应　在多电子体系中，原子中其他电子对某电子 i 的排斥作用相当于它们屏蔽住了原子核，抵消了部分核电荷对电子 i 的吸引力，这种作用称为对电子 i 的屏蔽效应，用电子的屏蔽常数 σ 表示被抵消的原子核的正电荷。能吸引电子 i 的核电荷是有效核电荷，用 Z^* 表示，$Z^* = Z - \sigma$。外层电子对内层电子的屏蔽作用可以不考虑，屏蔽作用主要来自内层电子。多电子体系中电子的能量与主量子数 n 和有效核电荷 Z^* 有关。

2. 原子轨道近似能级图　美国化学家 Pauling L 根据光谱数据给出多电子原子中原子轨道的近似能级图，如图 7 – 4 所示。图中一个小圆圈代表 1 个原子轨道。能量相近的原子轨道划分为一个能级组，

用虚线框表示，图中按轨道能量的高低分成 7 个能级组。同一能级组各亚层能量差异很小，不同能级组之间的能量差别较大。

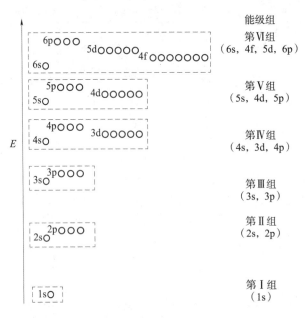

图 7-4　多电子原子中原子轨道近似能级分组示意图

图 7-4 中下方的轨道能量低，上方的能量高。由下而上得到轨道的近似能级顺序为：

$$E_{1s} < E_{2s} < E_{2p} < E_{3s} < E_{3p} < E_{4s} < E_{3d} < E_{4p} < \cdots$$

（1）当 l 相同，n 不同时，n 越大，电子层数越多，轨道能级越高：

$$E_{1s} < E_{2s} < E_{3s} < \cdots$$
$$E_{2p} < E_{3p} < E_{4p} < \cdots$$
$$\cdots$$

（2）当 n 相同，l 越大，原子轨道能量越高，如能级顺序为 $E_{3s} < E_{3p} < E_{3d}$，类推得：$E_{ns} < E_{np} < E_{nd} < E_{nf} < \cdots$。

（3）当 n、l 都不同时，如 3d 和 4s 轨道，$E_{4s} < E_{3d}$，其他的 4d 和 5s 轨道等也有类似情况。即在这些地方出现了能级交错现象。由于电子的运动倾向于占有能量较低的区域，外层电子穿过内层电子空间钻入原子核附近，使电子的能量降低的现象称为钻穿效应。屏蔽效应和钻穿效应的双重作用，使原子轨道发生了能级交错现象。从第四能级组开始出现能级交错现象。

同时具有 s、p、d、f 轨道的近似能级顺序可归纳为：ns，$(n-2)f$，$(n-1)d$，np。

二、多电子原子核外电子排布

（一）核外电子排布原理

基态原子核外电子的排布遵循三条规律。

1. 泡利不相容原理　1925 年奥地利物理学家泡利（W. pauli）指出，在同一原子中，不可能有运动状态完全相同（即四个量子数完全相同）的电子同时存在。也就是说，在每一个原子轨道中，只能容纳 2 个电子且自旋方向必须相反。故 s 亚层，可以充填 2 个电子，p、d、f 亚层，可分别充填 6、10、14 个电子，这样，每个电子层所能容纳的电子数为 $2n^2$。

即学即练 7-3

主量子数 n 为 3 的壳层可容纳多少个电子？3d 亚层可容纳多少个电子？

答案解析　A. 18，50　　B. 18，18　　C. 10，18　　D. 18，10

2. 能量最低原理　原子核外电子的排布，在符合泡利不相容原理的前提下应尽可能使体系的总能量最低，这就是能量最低原理。依据近似能级图（图 7-4）和核外电子填入能级的顺序图（图 7-5）排布电子时，可得到使整个原子能量最低的电子排布形式。

核外电子的排布常用电子排布式和轨道方框图两种方法表示。

（1）电子排布式表示法　根据原子轨道能量高低顺序写出亚层符号，在亚层符号右上角标明其电子数。如基态的 $_3$Li 原子，电子排布式表示为 $1s^2 2s^1$，即两个电子占满 1s 轨道后，第三个电子填充到 2s 轨道；基态的 $_{19}$K 原子，电子排布式表示为 $1s^2 2s^2 2p^6 3s^2 3p^6 4s^1$，在 K、L、M 电子层填充了 18 个电子后，其最后一个电子根据能量最低原则不是填充到 3d 轨道中，而是填充到 4s 轨道。基态 $_{21}$Sc 原子的电子先填满 4s 再填充 3d，但书写电子排布式时要按电子层顺序，故基态 $_{21}$Sc 原子的电子排布式应为 $1s^2 2s^2 2p^6 3s^2 3p^6 3d^1 4s^2$，而不是 $1s^2 2s^2 2p^6 3s^2 3p^6 4s^2 3d^1$。

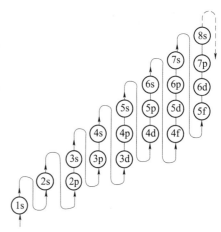

图 7-5　电子填入能级的顺序

为了避免电子排布式太长，习惯把内层电子已达稀有气体结构的部分，用稀有气体的元素符号加括号表示，如 $_{10}$[Ne]、$_{18}$[Ar]、$_{36}$[Kr]、$_{54}$[Xe]，称为原子实。基态 $_{26}$Fe 原子的电子排布式是 $1s^2 2s^2 2p^6 3s^2 3p^6 3d^6 4s^2$，可简化为 $_{18}$[Ar] $3d^6 4s^2$。

（2）轨道方框图表示法　轨道方框图中，每个方框代表 1 个轨道，从左到右代表轨道能量由低向高。轨道表示更加直观地反映了电子的排布方式。

例如，9 号元素 F 的轨道表示为：

$$_9\text{F} \quad \begin{array}{ccc} 1s & 2s & 2p \\ \boxed{\uparrow\downarrow} & \boxed{\uparrow\downarrow} & \boxed{\uparrow\downarrow\,|\,\uparrow\downarrow\,|\,\uparrow} \end{array}$$

3. 洪特规则　电子在能量相同的轨道上（简并轨道）上排布时，应尽可能分占磁量子数 m 值不同的轨道，且自旋方向相同。这种排布方式使两个电子不必硬挤在同一个轨道上，因而可以减小电子间的相互排斥能，使原子的能量最低。例如，基态 $_7$N 原子的电子排布式是 $1s^2 2s^2 2p^3$。用原子轨道方框图表示为：

$$_7\text{N} \quad \begin{array}{ccc} 1s & 2s & 2p \\ \boxed{\uparrow\downarrow} & \boxed{\uparrow\downarrow} & \boxed{\uparrow\,|\,\uparrow\,|\,\uparrow} \end{array}$$

作为洪特规则特例的是：在 l 相同的简并轨道上，电子全充满（如 p^6、d^{10}、f^{14}）、半充满（如 p^3、d^5、f^7）或全空（如 p^0、d^0、f^0）时，原子的能量最低、最稳定。因此，基态 $_{24}$Cr 原子的电子排布式是 [Ar] $3d^5 4s^1$，而不是 [Ar] $3d^4 4s^2$；基态 $_{29}$Cu 是 [Ar] $3d^{10} 4s^1$，而不是 [Ar] $3d^9 4s^2$。

即学即练 7-4

下面原子的核外电子排布式是否正确？如果不正确，违背了什么规律？

答案解析　$_{20}$Ca：[Ar] $3d^2$　　$_{16}$S：[Ar] $3s^2 3p^5$　　$_{47}$Ag [Kr] $4d^9 5s^2$

（二）基态原子电子构型和价电子构型

通常参与化学反应的只是原子的外围电子，内层电子结构一般不变。在化学反应中原子实部分的电子排布式不发生变化，原子实以外的电子层结构易变化，从而引起元素化合价的改变。因此，原子实以外的电子常被称为价电子，价电子所处的电子层称为价电子层或价层。如 $_{26}$Fe：[Ar] $3d^64s^2$，其价层电子构型为 $3d^64s^2$；$_{47}$Ag：[Kr] $4d^{10}5s^1$，其价层电子构型为 $4d^{10}5s^1$。表 7 - 2 列出了 1 ~ 36 号元素基态原子的电子构型。

表 7 - 2　1 ~ 36 号元素基态原子的电子构型

原子序数	元素符号	电子构型	原子序数	元素符号	电子构型	原子序数	元素符号	电子构型
1	H	$1s^1$	13	Al	[Ne] $3s^23p^1$	25	Mn	[Ar] $3d^54s^2$
2	He	$1s^2$	14	Si	[Ne] $3s^23p^2$	26	Fe	[Ar] $3d^64s^2$
3	Li	[He] $2s^1$	15	P	[Ne] $3s^23p^3$	27	Co	[Ar] $3d^74s^2$
4	Be	[He] $2s^2$	16	S	[Ne] $3s^23p^4$	28	Ni	[Ar] $3d^84s^2$
5	B	[He] $2s^22p^1$	17	Cl	[Ne] $3s^23p^5$	29	Cu	[Ar] $3d^94s^2$
6	C	[He] $2s^22p^2$	18	Ar	[Ne] $3s^23p^6$	30	Zn	[Ar] $3d^{10}4s^2$
7	N	[He] $2s^22p^3$	19	K	[Ar] $4s^1$	31	Ga	[Ar] $3d^{10}4s^24p^1$
8	O	[He] $2s^22p^4$	20	Ca	[Ar] $4s^2$	32	Ge	[Ar] $3d^{10}4s^24p^2$
9	F	[He] $2s^22p^5$	21	Sc	[Ar] $3d^14s^2$	33	As	[Ar] $3d^{10}4s^24p^3$
10	Ne	[He] $2s^22p^6$	22	Ti	[Ar] $3d^24s^2$	34	Se	[Ar] $3d^{10}4s^24p^4$
11	Na	[Ne] $3s^1$	23	V	[Ar] $3d^34s^2$	35	Br	[Ar] $3d^{10}4s^24p^5$
12	Mg	[Ne] $3s^2$	24	Cr	[Ar] $3d^54s^1$	36	Kr	[Ar] $3d^{10}4s^24p^6$

第三节　原子的电子层结构与元素周期律、元素周期表

元素性质随着原子序数（核电荷数）的递增而呈现周期性的变化，这个规律称为元素周期律。原子核外电子排布的周期性变化是元素周期律的本质所在，原子的电子层结构，特别是原子价电子的构型是决定元素性质的主要因素。各种元素有规律的变化构成了元素周期表，元素周期表是元素周期律的具体表现形式。

一、原子的核外电子排布与元素周期表 ⓔ 微课 3

原子的核外电子排布从微观角度揭示了元素周期性变化规律的本质。

（一）能级组和元素周期

我国化学家徐光宪建议把 $(n + 0.7l)$ 值的整数部分相同的各能级合为一组，称为能级组，按整数值称为某能级组。这个划分与鲍林近似能级图的能级组相一致。每个能级组对应周期表的一个周期（表 7 - 3）。由表 7 - 3 及周期表可知：周期序数 = 能级组数 = 电子层数 = 主量子数。在近似能级图中，每个能级组所能容纳最多的电子数对应于周期表中一个周期所包含的元素数目。由于每个能级组中包含的能级组数目不同，可填充的电子数目不同，所以周期表有特短周期（第一周期，共 2 种元素）、短周期（第二、

三周期，各包含 8 种元素）、长周期（第四、五周期，各包括 18 种元素）、特长周期（第六周期，包含 32 种元素）和未完全周期（第七周期，31 种元素）。

表 7-3 能级组与周期序列

能级	$n+0.7l$	周期（能级组）	周期特点	最多容电子数/$2n^2$	元素数目
1s	1.0	1	特短周期	2	2
2s、2p	2.0、2.7	2	短周期	8	8
3s、3p	3.0、3.7	3	短周期	8	8
4s、3d、4p	4.0、4.4、4.7	4	长周期	18	18
5s、4d、5p	5.0、5.4、5.7	5	长周期	18	18
6s、4f、5d、6p	6.0、6.1、6.4、6.7	6	特长周期	32	32
7s、5f、6d、7p	7.0、7.1、7.4、7.7	7	未完周期	32	未满

元素周期表中，每一个能级组的价电子层结构均从 s^1 开始到 s^2p^6 结束，对应的周期（第一周期外）元素从碱金属开始到稀有气体结束。第 6、7 周期镧系和锕系的位置各有 15 种元素，由于他们的结构和性质相似，为了周期表的完整性，把镧系元素和锕系元素列成 2 排，放在主表的下方（见元素周期表）。

 知识链接 --

徐光宪及徐光宪第一规则

徐光宪教授（1920～2015 年），我国中科院院士、物理化学家、无机化学家、教育家，被誉为"中国稀土之父"。在量子化学、配位化学、萃取化学、稀土化学、化学键理论和串级萃取理论等领域，取得了显著成就。他根据大量的光谱实验数据归纳出一条近似规律：多电子原子中，$(n+0.7l)$ 值越大，能量越高。例如，4s，3d，4p 这三个能级的能量为：4s 的 $(n+0.7l)$ 为 $4+0.7×0=4.0$；3d 的 $(n+0.7l)$ 为 $3+0.7×2=4.4$；4p 的 $(n+0.7l)$ 为 $4+0.7×1=4.7$，所以三者的能量顺序为：$E_{4s}<E_{3d}<E_{4p}$。徐光宪建议：将 $(n+0.7l)$ 值的第一位数字相同的各能级合为一组，称为能级组。每个能级组对应周期表的一个周期，称为徐光宪第一规则。徐光宪一生躬身治学，知行合一。我国稀土工业发展初期，生产水平极为落后，徐光宪埋头攻关十余年，创建了著名的串级萃取分离理论，推动我国稀土工业完成质的飞跃。他是中国稀土行业的一面精神旗帜，他的科学报国、勇当重任、敢于创新的精神品格，直到今天，依然是推动中国稀土事业继续发展前进的力量。

（二）价层电子排布与族

元素周期表中，总体上将基态原子的价层电子构型相似的元素归为一列，称为族，共 16 族，其中主族、副族各 8 个。主族和副族元素的性质差异与价层电子构型密切相关。

1. 主族 最后一个电子填充在 s、p 轨道的元素属于主族，包括 IA 至 ⅧA 族，其中 ⅧA 族又称 0 族。主族元素的内层轨道全充满，最外层电子构型从 ns^1、ns^2 至 $ns^2np^{1～6}$，最外层为价层，价层电子总数等于族数。

例如，$_{17}Cl$ 电子排布式为：$1s^22s^22p^63s^23p^5$，简写为 $_{10}[Ne]3s^23p^5$，价电子构型为 $3s^23p^5$。最外层有 7 个电子，故族序数为 ⅧA 族。

H 和 He 比较特殊，只有一个电子层，H 电子排布式为 $1s^1$，属于 IA 族，He 电子排布式为 $1s^2$，属于 0 族。

同一主族元素的原子，虽然电子层数不同，但价电子构型相同，所以化学性质极为相似。

2. 副族 最后一个电子填充在 d、f 轨道的元素属于副族，包括 I B 至ⅧB 族。第 1、2、3 周期没有副族元素，第 4、5 周期各有 10 个元素。ⅢB ~ ⅦB 族，$(n-1)$ d 及 ns 轨道上电子数的总和等于族数，如钪元素（Sc），电子排布式为 [Ar]$3d^14s^2$，价电子构型为 $3d^14s^2$，反应中除失云最外层电子外，还可失去次外层中 d 轨道上的电子，价电子数为 3，属于ⅢB 族；又如锰元素（Mn），电子排布式为 [Ar]$3d^54s^2$，价电子数为 7，属于ⅦB；ⅧB 族有三列元素，其 $(n-1)$d 及 ns 轨道上电子数的总和从 8 ~ 10，如 d 轨道上电子数大于 5 的 Fe、Co、Ni，它们的价电子构型分别为 $3d^64s^2$、$3d^74s^2$、$3d^84s^2$，合并属于第ⅧB 族；排在 B 族最右侧的 I B、ⅡB 族中的元素，d 轨道上电子数达到全满（d^{10}），其族数等于最外层（ns 层）电子数，ns 电子数是 1 和 2，等于族数，如 Cu($3d^{10}4s^1$) 和 Zn($3d^{10}4s^2$)，分别属于 I B 和 Ⅱ B 族。第 6、7 周期，ⅢB 族是镧系或锕系元素，它们各有 15 个元素。

（三）价层电子构型与元素分区

根据价层电子构型的特征，元素周期表中的元素可分为 5 个区，分别是 s 区、p 区、d 区、ds 区和 f 区，如图 7 – 6 所示。

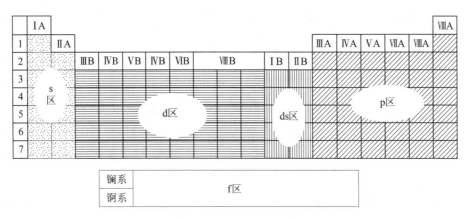

图 7 – 6　周期表中元素的分区

s 区元素：最后一个电子填充在 s 能级上的元素（不包括氢）。其价电子构型为 $ns^{1~2}$。包括 I A 至ⅡA 族，价电子较少，容易失去，除氢元素外，均为活泼金属元素。

p 区元素：最后一个电子填充在 p 能级上的元素（氦是填充在 s 能级上）。除氢以外，其价电子构型为 $ns^2np^{1~6}$，包括ⅢA ~ ⅧA，p 区元素包含除氢以外所有非金属元素和少量金属元素。

d 区元素：最后一个电子填充在 d 能级上的元素。价电子结构特点为 $(n-1)d^{1~9}ns^{1~2}$，包括ⅢB ~ ⅧB，d 区元素皆为金属元素。

ds 区元素：价电子结构特点为 $(n-1)d^{10}ns^{1~2}$。包括 I B 和ⅡB，皆为金属元素。

d 区和 ds 区元素统称为过渡元素，金属性没有 s 区金属元素活泼，从左到右，金属性依次减弱。

f 区元素：包括镧系和锕系元素，又称为内过渡元素。

原子的电子层结构与元素在周期表中的位置密切关系。一般可以根据元素的原子序数，写出该原子的电子排布式，推断它在周期表中的位置；或根据元素在周期表中的位置，推得它的原子序数，写出原子的电子排布式，进而预测它的价态和性质。

例 7 – 1 已知某元素的原子序数为 35，试写出该元素基态原子的电子排布式，并指出该元素所属周期、族和区。

解：该元素原子有 35 个电子，电子排布式为 $1s^2 2s^2 2p^6 3s^2 3p^6 3d^{10} 4s^2 4p^5$，或写成 [Ar] $3d^{10} 4s^2 4p^5$。价电子构型为 $4s^2 4p^5$，属于主族元素，价电子总数是 7，属于ⅦA；最外层主量子数 $n=4$，所以该元素在第 4 周期。最后一个电子填充在 4p 轨道上，所以它属于 p 区。

即学即练 7-5

答案解析

24 号元素铬（Cr）电子排布式为 $1s^2 2s^2 2p^6 3s^2 3p^6 3d^5 4s^1$，请指出它的价电子层构型，并说明该元素所属周期、族和区。

二、元素性质的周期性变化规律

元素的主要性质是指原子半径、元素电离能、电子亲合势和电负性等。随原子结构的周期性变化，元素性质呈现周期性的变化。

（一）原子半径

根据测定方法的不同，原子半径常用的有三种，即共价半径、范德华半径和金属半径。范德华半径通常大于其他半径，共价半径通常小于金属半径。比较元素的某些性质时，原子半径应该采用同一套数据。

原子半径的周期性变化规律与原子的有效核电荷 Z^* 和电子层数目密切相关。

1. 同周期元素 元素的电子层数相同，从左到右，原子核对电子的吸引力逐渐增强，主族元素的半径因 Z^* 显著增加而明显减小。最后一个稀有气体的原子半径增大，这是由于稀有气体的原子半径采用范德华半径所致。图 7-7 为 IA 至ⅦA 族元素原子半径变化规律示意图。对于过渡元素，增加的电子填充在次外层的 d 轨道上，受到的屏蔽效应较大，过渡元素的原子半径依次变小的幅度较为缓慢。

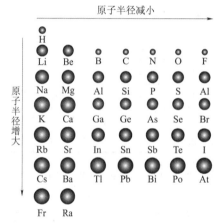

图 7-7　IA 至ⅦA 族元素原子半径变化规律示意图

2. 同族元素 主族元素的原子半径，从上至下，电子层逐渐增加的作用大于 Z^* 增加的作用，所以原子半径逐渐增大（图 7-7）。副族元素中，原子半径增加的规律与主族元素一样，但是第五到第六周期同族过渡元素的原子半径相近，这一现象是受镧系收缩的影响，导致元素性质极为相似。

（二）元素的电离能和电子亲合能

1. 元素的电离能 某元素 1mol 基态气态原子，失去最高能级的 1mol 电子，形成 1mol 气态离子 M^+ {如 M (g) → M^+ (g) + e} 所吸收的能量，称为这种元素的第一电离能，用 I_1 表示。

1mol 基态气态离子 M^+ 继续失去最高能级的 1mol 电子，形成 1mol 气态二价离子 M^{2+} {如 M(g) → M^{2+} (g) + e} 所吸收的能量，称为这种元素的第二电离能，用 I_2 表示。同理，可知 I_3、I_4、…I_n。

元素的电离能的大小表示元素原子或离子失去电子的难易程度。总体上，同一周期元素从左到右，原子半径减小、有效核电荷数增大，I_1 逐渐增加，原子失去电子的能力逐渐减弱。短周期主族元素 I_1 从左到右逐渐增加，但也有例外，N 的 I_1 比 O 的高、Be 的 I_1 比 B 高。这是由于 N 最外层 2p 轨道上三个电子刚好半充满，根据 Hund 规则，半充满状态稳定。Be 的 1s 轨道全充满，也相对于 B 稳定。同一主族，自上而下元素的 I_1 逐渐减小，这是因为电子层数增加，外层电子离核更远，有效核电荷增加不多，外层电子受核引力减小，使最外层电子电离变得容易。

2. 电子亲合能 气态的基态原子获得一个电子成为负一价气态离子时所放出的能量，称为电子亲合势。它反映元素结合电子的能力，其变化规律总的来说是：卤族元素的原子结合电子放出能量较多，易与电子结合；金属元素原子结合电子放出能量较少甚至吸收能量，难与电子结合形成负离子。

元素的电离能和电子亲合能反映了原子失电子或得电子能力，可以在一定程度上判断元素的金属性和非金属性。除了稀有气体以外，一般是电离能越小，金属性越强（只比较金属），N 的第一电离能大于 O 的第一电离能（因为 2p 轨道半充满达到稳定状态），但是不能因此说明 N 的非金属性比 O 强，所以电离能不用来比较非金属。一般来说，亲合能越小，非金属性越强（只比较非金属），但是亲合能越小，非金属性不一定最强，Cl 的亲合能是所有元素中最小的（比 F 还要小），但 F 的非金属性最强。另外有的原子既难失去又难得到电子，如 C、H 原子。因此，单独用电离能或电子亲合能反映元素的金属、非金属活泼性有一定的局限性。

(三) 元素的电负性

元素的电负性是指元素原子在分子中吸引电子的能力。1932 年，Pauling L 综合考虑电离能和电子亲合能，提出了元素电负性的概念，用符号 χ 表示。并确定 F 的电负性最大，$\chi_F = 3.98$，再依次定出其他元素的电负性值，见表 7-4。

表 7-4 元素的电负性

H 2.18																	
Li 0.98	Be 1.57											B 2.04	C 2.55	N 3.04	O 3.44	F 3.98
Na 0.93	Mg 1.31											Al 1.61	Si 1.90	P 2.19	S 2.58	Cl 3.16
K 0.82	Ca 1.00	Sc 1.36	Ti 1.54	V 1.63	Cr 1.66	Mn 1.55	Fe 1.80	Co 1.88	Ni 1.90	Cu 1.90	Zn 1.65	Ga 1.81	Ge 2.01	As 2.18	Se 2.55	Br 2.96
Rb 0.82	Sr 0.95	Y 1.22	Zr 1.33	Nb 1.60	Mo 2.16	Tc 1.90	Ru 2.28	Rh 2.20	Pd 2.20	Ag 1.93	Cd 1.69	In 1.73	Sn 1.96	Sb 2.05	Te 2.55	I 2.66
Cs 0.79	Ba 0.89	La 1.10	Hf 1.30	Ta 1.50	W 2.36	Re 1.90	Os 2.20	Ir 2.20	Pt 2.28	Au 2.54	Hg 2.00	Tl 2.04	Pb 2.33	Bi 2.02	Po 2.00	At 2.20

从表 7-4 可以看出，随着原子序号的递增，元素的电负性呈现周期性变化。同一周期，从左到右元素电负性递增；同一主族，自上而下元素电负性递减；副族元素的电负性没有明显的变化规律。电负性大的元素集中在元素周期表的右上角，电负性小的元素集中在元素周期表的左下角。

电负性是一个相对数值，没有单位，电负性大者，原子在分子中吸引成键电子的能力强，形成负离子的倾向大；电负性小者，原子吸引成键电子的能力弱，不易形成负离子，相反，易形成正离子。因此，电负性可综合反映原子得失电子倾向，是元素金属性和非金属性的综合度量标准。F 的电负性最大，非金属性最强；铯电负性最小，金属性最强。

一般来说，非金属元素电负性大于金属元素电负性。金属元素电负性一般小于 2.0，非金属元素电负性一般大于 2.0。当两种元素的原子形成分子时，电负性小的元素呈现正价，而电负性大的元素呈现负价。如在 CO_2 中，O 电负性为 3.5，C 电负性为 2.5，故 CO_2 中 C 和 O 化合价分别为 +4 价和 -2 价，

而在 CH_4 中 H 电负性是 2.1，小于 C 电负性，故 C 和 H 化合价分别为 -4 和 $+1$。

 知识链接

原子光谱

原子光谱是由原子核外电子在不同能级轨道上跃迁时所发射或吸收的一系列特定波长的光所组成的光谱。原子光谱可以分为原子发射光谱和原子吸收光谱。

原子发射光谱是气态原子或离子激发后，电子从高能级跃迁到低能级时所发射出的光谱。发射光谱是不连续的明亮彩色条纹。每种元素只能发出某些特征波长的光，发射光谱的谱线也称为原子特征谱线。

原子吸收光谱是当高温物体发出白光（连续光谱）通过物质时，某些波长的光被物质吸收后产生的光谱，称为吸收光谱，吸收光谱在连续光谱中呈暗条纹。

某种物质的原子吸收光谱条纹与原子发射光谱可一一对应。

由于每一种元素都有自己的特征谱线，因此可以根据光谱进行定性和定量分析。这种方法称为光谱分析。光谱分析灵敏度很高，主要用于元素微量和痕量分析。

原子吸收光谱在土壤、肥料、动植物体内元素分析、环境监测、食品药品、卫生检验等领域有广泛应用。例如，某些植物可能含有镉、汞、铅等重金属，这些重金属易在体内蓄积，影响人体新陈代谢及正常生理作用，同时重金属过量会引起人体癌症发生率增加和免疫力下降等。通过原子吸收光谱法可以进行重金属含量测定，各类行业标准对有害元素含量都作了相应限量规定。重金属检测是食品、药品以及生存环境是否安全的一项重要指标。

答案解析

一、单项选择题

1. 决定多电子原子能量 E 的量子数是（　　）。

    A. n　　　　　　　　B. n 和 l　　　　　　　　C. n、l、m　　　　　　　　D. l

2. 主量子数 $n=4$ 的电子层最多可容纳的电子数为（　　）。

    A. 4　　　　　　　　B. 8　　　　　　　　C. 16　　　　　　　　D. 32

3. 下列各组量子数中，合理的是（　　）。

    A. $n=1$，$l=0$，$m=-1$　　　　　　　　B. $n=2$，$l=3$，$m=1$

    C. $n=3$，$l=2$，$m=0$　　　　　　　　D. $n=4$，$l=4$，$m=0$

4. 电子排布式 $1s^2 2s^2 2p^6 3s^2 3p^6 3d^2$ 违背了（　　）。

    A. 能量最低原理　　　　　　　　B. 泡利不相容原理

    C. 洪特规则　　　　　　　　D. 稳定规律

5. 元素的性质随着原子序数的递增呈周期性变化的主要原因是（　　）。

    A. 元素原子半径呈周期性变化

    B. 元素的化合价呈周期性变化

    C. 元素原子的核外电子排布呈周期性变化

    D. 元素的相对原子质量呈周期性变化

6. 最后一个电子填充在 p 能级上的元素，其价电子构型为 $ns^2np^{1\sim6}$，在元素周期表上属于（　　）区。

A. s　　　　　　　　B. p　　　　　　　　C. ds　　　　　　　　D. d

二、填空题

1. 2s、3p、4s、4p、5s 比 3d 轨道能量低的轨道有_____、_____及_____。

2. 多电子原子核外电子排布的原理有_____、_____及_____。

3. 习惯把内层电子已达稀有气体结构的部分，用稀有气体的元素符号加括号表示，如 $_{10}[Ne]$、$_{18}[Ar]$、$_{36}[Kr]$、$_{54}[Xe]$，称为_____。

4. 元素周期表有_____个周期，有_____个主族，有_____个副族。

5. 第_____、_____、_____周期没有副族元素。

6. 电负性大者，原子在分子中吸引成键电子的能力_____（强，弱），形成负离子的倾向_____（大，小）。

三、简答题

1. 请根据 Pauling 原子能级近似能级图排出 1s 至 4p 轨道由低到高的能级顺序。

2. 请说出随着原子序号的递增，元素的电负性周期性变化的规律。

四、综合应用题

1. 下列叙述是否正确？如不正确请改正。

（1）主量子数 $n=1$，有自旋相反的 2 个原子轨道。

（2）主量子数 $n=3$，有 3s，3p，3d 三条原子轨道。

（3）磁量子数 $m=0$，对应的是 s 原子轨道。

2. 下列原子的电子排布式违背了哪条原理？请写出正确的电子排布式。

（1）$_{20}C_a$：$1s^22s^22p^63s^23p^63d^2$

（2）$_{24}C_r$：$1s^22s^22p^63s^23p^63d^44s^2$

（3）$_6C$：

1s	2s	2p
↑↓	↑↓	↑↓ ↑↓

3. 完成下表。

原子序数	核外电子排布式	价电子构型	元素所在周期	元素所在族	元素所在区
	$1s^22s^22p^63s^23p^5$				
		$4s^2$			
			4	VB	
29					

（王　宽）

第八章　分子结构

学习引导

分子是参与化学反应的基本单元，分子是由原子构成的。那分子中原子和原子之间是靠什么作用力结合的？分子中每个原子的空间位置如何？分子的结构与物质性质有什么样的关系？分子与分子之间也存在作用力，这些作用力是如何形成的？是怎样影响物质性质的？

本章将通过化学键及分子间作用力等内容的学习，帮助同学们了解物质分子的结构，进而理解和掌握物质的性质与分子结构之间的关系。

学习目标

1. **掌握**　离子键、共价键的形成、概念及特点；价键理论；氢键的概念、条件及特点。
2. **熟悉**　杂化轨道理论、分子间作用力的内容。
3. **了解**　离子晶体、原子晶体、分子晶体的概念、特点。

自然界中的大多数物质是由分子组成，分子是参与化学反应的基本单元。分子的性质取决于分子的内部结构，即构成分子的原子种类、数目、原子的键合顺序和空间排列方式。通过分子结构的学习，能更好地帮助人们从分子水平认识药品食品，并为解决药品食品在生产、储藏和使用过程中出现的问题奠定理论基础。

分子结构包括化学键和分子的空间构型两方面内容。分子是由原子构成的，原子间以化学键结合形成分子或晶体。分子或晶体中相邻原子间的强烈相互作用称为化学键。根据原子间相互作用力不同，化学键分为离子键、共价键和金属键三种类型。

 知识链接

分子是保持物质化学性质的最小微粒

由原子组成的分子能稳定存在，分子是物质保持化学性质的最小微粒。分子有单原子分子（如稀有气体 He）、双原子分子（如 H_2、CO）、多原子分子（如 H_2O、CH_4）、离子型分子（如蒸气中的 Li、F、NaCl），还有像石墨一样的巨型"分子"。从原子结构看，除稀有气体具有稳定构型，可以以单原子分子形式存在外，其他原子由于结构不稳定，只能由原子按一定方式组合成分子或晶体。

PPT

第一节 离子键

1916 年，德国化学家科塞尔（W. Kossel）根据稀有气体具有稳定结构的事实，提出离子键的理论，认为离子键的本质是正离子和负离子间的相互作用。

一、离子键的形成

活泼金属原子和活泼非金属原子相互靠近时，二者电负性相差较大，都有形成稀有气体结构的正离子和负离子的倾向。活泼金属原子失去最外层电子，成为带正电荷的阳离子；活泼非金属原子得到电子，成为带负电荷的阴离子；这些带相反电荷的离子通过静电作用形成离子化合物，这种由阴、阳离子之间通过静电作用形成的化学键称为离子键。由离子键形成的化合物称为离子化合物。

以氯化钠的形成过程为例，当金属钠和氯气发生反应时，根据钠原子和氯原子的核外电子排布，钠原子和氯原子都要达到 8 电子稳定结构。钠原子失去最外层上的 1 个电子，转移到氯原子的最外层上，分别形成 Na^+ 和 Cl^-，Na^+ 和 Cl^- 靠静电引力形成稳定的离子键。可表示如下：

$$n\text{Na}\ (1s^22s^22p^63s^1) - ne \longrightarrow n\,\text{Na}^+\,(1s^22s^22p^6)$$

$$n\,\text{Cl}\ (1s^2\,2s^2\,2p^6\,3s^2\,3p^5) + ne \longrightarrow n\text{Cl}^-\,(1s^2\,2s^2\,2p^6\,3s^2\,3p^6)$$

Na^+ 和 Cl^- 通过离子键生成氯化钠晶体 $n\,\text{Na}^+ + n\,\text{Cl}^- \longrightarrow n\text{NaCl}$。

离子键易在活泼金属元素和活泼非金属元素之间形成，一般情况，成键原子的电负性差值在 1.7 以上，如 $MgCl_2$、MgO、Na_2SO_4 等。

二、离子键的特点

离子键既无方向性又无饱和性。

离子的电荷呈球形对称，可以在空间任何方向上同等地吸引相反电荷的离子，没有空间选择性，因此离子键没有方向性。同时，只要离子周围空间允许，它就倾向于吸引尽可能多的带相反电荷的离子，因此，离子键也没有饱和性。

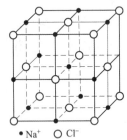

• Na^+ ○ Cl^-

图 8 - 1 NaCl 晶体结构示意图

例如，在氯化钠晶体中，每个 Na^+ 和 Cl^- 周围都有 6 个带相反电荷的离子。因此，离子化合物中不存在单个分子，NaCl 这样的化学式仅仅表示离子化合物中阴阳离子数目的简单整数比，如图 8 - 1 所示。

离子键的本质是阴、阳离子之间的静电作用力。如果阴、阳离子看作是球形对称，它们所带的电荷分别为 q^+ 和 q^-，两者之间距离为 r，按库仑定律它们之间的静电引力为

$$f = \frac{q^+ q^-}{r^2} \tag{8-1}$$

由库仑定律可知：静电作用力 f 大小取决于离子所带的电荷 q 以及离子间的距离 r，离子电荷越大，离子间距离越小，则引力越大（但当 r 小到平衡距离时，斥力则迅速增大）。

知识链接 ··

离子键的离子性成分

一般，电负性差值（$\chi_A - \chi_B$，χ 为电负性，A、B 为成键原子）大于 1.7 时，可形成离子键。由离子键形成的化合物称为离子化合物，近代实验指出，即使是典型的离子型化合物，如 CsF，其中 Cs^+ 与 F^- 之间也不是纯粹的静电作用，仍有部分原子轨道重叠，Cs^+ 与 F^- 之间有 92% 的离子性，只有 8% 的共价性。当 $\chi_A - \chi_B = 1.7$ 时，键的离子性约为 50%，因此可认为当两元素电负性差值大于 1.7 可形成离子型化合物。

三、影响离子键强度的因素

离子键的本质是静电引力，影响静电引力大小的因素主要有离子的电荷和离子半径。

1. 离子的电荷 离子键的本质是阴、阳离子间的静电作用，离子所带的电荷越多，与带相反电荷的离子之间的静电作用越强，形成的离子键的强度越牢固，离子化合物越稳定。

2. 离子半径 离子键的稳定性除了与离子所带的电荷有关，还与正、负离子间的距离有关。离子的核间距离等于阴、阳离子的半径之和。离子的半径越小，作用力越大，键越强。

四、离子的极化

离子在电场中产生诱导偶极的现象称为离子的极化现象。当阴、阳离子相互接近时使对方的电子云结构变化而增加内部极性的作用称为极化作用，离子被极化的结果称为"变形性"或"可极化性"。离子都有极化作用和变形性。一般，阳离子的半径比阴离子小，电场强，所以阳离子的极化作用强，而阴离子表现变形性大。

五、离子晶体

由离子键形成的化合物称为离子化合物，也称为离子晶体，例如 NaCl、MgO 等都是离子晶体。离子化合物的熔点和沸点较高，且硬度较大。常温下以固态存在，通常易溶于水，难溶于有机溶剂；在水溶液或熔融状态下能够导电。

PPT

第二节 共价键

前面研究了活泼的金属原子与活泼的非金属原子化合时能形成离子键，那么非金属之间如 H_2、CH_4 等分子的形成用离子键理论是无法解释的。1916 年，美国化学家路易斯（G. N. Lewis）提出了经典共价键理论。他认为，共价键是由成键原子双方各自提供外层单电子组成共用电子对而不是电子转移形成的。如 H_2、O_2 中两个原子间是以共用电子对吸引两个相同的原子核，形成共价键后，每个原子都达到符合稳定的稀有气体原子结构。

一、价键理论

（一）共价键的形成 e 微课1

以形成氢分子为例，分析共价键的形成。

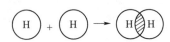

图 8-2　氢分子原子轨道
的重叠

每个 H 原子各提供 1 个电子，当 2 个 H 原子相互接近时，如果它们的自旋方向相反，2 个 H 原子的 1s 轨道发生重叠，2 个 H 原子核间电子云密度增大，体系能量下降，形成共用电子对为 2 个成键原子所共有，形成稳定的 H_2 分子，如图 8-2 所示。

其形成过程又可用电子式表示为

$$H_x + \cdot H \rightarrow H_x H$$

像氢分子这样原子间通过共用电子对形成的化学键称为共价键。不同种非金属元素化合时，它们的原子之间也能形成共价键。如氢气与氯气反应形成 HCl 的过程可用下式表示为

$$H_x + \cdot \overset{\cdot\cdot}{\underset{\cdot\cdot}{Cl}} \cdot \rightarrow H_x \overset{\cdot\cdot}{\underset{\cdot\cdot}{Cl}} \cdot$$

像 HCl 这样通过共价键结合形成的化合物称为共价化合物。Cl_2、HCl、H_2O、CH_4 等物质中也含有共价键。注意：在一些离子化合物中，可以同时存在离子键和共价键。如化合物 NaOH 中，Na^+ 与 OH^- 之间以离子键结合，而 H 和 O 之间则以共价键结合。

在化学上，常用一根短线表示一对共用电子对，这种表示分子结构的式子称为结构式，例如：

$$Cl—Cl \qquad H—Cl \qquad H\overset{O}{\diagdown}H \qquad H—\overset{\overset{H}{|}}{\underset{\underset{H}{|}}{C}}—H$$

氯气　　　氯化氢　　　水　　　　甲烷

经典共价键理论初步揭示了共价键不同于离子键的本质，但是依然存在着局限性，比如不能解释两个带负电荷的电子为什么不互相排斥而相互配对成键；不能解释原子间共用电子对如何导致生成具有一定空间构型的稳定分子，以及许多共价化合物分子中原子外层电子数虽少于 8（如 BF_3）或多于 8（如 PCl_5）仍能稳定存在。1927 年，德国化学家海特勒（W. H. Heitler）和伦敦（F. W. London）将量子力学理论应用到分子结构中，初步阐明了共价键本质，1931 年鲍林提出了杂化轨道理论，使共价键理论进一步完善。

（二）价键理论的基本要点

1. 两个原子相互接近时，只有自旋方向相反的未成对的单电子才可以配对，原子轨道重叠，核间电子云密度增大，体系能量降低，形成稳定的共价键，如氢分子的形成；若 A、B 两原子各有两个或三个未成对电子，且自旋方向相反，可以形成共价双键或叁键（如 $O=O$，$N≡N$）。若 A 有两个未成对电子，B 有一个未成对电子，则形成 AB_2 型分子（如 H_2O）。

2. 一个原子有几个未成对电子，则只能和其他原子的几个自旋方向相反的未成对的电子配对成键，即电子配对原理。在形成分子时一个电子和另一个电子配对后就不能再和其他单电子配对，如 H_2 分子中两个电子已配对，不能再结合第三个 H 原子的电子，故 H_3 不能存在。

3. 形成共价键的原子轨道重叠越多时，核间电子云密度越大，形成的共价键越牢固。除 s 轨道外，p、d、f 轨道都有方向性，所以成键原子只有沿着对称轴方向最大程度的重叠形成稳定的共价键，即原子轨道最大重叠原理。例如，在形成 HCl 分子时，H 原子的 1s 轨道和 Cl 原子的 $3p_x$ 轨道只有沿着对称轴方向最大程度重叠。如图 8-3 所示，其他方向的重叠，因原子轨道重叠很少，故不能成键。

（三）共价键的类型

根据成键时原子轨道重叠方式不同，共价键可为 σ 键和 π 键两种类型。

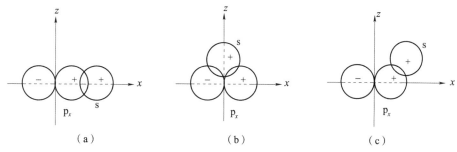

图 8-3 原子轨道最大重叠原理

1. **σ键** 成键时两原子轨道沿键轴（成键原子核间连线）方向以"头碰头"的方式发生最大程度重叠，形成的共价键，称为 σ 键。重叠程度大，较稳定，可以任意旋转，能独立存在于两原子之间。$s-s$、$s-p_x$、p_x-p_x 轨道之间可以形成 σ 键，如图 8-4（a）所示。

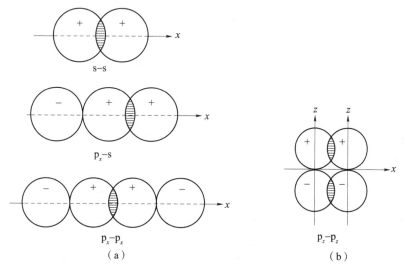

图 8-4 σ键和π键形成示意图

2. **π键** 成键时两原子轨道沿着键轴方向以"肩并肩"方式发生轨道重叠，重叠后得到的电子云图像呈镜像对称，形成的共价键称为 π 键，p_y-p_y、p_z-p_z 轨道之间可以形成 π 键，如图 8-4（b）所示。

σ 键的轨道重叠程度比 π 键大，因而 π 键不如 σ 键稳定，易断裂，有较强的化学活泼性。π 键不能单独存在，只能与 σ 键共同存在于双键或三键的分子中。

例如，N 原子的电子构型为 $1s^2 2s^2 2p_x^1 2p_y^1 2p_z^1$，3 个 2p 电子分占在 3 个相互垂直的 p 轨道。形成 N_2 分子时，2 个 N 原子的 $2p_x^1$ 轨道沿 x 轴以"头碰头"方式重叠形成一个 σ 键，而剩下的 2 个 N 原子的 $2p_y^1$ 轨道与 $2p_y^1$ 轨道，$2p_z^1$ 轨道与 $2p_z^1$ 轨道只能分别以"肩并肩"方式重叠形成两个相互垂直的 π 键，如图 8-5 所示。因此，N_2 分子由共价三键构成，其一个 σ 键和两个 π 键相结合。N_2 分子结构可用 N≡N 来表示。

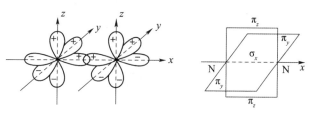

图 8-5 N_2 分子形成示意图

如果两个原子可形成多重键，其中必有一个 σ 键，其余则为 π 键，如只形成一个键，那就是 σ 键，共价分子立体构型是由 σ 键决定。

即学即练 8 –1

简要说明 σ 键与 π 键的形成和主要特征，并分析下列分子中存在何种共价键？

答案解析 (1) N_2　　　　(2) HBr

（四）配位键

配位键是一种特殊的共价键。如果是由 1 个原子单方面提供 1 对电子与另 1 个有空轨道的原子或（离子）共用而形成的共价键，称为配位键共价键，简称配位键。在配位键中，提供电子对的原子称为电子对的给予体；接受电子对的原子称为电子对的接受体。例如，NH_4^+ 的形成如下：

$$H \overset{\cdot\cdot}{\underset{\cdot\cdot}{\overset{H}{\underset{H}{\times N \colon}}}} + H^+ \longrightarrow \left[\overset{H}{\underset{H}{H \times \overset{\cdot\cdot}{N} \colon H}} \right]^+ \quad \text{结构式为} \quad \left[\overset{H}{\underset{H}{H - N \rightarrow H}} \right]^+$$

配位键常用 "→" 表示，箭头指向电子对的接受体。例如，当氨分子与氢离子作用时，氨分子里的氮原子上有 1 对没有成键的电子，习惯上称为孤对电子，氨分子上的孤对电子进入氢离子的空轨道，这 1 对电子在氮、氢原子间共用，形成配位键。

（五）共价键的特点

1. 共价键的饱和性　一个原子的未成对电子跟另一个原子自旋方向相反的电子配对成键后，不能再与其他原子的电子配对成键，即已键合的电子不能再形成新的化学键。因此，一个原子中有几个未成对电子，就只能和几个自旋方向相反的电子配对成键，这就是共价键的饱和性。

2. 共价键的方向性　每一个原子与周围原子形成的共价键之间有一定角度。根据原子轨道最大重叠原理，在形成稳定的共价键时，原子核间电子云总是尽可能沿着密度最大的方向进行重叠，这就是共价键的方向性。

二、杂化轨道理论 ⓔ微课 2

价键理论能阐明共价键的形成过程和本质，但无法解释一些分子或多原子离子的空间构型。例如 CH_4 分子形成，按照价键理论，C 原子的核外电子排布为 $1s^2 2s^2 2p_x^1 2p_y^1$，只有两个未成对电子，只能与两个 H 原子形成两个共价键，这与实验事实不符，因为 C 与 H 可形成 CH_4 分子，其空间构型为正四面体，各个 C—H 键间夹角是 109°28′。为了较好地解释多原子分子的空间构型和性质，1931 年鲍林提出杂化轨道理论，丰富和发展了现代价键理论。1953 年我国化学家唐敖庆等统一处理 s、p、d、f 轨道杂化，提出杂化轨道一般方法，进一步丰富了杂化轨道理论内容。

（一）杂化轨道理论的基本要点

1. 原子在形成分子时，中心原子所用的原子轨道不是原来的 s 轨道或 p 轨道，而是同一原子中类型不同、能量相近的原子轨道经叠加重新形成新的原子轨道——杂化轨道。这一过程称为原子轨道杂化。

2. 有几个原子轨道参加杂化，就形成几个杂化轨道。杂化轨道的成键能力增强，这是因为杂化轨道比原来的轨道更有利于原子轨道间最大程度的重叠。

3. 在成键过程中，杂化轨道的能量重新分配，形状和空间方向发生改变，不同类型的杂化轨道，具有不同的空间构型。

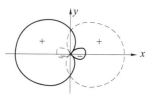

图 8-6　sp 杂化轨道示意图

例如，1 个 ns 轨道和 1 个 np 轨道杂化，叠加结果一端变大一端变小，变大的一端更容易和其他原子轨道产生最大重叠成键，如图 8-6 所示。

（二）杂化轨道的类型

根据参与杂化的原子轨道种类不同，可分为 s-p 型杂化、s-p-d 型杂化等。根据参与杂化的原子轨道数目不同，s-p 型杂化分为以下几类。

1. sp³杂化轨道　能量相近的 1 个 ns 轨道和 3 个 np 轨道，可形成 4 个等同的 sp³ 杂化轨道，每个 sp³ 杂化轨道含有 1/4 的 s 成分和 3/4 的 p 成分，杂化轨道之间的夹角为 109°28′，形成的分子呈四面体构型。

例如，CH_4 分子形成，C 原子的核外电子排布为 $2s^2 2p_x^1 2p_y^1$。C 原子杂化时，1 个 2s 电子被激发进入到 2p 轨道上，进行 sp³ 杂化，形成 4 个等同 sp³ 杂化轨道。4 个杂化轨道指向正四面体 4 个顶点，每个轨道再与 H 原子的 1s 轨道重叠形成 4 个 σ 键，生成 CH_4 分子，因为 H 原子是沿着杂化轨道伸展方向最大重叠，这决定 CH_4 的分子的空间构型为正四面体，4 个 C—H 键之间的夹角为 109°28′，其杂化过程如图 8-7 所示。

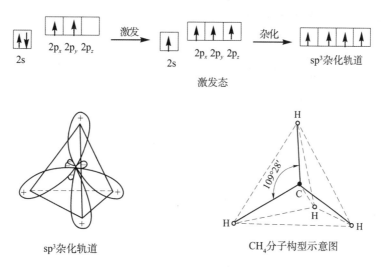

sp³杂化轨道　　　　　　　　　　CH₄分子构型示意图

图 8-7　sp³杂化轨道和 CH₄ 分子构型示意图

以上每种杂化形成的杂化轨道的能量、成分都是完全相同的，其成键能力必然相等，这样的杂化轨道称为等性杂化轨道。

2. sp²杂化轨道　能量相近的 1 个 ns 轨道和 2 个 np 轨道，可形成 3 个等同的 sp² 杂化轨道，每个 sp² 杂化轨道含有 1/3 的 s 成分和 2/3 的 p 成分，杂化轨道之间的夹角为 120°，形成的分子呈平面三角形构型。

例如，BF_3 分子的形成，基态 B 原子外层电子构型为 $2s^2 2p_x^1$，在 F 原子的影响下，B 的一个 2s 电子被激发到空的 2p 轨道上，B 原子处于激发态 $1s^2 2s^2 2p_x^1 2p_y^1$。B 原子的 2s 轨道与 2 个含有成单电子的 2p 轨道发生杂化，形成 3 个等同 sp² 杂化轨道。指向平面三角形的 3 个顶点，分别与 3 个 F 的 2p 轨道重叠，形成 3 个（sp²-p）σ 键，杂化轨道间的夹角为 120°。所以，BF_3 分子呈平面三角形。实验证明，B

原子位于中心，3 个 F 原子位于三角形顶点，与事实完全相符，其杂化过程如图 8-8 所示。

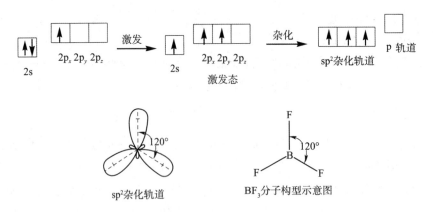

图 8-8   sp^2 杂化轨道及 BF$_3$ 分子构型示意图

3. sp 杂化轨道   能量相近的 1 个 ns 轨道和 1 个 np 轨道杂化，形成两个能量、形状完全相同的等同的 sp 杂化轨道，每个 sp 轨道中含有 1/2 的 s 成分和 1/2 的 p 成分，2 个杂化轨道的对称轴在同一直线上，杂化轨道之间夹角为 180°，形成的分子呈直线型构型。

例如，气态 BeCl$_2$ 分子的形成，基态 Be 原子的外层电子构型为 2s^2，由于 Be 的一个 2s 电子获得能量被激发进入 2p 轨道，杂化形成 2 个等价的 sp 杂化轨道，Be 原子的 2 个 sp 杂化轨道分别与两个 Cl 原子的 3p 轨道重叠生成 2 个 σ 键，所有 BeCl$_2$ 分子的空间构型呈直线型，其杂化过程如图 8-9 所示。

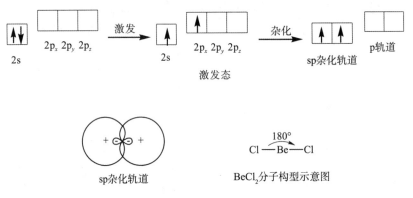

图 8-9   sp 杂化轨道及 BeCl$_2$ 分子构型示意图

4. 不等性杂化   如果在杂化轨道中有不参加成键的孤对电子，使得各杂化轨道的成分和能量不完全相同，这种杂化称为不等性杂化，如 H$_2$O、NH$_3$ 分子就属于这一类。

基态 N 原子的外层电子构型为 2s^{2}2p$_x^1$2p$_y^1$2p$_z^1$，成键时这 4 个价电子轨道形成了 sp^3 杂化，得到 4 个 sp^3 杂化轨道，其杂化过程如下：

其中有 3 个 sp^3 杂化轨道分别被未成对电子占有，和 3 个 H 原子的 1s 电子形成 3 个 σ 键，另一个 sp^3 杂化轨道则为孤对电子所占有，该孤对电子未参与成键，故较靠近 N 原子，其电子云较密集于 N 原子的周围，从而对其他 3 个被成键电子对占有的 sp^3 杂化轨道产生较大排斥作用，键角被压缩到 107°20′，

故 NH_3 分子呈三角锥形，如图 8 – 10 所示。

H_2O 分子中 O 原子的价电子结构是 $2s^2 2p^4$。1 个 2s 轨道和 3 个 2p 轨道形成 4 个 sp^3 杂化轨道，其中 2 个杂化轨道各有 1 对孤对电子所占据，不参与成键；另外 2 个杂化轨道各有 1 个成单电子，这 2 个杂化轨道分别与 2 个 H 原子的 1s 轨道形成 2 个 sp^3 – s 的 σ 键。2 对孤对电子的轨道在原子核周围所占的空间位置较大，它们排斥挤压成键电子对，导致 σ 键的夹角被压缩到 104°30′。因此，H_2O 分子的空间构型呈 V 型，如图 8 – 11 所示。

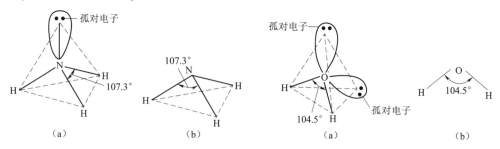

|（a）|（b）| |（a）|（b）|

图 8 – 10　NH_3 分子空间构型　　　　　图 8 – 11　H_2O 分子空间构型

这里需要说明，除了上述 ns 和 np 可以进行杂化外，nd、$(n-1)d$、$(n-1)f$ 原子轨道也同样可以参与杂化。

即学即练 8 – 2

试用杂化轨道理论说明 CF_4 和 PH_3 分子中，C 和 P 可能的杂化类型和分子的几何构型。

答案解析

三、共价键的键参数

表征化学键性质的物理量称为键参数。键能、键长、键角和键的极性是共价键的主要的键参数。

1. 键能（E）　是用来描述化学键强弱的物理量。在 298.15K 和 101.3kPa 标准状态下，将 1mol 理想气态 AB 分子解离为理想气态 A、B 原子所需要的能量，称为 AB 的解离能（D），称为键能，单位为 kJ/mol。

不同类型的化学键有不同的键能，键能越大，表明键愈牢固，由该键构成的分子也就越稳定。

对于双原子分子，键能等于解离能，单位为 kJ/mol，例如：

$H_2(g) \longrightarrow 2H(g)$ 　　　　　　　　　　　$E_{H-H} = D_{H-H} = 431 kJ/mol$

$HCl(g) \longrightarrow H(g) + Cl(g)$ 　　　　　　　$E_{H-Cl} = D_{H-Cl} = 431 kJ/mol$

对于 A_mB 或 AB_n 类型的多原子分子，键能在数值上等于 m 个或 n 个键的解离能的平均值，例如：

$NH_3(g) \longrightarrow NH_2(g) + H(g)$ 　　　　　$D_1 = 435 kJ/mol$

$NH_2(g) \longrightarrow NH(g) + H(g)$ 　　　　　　$D_2 = 398 kJ/mol$

$NH(g) \longrightarrow N(g) + H(g)$ 　　　　　　　$D_3 = 339 kJ/mol$

在 NH_3 分子中，N—H 键的键能等于 3 个 N—H 键解离能的平均值即

$$E_{N-H} = \frac{(D_1 + D_2 + D_3)}{3} = 391 \ (kJ/mol)$$

键能数据由热力学和光谱法测定，常见的键能列于表 8 – 1 中。

表 8-1　某些键的键能数据（单位：kJ/mol）

键	键能	键	键能	键	键能
H—H	432	B—B	293	N—F	283
F—F	415.8	F—H	565	P—F	490
Cl—Cl	239.7	Cl—H	428.02	O—Cl	218
Br—Br	190.16	Br—H	362.3	S—Cl	255
I—I	148.95	I—H	294.6	N—Cl	313
O—O	~142	O—H	458.8	P—Cl	326
S—S	268	S—H	363.5	C—Cl	327.2
N—N	167	N—H	386	Si—Cl	-381.0
N≡N	941.69	C—H	411	N—Cl	201

一般来说，键能越大，相应的共价键越牢固，组成的分子越稳定。

2. 键长（l）　是衡量分子中两个成键原子核间平均距离的物理量，单位为 pm。一般成键原子的半径越小，成键的电子对越多，其键长越短，键能越大共价键越牢固；键长越长，表明键能越小，共价键越不稳定。

3. 键角（α）　是衡量分子中键与键之间夹角的物理量，它是反映分子空间构型的重要参数。如 H_2O 分子键角为 104°30′，决定了 H_2O 分子为 V 形结构；CO_2 分子键角为 180°，表明 CO_2 分子为直线型结构。根据分子中的键长和键角可确定分子的空间构型。常见分子的键角和几何构型见表 8-2。

表 8-2　某些分子键角、键长和几何构型

分子式	键角	键长（pm）	分子几何构型
H_2O	104°30′	98	V 形
CO_2	180°	121	直线形
NH_3	107°20′	107	三角锥形
CH_4	109°28′	109	正四面体
BF_3	120°	130	平面三角形

4. 共价键的极性　取决于成键原子电负性的差值，相同原子形成的共价键，2 个原子的电负性相同，共用电子对不偏向任何 1 个原子，这种共价键称为非极性共价键，简称非极性键，如 H_2、O_2、N_2 等双原子分子中的共价键；电负性不同的原子形成共价键。共用电子对偏向电负性相较大的原子，因此，电负性较大的原子带部分负电荷，电负性较小的原子带部分正电荷，使正、负电荷的中心不重合，这中共价键称为极性共价键，简称极性键。例如，在 HCl 分子（H—Cl 键是极性键）中，共用电子对偏向 Cl 原子一端，使 Cl 原子带部分负电荷，H 原子带部分正电荷。显然，两原子电负性差值越大，共价键极性越强。如 H—F 键的极性大于 H—Cl 键的极性。

四、原子晶体

原子晶体的晶格质点是原子。原子晶体中，若组成晶格的质点是原子，相邻原子之间通过共价键结合而成的空间网状结构的晶体称为原子晶体，例如金刚石、SiO_2 等。在金刚石中，碳原子采取 sp^3 杂化，每个碳原子都处于与它直接相连的 4 个碳原子所组成的正四面体的中心，组成了原子晶体。由于原子晶

体中原子之间的共价键很牢固，所以原子晶体熔点、沸点较高，硬度较大，不导电。例如，金刚石的熔点为 3849K，是硬度最大的物质。

PPT

第三节 分子间作用力与氢键

分子间作用力是 1873 年由荷兰物理学家范德华（van der Waals）首先提出，故又称范德华力。分子间作用力强度远小于化学键，只有化学键键能的 1/100 ~ 1/10。原子结合成分子后，分子之间主要是通过分子间作用力结合成物质，物质固液气态变化、溶解度等物理性质均与分子间作用力有关。分子间作用力本质上也属于一种静电引力，其大小不仅与分子结构有关，也与分子极性有关。

一、分子的极性 微课3

共价键分为极性共价键和非极性共价键。分子从总体上看是不显电性的，但因为分子内部电荷分布情况不同，分子可分为非极性分子和极性分子，分子内正负电荷重心重合的分子称为非极性分子，分子内正负电荷重心不重合的分子称为极性分子。

对于双原子分子，分子的极性与共价键的极性是一致的。以非极性共价键构成的分子都是非极性分子。如 H_2 分子，两个氢原子是以非极性共价键结合的，共用电子对不偏向任何 1 个氢原子，整个分子电荷分布均匀，正负电荷中心重合，所以 H_2 是非极性分子，又如 O_2、Cl_2、N_2 等均为非极性分子。以极性键结合的双原子分子都是极性分子，如 HCl 分子，两个原子以极性共价键结合，共用电子对偏向 Cl 原子一端带部分负电荷，H 原子一端带部分正电荷，整个分子电荷分布不均匀，正负电荷重心不重合，所以 HCl 分子是极性分子，又如 HF、HBr、HI 等均为极性分子。

对于多原子分子，分子的极性与共价键的极性不一定一致。一般非极性键组成的多原子分子，也是非极性分子（O_3 除外），如 P_4。

极性键组成的分子是否有极性，除了与分子中化学键有关外，还要考虑分子的空间构型。分子空间构型均匀对称，键的极性可互相抵消的是非极性分子，如 AB_2 型的直线构型分子 CO_2；AB_3 型的平面正三角形分子 BF_3；AB_4 型的正四面体结构分子 CH_4 等。因此它们是非极性分子。

分子空间构型不对称或中心原子具有孤对电子或配位原子不完全相同的多原子分子为极性分子。如 V 形构型的 H_2O 和三角锥形构型的 NH_3 以及不规则四面体分子 $CHCl_3$ 等分子中，键的极性不能互相抵消，因此都是极性分子。

分子极性的大小常用偶极矩来衡量，用符号 μ 表示，其单位为 C·m（库仑米）。偶极矩是一个矢量，其方向是从正电荷重心指向负电荷重心。

$$\mu = qd \qquad (8-2)$$

式中，q 为正电荷重心或负荷重心的电量；d 为正、负电荷重心的距离，又称偶极长度（图 8-12）；μ 可通过实验测得，$\mu = 0$，分子是非极性分子。μ 越大，分子极性越强。

分子的结构决定物质的性质，分子的极性与分子的空间结构密切相关，例如，CH_4 和 NH_3 都采用 sp^3 杂化轨道成键，但 CH_4 是正四面体结构，为非极性分子，难溶于水。而 NH_3 是三角锥形，为极性分子，易溶于水。

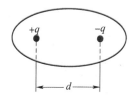

图 8-12 偶极长度和偶极矩

即学即练 8-3

请指出下列分子中哪些是极性分子，哪些是非极性分子？

HCl、CO_2、$CHCl_3$、NCl_3、BCl_3

答案解析

二、分子间作用力

分子间作用力实际上是一种电性的吸引力，根据产生的原因和特点不同，分子间作用力可分为取向力、诱导力、色散力。

（一）取向力

极性分子由于正、负电荷重心不重合，一端带正电荷，另一端带负电荷，形成偶极，存在着永久偶极。当极性分子相互接近时，分子间按同极相斥、异极相吸的状态取向，处于异极相邻的状态会产生静电作用力，如图 8-13 所示。这种由于极性分子的偶极定向排列，而产生的静电作用力，即靠永久偶极产生的相互作用力称为取向力。分子极性愈大，分子所带的部分电荷越大，取向力愈大。

（二）诱导力

当极性分子与非极性分子靠近时，可将永久偶极看成是一个外电场，由于极性分子的影响，使非极性分子电子云与原子核发生相对位移，产生了诱导偶极，在极性分子的永久偶极与非极性分子的诱导偶极之间产生静电作用力，如图 8-14 所示。这种由极性分子的永久偶极与非极性分子的诱导偶极之间产生的作用力称为诱导力。极性分子间既具有取向力，又具有诱导力。

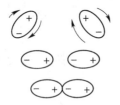

图 8-13 极性分子与极性分子产生取向力的示意图

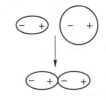

图 8-14 极性分子和非极性分子产生诱导力的示意图

（三）色散力

存在于任何分子间。当非极性分子相互接近时，非极性分子由于电子的运动及原子核的不断振动，经常发生瞬间正、负电荷重心的相对位移，产生瞬时偶极，如图 8-15 所示。瞬时偶极会诱导邻近分子产生与它相吸引的瞬时偶极，由于瞬时偶极之间的不断重复作用，使得分子之间始终存在着引力，这种分子间由于瞬时偶极而产生的作用力称为色散力。影响色散力大小的主要因素是分子的变形性，分子的相对分子质量愈大愈易变形，从而色散力也愈大。

图 8-15 非极性分子之间产生色散力的示意图

综上所述，在非极性分子与非极性分子之间，只存在色散力；在极性分子与非极性分子之间，存在色散力和诱导力；而极性分子与极性分子之间存在色散力、诱导力和取向力。

这三种类型的力的比例大小，取决于相互作用分子的极性和变形性，极性越大，取向力越大；变形性越大，色散力越大；诱导力则与这两种因素都有关。但对大多数分子来说，色散力是主要的。分子间作用力大小可从作用能反映出来。

物质的分子之间存在着相互作用力，这是分子聚集成液体或固体的原因。分子间作用力主要影响物质的物理性质，如沸点、熔点、溶解度等，一般分子间作用力越大的物质，其液体的沸点、熔点较高。相同类型的单质（如卤素、稀有气体）和相同类型的化合物（如卤化氢）中，其沸点和熔点一般随相对分子质量的增大而依次递增，主要原因是它们的分子间作用力随分子量的增而增大。

即学即练 8 - 4

为什么常温下 F_2 和 Cl_2 为气体，Br_2 为液体，而 I_2 为固体？

答案解析

三、氢键

通常结构相似的物质，其熔点、沸点随着相对分子质量的增大而增大。但有些氢化物的熔点、沸点出现了反常现象。如 HF 的沸点在卤素的氢化物中却出现了反常现象：

HX：	HF	HCl	HBr	HI
沸点：	19.54℃	-84.9℃	-67.0℃	-35.38℃

HF 的沸点比同族其他元素 HX 高出很多，这是因为 HF 分子之间除分子间力外，还存在氢键。

（一）氢键的形成

当 H 原子与电负性很大、原子半径很小的 X 原子（如 F、O、N）形成强极性的共价键时，存在于两核间的电子云强烈地偏移于 X 原子，使该原子带有部分负电荷，H 原子几乎成为"裸露"的质子。H 有很强的正电性，这个 H 原子还能与另一个电负性大、半径小且在外层有孤对电子的 Y 原子（如 F、O、N 等）相互作用，产生较大的静电引力，这种作用力称为氢键。

氢键可用 X—H…Y 来表示，虚线表示氢键，X、Y 可以是同种元素的原子，如 F—H…F、O—H…O，也可以是不同元素的原子，如 N—H…O。

形成氢键 X—H…Y 的条件是：形成氢键的元素 X、Y 应具备电负性很大、原子半径小且有孤对电子的特点，通常为 F、O、N 等原子（Y 可以是分子、离子、含孤对电子的原子以及含 π 键的分子）。

（二）氢键的类型

氢键可存在于同种分子间、不同种分子间或分子内部基团之间。因此，氢键可分为分子间氢键和分子内氢键两种类型。例如，氟化氢、氨水中的分子间氢键：

例如，硝酸、邻羟基苯甲酸中的分子内氢键：

（三）氢键对物质的物理性质的影响

氢键是一种特殊的作用力，氢键的键能一般在 42kJ/mol 以下，比一般范德华力大，对物质物理性质均有较大影响。

1. 氢键对物质熔点和沸点的影响　存在分子间氢键的化合物，其熔点、沸点会升高许多。ⅣA ~ ⅦA族氢化物沸点变化情况，如图 8-16 所示。

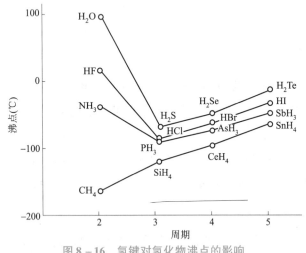

图 8-16　氢键对氢化物沸点的影响

如果化合物分子内形成氢键，会使分子极性下降，熔点、沸点不会上升，反而会下降。例如，邻硝基苯酚可形成分子内氢键，其熔点为 44 ~ 45℃，沸点为 216℃，；对硝基苯酚只能形成分子间氢键，不能形成分子内氢键，其熔点为 114 ~ 116℃，沸点为 279℃。

2. 氢键对物质溶解度的影响　在极性溶剂中，如果溶质分子和溶剂分子间存在氢键，则会增大溶质的溶解度。这就是甲醇、乙醇能与水以任何比例混溶的原因。如果溶质分子内形成氢键，会使其分子极性下降，按照相似相溶原理，在极性溶剂中，其溶解度会降低，而在非极性溶剂中，其溶解度会增大，间苯二酚因分子内两个羟基（—O—H）能相互形成氢键，所以其在苯中溶解度比在水中溶解度大得多。

 实例分析

实例　乙醇，俗称酒精，能与水以任意比互溶，一般有机物大多数难溶于水。根据相似相溶原理，由于极性分子间电性作用，使得极性分子组成的溶质易溶于极性分子组成的溶剂，难溶于非极性分子组成的溶剂，非极性分子组成的溶质易溶于非极性分子组成的溶剂，难溶于极性分子组成的溶剂，乙醇分子式为 CH_3CH_2OH，属于极性较强的分子。因此可以溶于极性分子水中，乙醇和水相似，都具有 O—H 极性键，它们之间形成氢键而发生缔合现象，成为缔合分子。

问题　1. 如何确定分子极性？

　　　2. 什么样的分子可以形成氢键？

即学即练 8 - 6

判断下列各组分子间存在何种形式的分子间作用力？

(1) NH₃ 与 H₂O   (2) CCl₄ 与 H₂O   (3) CCl₄ 与 CS₂   (4) HCl 气体

答案解析

四、分子晶体

分子晶体的晶格质点是分子。分子晶体中，分子间以微弱的分子间力相互结合形成的晶体称为分子晶体。由于分子间作用力比共价键和离子键弱得多，所以分子晶体熔点、沸点较低，硬度很小。在降温凝聚时，非金属单质和某些化合物可以形成分子晶体，例如，Cl_2、CO_2 等。分子溶解性决定于分子的极性，遵循"相似相溶"原理，其固态或熔融状态下均不导电，分子不带电。

 知识链接

分子光谱

原子光谱是由气态原子或离子外层电子在不同能级之间跃迁而产生的光谱。分子光谱则是由分子外层电子跃迁或分子内部振动转动能级跃迁而产生的光谱。原子光谱是线状光谱，各谱线不连续间隔较大。分子光谱则是由分子中电子能级、振动和转动能级跃迁产生，这些能级都是量子化，电子能级间隔较大，振动和转动能级间隔较小，在电子能级跃迁过程中，还会伴随有振动能级和转动能级跃迁，因而产生一系列谱线，并连成谱带，因此分子光谱是带状光谱，分子吸收光谱可分为分子吸收光谱和分子发射光谱。

分子光谱对于确定物质分子结构和量子力学的发展起了关键性作用。对天体物理学、等离子体和激光物理等有极其重要意义，目前利用分子光谱建立的分析方法种类很多，如紫外 – 可见吸收光谱法（UV – Vis）、红外吸收光谱法（IR）、分子荧光光谱法（MFS）、分子磷光光谱法（MPS）、核磁共振波谱（NMR）等，这些方法在医药学、食品、环保、化工和能源等领域均具有重要应用。

 **目标检测**

答案解析

一、单项选择题

1. H_2 分子之间存在的作用力是（   ）。

 A. 氢键   B. 取向力   C. 诱导力   D. 色散力

2. 下列物质中，分子间仅存在色散力的是（   ）。

 A. HBr   B. NH_3 C. H_2O D. CH_4

3. H_2O 的熔点比氧族其他元素氢化物的熔点高，其原因是分子间存在（   ）。

 A. σ 键   B. π 键   C. 键能高   D. 氢键

4. 已知 $BeCl_2$ 是直线分子，则 Be 采取的杂化方式是（   ）。

 A. sp^3 等性杂化   B. sp^2 C. sp   D. sp^3 不等性杂化

5. 下列分子中，极性最小的是（　　）。

    A. H—I   B. H—Br   C. H—Cl   D. H—F

6. 某已知 BF_3 分子中，B 以 sp^2 杂化轨道成键，则该分子的空间构型是（　　）。

    A. 三角锥型   B. 四面体

    C. 直线型   D. 平面三角型

7. 原子结合成分子的作用力是（　　）。

    A. 分子间作用力   B. 氢键

    C. 核力   D. 化学键

8. 下列物质中既含离子键又含共价键的是（　　）。

    A. H_2O B. NaOH   C. CH_3Cl D. SiO_2

9. 下列元素中，电负性最大的是（　　）。

    A. Cl   B. K   C. Na   D. S

10. 水的沸点反常高的原因是分子间存在（　　）。

    A. 取向力   B. 诱导力   C. 色散力   D. 氢键

11. 下列分子，化学键有极性，分子也有极性的是（　　）。

    A. CO_2 B. NH_3 C. BF_3 D. SiF_4

12. sp^3 杂化轨道的空间构型是（　　）。

    A. 直线型   B. 正三角形

    C. 正四面体   D. 三角锥形

13. 下列物质中存在分子间氢键的是（　　）。

    A. HCl   B. HF   C. CH_4 D. CO_2

二、填空题

1. 化学键分为_____键、_____键和_____键。

2. 共价键具有_____性和_____性。

3. 原子轨道沿两核连线以"头碰头"方式重叠形成的共价键，称为_____键，以"肩并肩"方式重叠形成的共价键，称为_____键。

4. SO_2 是_____分子，CO_2 是_____分子，NF_3 是_____分子，BF_3 是_____分子（填"极性"或"非极性"）。

5. 形成配位键必须具备的两个条件：即_____和_____。

三、简答题

1. 共价键的轨道重叠方式有哪几种？

2. 举例说明什么是 σ 键，什么是 π 键？它们有哪些不同？

3. 什么叫作氢键？哪些分子间易形成氢键？形成氢键对物质性质有何影响？

4. 试分析下列化合物形成时采用的杂化类型及其空间构型。

    CH_4、BCl_3、$BeCl_2$、H_2O

5. 下列分子间存在何种形式的分子间作用力？

    （1）乙醇和水   （2）苯和 CCl_4 （3）HBr 气体

书网融合……

知识回顾　　　微课1　　　微课2　　　微课3　　　习题

（姜　斌）

学习引导

配位化合物简称配合物，旧称络合物，原指复杂的化合物。研究配合物的结构、性质、制备及其变化规律的化学称为配位化学。配合物与医药关系密切，在医学上常用配位化学的原理，引入金属元素以补充体内某元素的不足；配合物为药物用来排除体内过量或有害元素以及治疗各种金属代谢障碍性疾病。一系列金属配合物具有杀菌、抗病毒和抗癌的生理作用。同时，在药物分析、新药的研制和开发等方面，配合物的应用也十分广泛。因此，研究配合物的结构及其性质是医药类专业化学学习中的非常重要的内容之一。

本章主要介绍配合物的基本概念、配位平衡及配合物在医药学上的应用。

学习目标

1. **掌握**　配合物的概念、组成、命名及其稳定性。
2. **熟悉**　配合物的类型、稳定常数、配位平衡的移动。
3. **了解**　配合物在医药中的应用。

第一节　配合物的基本概念

PPT

一、配合物及其组成 ❷ 微课1

（一）配合物的概念

在 $CuSO_4$ 溶液中滴加稀 NaOH 溶液，生成天蓝色沉淀，再继续加入过量的氨水，最终天蓝色沉淀溶解得到深蓝色溶液。经分析证明，此深蓝色的物质是一种复杂的离子，称为四氨合铜（Ⅱ）配离子 $[Cu(NH_3)_4]^{2+}$。再加入少量的氢氧化钠溶液，此深蓝色溶液没有变化，说明溶液中 Cu^{2+} 的浓度极低，不会形成氢氧化铜沉淀，证实了这种复杂离子比较稳定，在水中较难解离。

进一步分析 $[Cu(NH_3)_4]^{2+}$ 的结构可知，每个 NH_3 分子中的 N 原子均提供一对孤对电子，进入 Cu^{2+} 外层的空轨道，形成 4 个配位键。可以看出，此复杂离子的核心部分是以配位键相连，故称配离子。

这种由一个金属阳离子（或原子）和一定数目的中性分子或阴离子以配位键结合而成的复杂离子（或分子），称为配离子（或配位分子）。含有配离子的化合物或配位分子统称为配位化合物，简称配合物，如 $[Cu(NH_3)_4]SO_4$、$[Pt(NH_3)_2Cl_2]$、$K_3[Fe(CN)_6]$ 等都是配位化合物。

应该指出的是，有些化合物，例如明矾 $KAl(SO_4)_2 \cdot 12H_2O$，铁铵矾 $NH_4Fe(SO_4)_2 \cdot 12H_2O$，光卤石 $KCl \cdot MgCl_2 \cdot 6H_2O$ 等，这些看似复杂的化合物，是由两种或两种以上的简单盐类组成的同晶型化合物，在水溶液中，只含 K^+、Mg^{2+}、Al^{3+}、NH_4^+、Fe^{3+}、Cl^-、SO_4^{2-} 等简单离子，而无复杂的配离子存在，它们不是配合物，这类化合物称为复盐。

（二）配合物的组成

大多数配合物分为内界和外界两个组成部分。内界是配离子，外界是带相反电荷的离子。内界由中心原子（中心离子）和配体组成。外界多是一些简单离子。现以配合物 $[Cu(NH_3)_4]SO_4$ 为例，说明配合物的结构和组成。

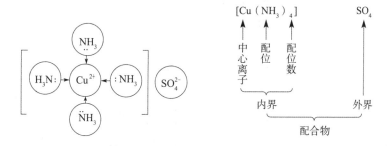

1. 中心原子（也称为中心离子） 一般是金属阳离子，特别是过渡金属离子为多，如 Cu^{2+}、Fe^{3+}、Ag^+、Zn^{2+}；也有电中性的原子，如 $[Ni(CO)_4]$ 中的 Ni 原子。中心原子位于配合物的中心，一般具有较高的有效核电荷，原子核外有能成键的空轨道，是电子对的接受体。

2. 配体和配位原子 在配合物中与中心原子以配位键相结合的中性分子或阴离子称为配位体，简称配体。常见的配体有 NH_3、H_2O、SCN^-、Cl^-、CN^- 等。配体中能提供孤对电子并与中心原子形成配位键的原子称为配位原子，如 NH_3 中的 N 原子、H_2O 中的 O 原子、SCN^- 中的 S 原子、CN^- 中的 C 原子。配位原子通常是电负性较大的非金属元素的原子，如 F、Cl、Br、I、N、O、S、C 等。另外，还有有机配体：醇、酚、醚、醛、酮、羧酸、胺、氨基酸等。

根据配体中配位原子的数目，可将配体分为单齿配体（也称为单基配体）和多齿配体（也称为多基配体）两类。只含有一个配位原子与中心原子以配位键结合的配体称为单齿配体，如 X^-、CN^-、SCN^-、NH_3、H_2O 等，其配位原子分别是 X、C、S、N、O；一个配体中含有两个或两个以上的配位原子同时与中心原子以配位键结合的配体称为多齿配体。如乙二胺（$H_2N-CH_2-CH_2-NH_2$，简写为 en）、乙二酸（HOOC—COOH，简写为 ox）、氨基乙酸（H_2N-CH_2-COOH，简写为 gly），这三个配体中都含有两个配位原子，为二齿配体；乙二胺四乙酸（简称 EDTA，简写为 H_4Y）中含六个配位原子，为六齿配体。乙二胺四乙酸的结构如下：

$$
\begin{array}{ccccc}
& O & & & O \\
& \parallel & & & \parallel \\
HO-C-CH_2 & & & CH_2-C-OH \\
& \searrow & & \swarrow & \\
& N-CH_2-CH_2-N & \\
& \nearrow & & \nwarrow & \\
HO-C-CH_2 & & & CH_2-C-OH \\
& \parallel & & & \parallel \\
& O & & & O
\end{array}
$$

乙二胺四乙酸的结构

3. 配位数 在配合物中，直接与中心原子结合成配位键的配位原子总数称为该中心原子的配位数。

如果配体都是单齿配体，则配位数与配体数目相等，如在 $[Cu(NH_3)_4]SO_4$ 中 Cu^{2+} 的配位数为 4；若配体中有多齿配体，则配位数是其结合的配位原子的总数，如在 $[Cu(en)_2]^{2+}$ 中，乙二胺是二齿配体，所以 Cu^{2+} 的配位数是 4 而不是 2。若配体有两种或两种以上，则配位数是配位原子数之和，如 $[Pt(NO_2)_2(NH_3)_4]Cl_2$ 中 Pt^{4+} 的配位数是 6。

中心原子的常见配位数为 2（如 Ag^+、Cu^+、Au^+ 等）、4（如 Cu^{2+}、Zn^{2+}、Hg^{2+}、Ni^{2+}、Co^{2+} 等）、6（如 Fe^{3+}、Fe^{2+}、Co^{2+}、Co^{3+}、Cr^{3+} 等）。中心原子的配位数与中心原子的半径和电荷数有关，还与配体的半径、电荷数及形成条件（如温度和浓度）有关。

4. 内界（配离子或配位分子）　中心原子与配体以配位键结合形成配离子或配位分子，称为配合物的内界。书写内界时，用方括号 $[\ ]$ 括起来。配离子的电荷数等于中心原子电荷数与配体电荷数的代数和。例如，$[Fe(CN)_6]^{3-}$ 配离子的电荷数为 $+3+(-1)\times6=-3$，$[Cu(NH_3)_4]^{2+}$ 配离子的电荷数为 $+2+0\times4=+2$。因此若已知配离子和配体的电荷数，也可推算出中心原子的氧化数。反之，知道了中心原子的氧化数和配体的电荷数，就能推算出配离子的电荷数。

由于配合物是电中性的，也可根据外界离子的电荷数来确定配离子的电荷数，如 $K_3[Fe(CN)_6]$ 和 $K_4[Fe(CN)_6]$ 中，配离子的电荷数分别为 -3 和 -4。

5. 外界　配合物中与配离子带相反电荷的离子称为配合物的外界。外界离子通常是带正、负电荷的简单离子或原子团，如 SO_4^{2-}、Cl^-、NO_3^-、K^+、Na^+。$[Cu(NH_3)_4]SO_4$ 的外界是 SO_4^{2-}。

在配合物中，内界与外界之间以离子键相结合，大多数的易溶配合物在水溶液中易解离出配离子（内界）和外界离子。内界（配离子或配位分子）中的中心原子与配体之间以配位键相结合，在水溶液中较稳定，很难解离出中心原子和配体。配离子与外界离子所带的电荷数量相等而电性相反，整个配合物是呈电中性的。

即学即练 9-1

答案解析

在 $[Co(NH_3)_3(H_2O)Cl_2]Cl$ 分子中，中心原子是＿＿＿＿＿＿，配位体是＿＿＿＿＿，配位原子是＿＿＿＿＿，配位数是＿＿＿＿＿，内界是＿＿＿＿＿，外界是＿＿＿＿＿，配位体与中心原子间以＿＿＿＿＿键相结合，内界与外界间以＿＿＿＿＿键相结合。

二、配合物的命名 　e 微课2

由于配合物比较复杂，命名也比较困难，至今仍然有一些配合物还在沿用习惯名称，例如把 $K_4[Fe(CN)_6]$ 称为亚铁氰化钾（或黄血盐），$K_3[Fe(CN)_6]$ 称为铁氰化钾（或赤血盐），$[Ag(NH_3)_2]^+$ 称为银氨配离子，$[Cu(NH_3)_4]^{2+}$ 称为铜氨配离子等。由于大量复杂配合物的不断涌现，有必要进行系统命名。下面仅对比较简单的配合物命名原则予以介绍。

（一）配离子的命名

配离子依照如下顺序命名：配位数（用中文小写数字一、二、三等表示）→配体名称→合→中心原子名称→中心原子氧化数（罗马数字加圆括号）。

在配合物中若有多种配体，不同的配体之间以小圆点"·"分开。命名时应注意以下几点。

（1）一般先无机配体，后有机配体（复杂配体写在圆括号内，以免混淆）。

（2）先阴离子配体，后中性分子配体。

（3）同类配体即均为阴离子或均为中性分子，则按配位原子元素符号的英文字母顺序排列。例如：

$[Cu(NH_3)_4]^{2+}$	四氨合铜（Ⅱ）配离子
$[Ag(NH_3)_2]^+$	二氨合银（Ⅰ）配离子
$[Fe(CN)_6]^{3-}$	六氰合铁（Ⅲ）配离子
$[Fe(CN)_6]^{4-}$	六氰合铁（Ⅱ）配离子
$[Cu(en)_2]^{2+}$	二（乙二胺）合铜（Ⅱ）配离子
$[Co(NH_3)_4Cl_2]^-$	二氯·四氨合钴（Ⅲ）配离子
$[Co(NH_3)_3(H_2O)Cl_2]^-$	二氯·三氨·一水合钴（Ⅲ）配离子

（二）配合物的具体命名

配合物的命名服从一般无机化合物命名原则，即阴离子名称在前，阳离子名称在后。

1. 若配离子的内界为阴离子时，称为"某酸""某酸某"。例如：

$H_2[PtCl_6]$	六氯合铂（Ⅳ）酸
$K_4[Fe(CN)_6]$	六氰合铁（Ⅱ）酸钾
$K_3[Fe(CN)_6]$	六氰合铁（Ⅲ）酸钾
$NH_4[Cr(SCN)_4(NH_3)_2]$	四硫氰·二氨合铬（Ⅲ）酸铵

2. 若配离子的内界是阳离子时，相当于盐（或碱）中的金属阳离子，称"某化某""某酸某"或"氢氧化某"等。例如：

$[Pt(NH_3)_4Cl_2]Cl_2$	二氯化二氯·四氨合铂（Ⅳ）
$[Co(NH_3)_3(H_2O)Cl_2]Cl$	氯化二氯·三氨·一水合钴（Ⅲ）
$[Cu(NH_3)_4]SO_4$	硫酸四氨合铜（Ⅱ）
$[Ag(NH_3)_2]OH$	氢氧化二氨合银（Ⅰ）
$[Cu(en)_2](OH)_2$	氢氧化二（乙二胺）合铜（Ⅱ）
$[Pt(NH_3)_4(NO_2)Cl]CO_3$	碳酸一氯·一硝基·四氨合铂（Ⅳ）

3. 配位分子。

$[Pt(NH_3)_2Cl_2]$	二氯·二氨合铂（Ⅱ）
$[Fe(CO)_5]$	五羰基合铁

答案解析

即学即练9-2

命名下列配合物和配离子。

（1）$(NH_4)_3[SbCl_6]$　　（2）$Li[AlH_4]$　　（3）$[Co(en)_3]Cl_3$

（4）$[Co(H_2O)_4Cl_2]Cl$　　（5）$[Co(NO_2)_6]^{3-}$　　（6）$[Co(NH_3)_4(NO_2)Cl]^+$

三、配合物的类型

配合物在自然界中广泛存在，范围很广，种类很多，按中心原子的数目、配体的种类，可将配合物大致分为简单配合物、螯合物和多核配合物等不同类型，下面主要介绍常见的简单配合物和螯合物。

（一）简单配合物

简单配合物是由一个中心原子与若干个单齿配体所形成的配合物。其配体大多数是简单的无机分子或离子（如 NH_3、H_2O、X^- 等）。简单配合物中无环状结构，由于这类配合物配体数量较多，在溶液中通常是逐级形成和逐级解离。根据配体种类的多少，简单配合物又可分为单纯配体配合物如 $[Cu(NH_3)_4]SO_4$、$K_2[HgI_4]$ 等，混合配体配合物如 $[Pt(OH)_2(NH_3)_2]$、$[Co(NH_3)_3(H_2O)Cl_2]Cl$ 等。

（二）螯合物

1. 螯合物的形成　螯合物是由一个中心原子与多齿配体成键形成的具有环状结构的配合物。在生物体内存在的配合物，其多齿配体大多数是有机化合物。这些有机配体通常含有 2 个或 2 个以上的配位原子，它们属于多齿配体，可与中心原子形成具有特殊稳定性的配合物。

能形成螯合物的多齿配体称为螯合剂。如螯合剂乙二胺（en）就是一种双齿配体，当乙二胺分子和铜离子配合时，乙二胺两个氨基上的氮原子，可各提供一对未共用的电子对与中心原子配合，形成两个配位键。在乙二胺分子中两个氨基被两个碳原子隔开，乙二胺分子和铜离子形成一个由 5 个原子组成的环状结构，称五元环。铜离子的配位数为 4，可与 2 个乙二胺分子配合形成具有 2 个五元环的稳定配离子。它像螃蟹的两个螯钳紧紧地把金属离子钳在中间，因此稳定性大大增加，在水中更难解离。例如 $[Cu(en)_2]^{2+}$ 配离子的稳定常数 $K_{稳}$ 为 1.0×10^{20}，而 $[Cu(NH_3)_4]^{2+}$ 配离子的稳定常数 $K_{稳}$ 为 2.1×10^{12}。如由乙二胺与 Cu^{2+} 生成的二（乙二胺）合铜（Ⅱ）配离子 $[Cu(en)_2]^{2+}$ 的反应为：

目前，应用最广泛的螯合剂是 EDTA，即乙二胺四乙酸（H_4Y）及其二钠盐（Na_2H_2Y），螯合剂 EDTA 是一个具有 6 齿的配体，能与 Cu^{2+} 形成 5 个五元环，在这里 Cu^{2+} 的配位数是 6，这种结构具有极高的稳定性。EDTA 与 Cu^{2+} 形成的螯合物 CuY^{2-} 的空间结构为：

EDTA 不仅可以与过渡金属元素形成螯合物，还可与主族元素钠、钾、钙、镁等形成螯合物。因此在分析化学定量分析配位滴定法中常用 EDTA 作标准溶液，测定水的总硬度；在采用螯合疗法排除体内有害金属时，可用 $Na_2[CaY]$ 顺利排除体内的铅而使血钙不受影响。

螯合物与普通配合物的不同之处是配体不相同，形成螯合物的条件如下。

（1）螯合物的中心原子必须有空轨道，能接受配位原子提供的孤电子对。

（2）螯合剂分子或离子中含有 2 个或 2 个以上的配位原子，以便与中心原子配合成环状结构。

（3）两个配位原子间应间隔2个或3个其他原子，以便形成稳定的五元环或六元环。

2. 螯合效应　螯合物因为其环状结构的生成而具有特殊稳定性的作用称为螯合效应。金属螯合物与具有相同配位原子的非螯合物相比，具有特殊的稳定性。这种特殊的稳定性是由于螯合物具有环状结构而产生的。螯合物中的螯合环一般为五元环或六元环，因为形成五元环或六元环的张力比较小，较为稳定。螯合物中螯合环的数目越多，形成的配位键越多，螯合物越难解离，其螯合效应越大，螯合物的稳定性也越强。

 知识链接

药物的螯合作用

动物体内大多数的金属离子是可以同蛋白质结合的。当然也可以同氨基酸、肽、核酸、外加的药物配体结合。每个金属离子可以受到许多配体的竞争。药物分子作为金属离子的竞争配体，首先是同金属离子作用形成配合物。例如，抗结核菌的药物异烟肼可与几十种金属离子形成稳定的配合物，抗病毒药物吗啉胍在溶液中也能同许多金属离子发生配合作用形成稳定的配合物。许多药物分子与金属离子形成配合物之后能使它的许多性质发生变化并有可能提高药效。如异烟肼与金属离子形成配合物后改变了其溶解性，导致其抗菌活性提高。药物分子也可以与金属离子或其他配体（蛋白质、核酸等）一起形成混配的多元配合物，金属离子作为桥梁作用，促进了药物分子当作底物的作用，从而可以更好地发挥其药效。

四、配合物的异构现象

配合物的化学式相同，但结构和性质不同的一些现象，称为配合物的异构现象。配合物涉及许许多多的异构现象，下面简要介绍其中两种。

（一）键合异构现象

有一些配体能够使用不同配位原子结合中心原子引起的异构现象，称为配合物的键合异构现象。例如：

$$[Co(NO_2)(NH_3)_5]^{2+} \xrightleftharpoons[\text{加热}]{\text{紫外照射}} [Co(ONO)(NH_3)_5]^{2+}$$

黄色　　　　　　　　　　　　　　红色

一硝基·五氨合钴（Ⅲ）配离子　　　一亚硝酸根·五氨合钴（Ⅲ）配离子

（二）几何异构现象

配合物具有相同的化学式，但是由于配体在中心原子周围的排布位置不同而产生的异构现象称为配合物的几何异构（也称顺–反异构）现象。几何异构通常分顺式和反式两种异构体。顺式是指相同配体彼此处于邻位，反式是指相同配体彼此处于对位。几何异构现象主要发生在配位数为4的平面正方形结构和配位数为6的八面体结构的配合物中。

例如，配位数为4的 $[Pt(NH_3)_2Cl_2]$（空间构型为平面正方形），就有下列两种排列方式：

顺–二氯·二氨合铂（Ⅱ）　　　　　反–二氯·二氨合铂（Ⅱ）

顺一反异构体不但理化性质不同，甚至在人体内所表现的生理、药理作用也不同。临床表明，橘黄色的顺式 $[Pt(NH_3)_2Cl_2]$ 有抗癌活性（干扰 DNA 复制），而淡黄色的反式 $[Pt(NH_3)_2Cl_2]$ 却没有抗癌活性。

第二节　配位平衡

PPT

一、配位平衡常数 ｅ 微课3

如前所述，在配合物 $[Cu(NH_3)_4]SO_4$ 溶液中加入稀 NaOH，无 $Cu(OH)_2$ 沉淀生成，但加入 Na_2S 溶液时，则有黑色的 CuS 沉淀生成，说明 $[Cu(NH_3)_4]SO_4$ 溶液中存在少量游离的 Cu^{2+}。也说明 $[Cu(NH_3)_4]^{2+}$ 配离子在水溶液中可以发生解离，溶液中不仅有 Cu^{2+} 和 NH_3 的配合反应，同时还存在着 $[Cu(NH_3)_4]^{2+}$ 配离子的解离反应，配合和解离最后达到平衡，这种平衡称为配位平衡。因此，$[Cu(NH_3)_4]^{2+}$ 在溶液中的配位平衡如下：

$$Cu^{2+} + 4NH_3 \underset{解离}{\overset{配合}{\rightleftharpoons}} [Cu(NH_3)_4]^{2+}$$

配位平衡的平衡常数称为配位平衡常数，也常称为配离子的稳定常数，用 $K_稳$（或 K_s）表示。即

$$K_稳 = \frac{[[Cu(NH_3)_4]^{2+}]}{[Cu^{2+}][NH_3]^4}$$

$K_稳$ 值的大小反映了配离子的稳定性。对于配位比相同的同种类型的配合物，$K_稳$ 越大，说明生成配离子的倾向越大，配离子就越稳定，越不易解离。例如，$[Zn(NH_3)_4]^{2+}$ 和 $[Cu(NH_3)_4]^{2+}$ 为同种类型的配离子，其配位比均为 4:1，它们的 $K_稳$ 分别为 2.9×10^9 和 2.1×10^{12}，所以 $[Cu(NH_3)_4]^{2+}$ 比 $[Zn(NH_3)_4]^{2+}$ 更稳定。对于不同配位比的配合物，需要通过计算方可比较它们的稳定性。

通常配离子的稳定常数 $K_稳$ 都比较大，为了书写方便常用其对数值 $\lg K_稳$ 来表示配离子的稳定性。一些常见配离子的稳定常数见附录六。

配离子的稳定常数的大小与中心原子的氧化数和中心原子的半径有关。中心原子的氧化数越高，配离子的稳定常数越大；中心原子的半径越小，配离子的稳定常数越大。螯合物与具有类似组成和结构的单齿配体所形成的配合物相比，其稳定性要大得多，例如，$[Cu(NH_3)_4]^{2+}$ 的 $\lg K_稳$ 为 13.32，而 $[Cu(en)_2]^{2+}$ 的 $\lg K_稳$ 为 20.00。

利用稳定常数，可以计算配合物溶液中的离子浓度。

例 9-1　已知 $[Cu(NH_3)_4]^{2+}$ 的 $K_稳 = 2.1 \times 10^{13}$，请计算含有 0.010mol/L $CuSO_4$ 和 0.540mol/L NH_3 的水溶液中 Cu^{2+} 离子浓度为多少？

解：设平衡时 Cu^{2+} 离子浓度为 $x$mol/L。

由于 $K_稳$ 值很大，平衡时 Cu^{2+} 离子浓度值 x 很小，因此

$[Cu(NH_3)_4]^{2+}$ 配离子浓度为：$0.010 - x \approx 0.010$mol/L

NH_3 的浓度为 $0.540 - 4(0.010 - x) \approx 0.500$mol/L

	Cu^{2+}	+	$4NH_3$	$\rightleftharpoons$	$[Cu(NH_3)_4]^{2+}$
初始态（mol/L）	0.010		0.540		0
平衡态（mol/L）	x		$0.540 - 4(0.010 - x)$		$0.010 - x$
			≈ 0.500		≈ 0.010

$$K_{稳} = \frac{\left[\left[Cu(NH_3)_4\right]^{2+}\right]}{\left[Cu^{2+}\right]\left[NH_3\right]^4}$$

即

$$2.1 \times 10^{13} = \frac{0.010}{x(0.500)^4}$$

所以

$$x = \left[Cu^{2+}\right] \approx 7.55 \times 10^{-15} (mol/L)$$

含有 0.010mol/L $CuSO_4$ 和 0.540mol/L NH_3 的水溶液中，Cu^{2+} 离子的平衡浓度为 7.55×10^{-15} mol/L。该结果表明，平衡时 Cu^{2+} 离子浓度值 $x \ll 0.010$，将 $0.010 - x$ 近似为 0.010，所引起的误差非常小。

二、配位平衡的移动

配位平衡和其他化学平衡一样，是一种动态平衡。如果改变平衡体系的条件，平衡就会移动。下面简要讨论溶液酸度、沉淀溶解平衡、氧化还原平衡以及配位平衡之间的相互影响等对配位平衡移动的影响。

（一）溶液酸度的影响

1. 酸效应 配体都具有孤对电子，当溶液的 H^+ 浓度增大，pH 降低时，配体与 H^+ 结合生成弱酸，使配位平衡向着解离的方向移动，降低了配离子的稳定性。我们把由于溶液的 H^+ 浓度增大，pH 降低，配体与 H^+ 结合，而使配离子稳定性减小，解离度增大的现象称为酸效应。

例如 $\left[Ag(CN)_2\right]^-$ 配离子在强酸性溶液中，由于下列反应而增大了 $\left[Ag(CN)_2\right]^-$ 的解离度，降低了其稳定性：

$$\left[Ag(CN)_2\right]^- \Longleftrightarrow Ag^+ + 2CN^-$$
$$+$$
$$2H^+$$
$$\Updownarrow$$
$$2HCN$$

显然，酸效应与溶液的 pH 以及生成的弱酸的 K_a 有关。溶液的 pH 越小，酸效应越强；弱酸的 K_a 越小，酸效应越强。

2. 水解效应 配离子中的中心原子多数是过渡金属离子，在溶液中存在不同程度的水解。当溶液的酸度太低，pH 较大时，溶液中的 OH^- 可与配离子解离出的金属离子生成难溶的氢氧化物沉淀，而使配位平衡发生移动。例如，在 $\left[FeF_6\right]^{3-}$ 的溶液中：

$$[FeF_6]^{3-} \Longleftrightarrow Fe^{3+} + 6F^-$$
$$平衡移动方向 \left| \begin{array}{c} + \\ 3OH^- \\ \Updownarrow \\ Fe(OH)_3 \downarrow \end{array} \right.$$

这种由于溶液酸度减小导致金属离子与溶液中的 OH^- 结合，而使配离子稳定性降低的现象称为金属离子的水解效应。

配体的酸效应和金属离子的水解效应同时存在，且都影响配位平衡移动和配离子的稳定性。溶液的酸度对配位平衡的影响表现为：酸度高，酸效应明显，酸度低，水解效应为主。因此，为使配离子稳定

存在，必须将溶液的酸度控制在适当的范围内，通常在保证金属离子不水解的前提下，尽可能降低溶液的酸度

（二）沉淀溶解平衡的影响

当配离子解离出的金属离子可与某种试剂（沉淀剂）生成沉淀时，加入该试剂可使配位平衡移动。例如，在 $[Ag(NH_3)_2]^+$ 溶液中加入 NaBr 试剂（溶液），有 AgBr 沉淀生成，配位平衡向 $[Ag(NH_3)_2]^+$ 解离的方向移动。

$$[Ag(NH_3)_2]^+ \rightleftharpoons Ag^+ + 2NH_3$$

平衡移动方向 ↓　　　　　　$+$
　　　　　　　　　　　　Br^-
　　　　　　　　　　　　$\Updownarrow$
　　　　　　　　　　　　$AgBr\downarrow$

相反，若在沉淀中加入合适的配位剂，可使沉淀溶解，生成更稳定的配离子。例如，在 AgBr 沉淀中加入 $Na_2S_2O_3$ 试剂（溶液），会有 $[Ag(S_2O_3)_2]^{3-}$ 生成，而 AgBr 沉淀溶解。

$$AgBr \rightleftharpoons Ag^+ + Br^-$$

平衡移动方向 ↓　　　　　$+$
　　　　　　　　　$2S_2O_3^{2-}$
　　　　　　　　　$\Updownarrow$
　　　　　　　　　$[Ag(S_2O_3)_2]^{3-}$

可见配位平衡与沉淀溶解平衡之间可以相互转化。若配离子的稳定性差（$K_稳$ 小），生成沉淀的溶解度小（沉淀难溶解），则配离子转化为沉淀。反之，若配离子稳定性高（$K_稳$ 大），生成沉淀的溶解度大（沉淀易溶解），则沉淀转化为配离子。总之反应向生成稳定性更大的物质方向移动。

沉淀溶解平衡和配位平衡的相互转化，就是沉淀剂与配位剂之间争夺金属离子的过程。这类反应属于多重平衡。根据多重平衡的原理，可根据这些反应的平衡常数，判断反应进行的程度，并计算出有关成分的浓度。

例 9 – 2　欲使 0.10mol 的 AgCl 溶于 1L 氨水中，所需氨水的最低浓度是多少？已知：AgCl 的溶度积常数 $K_{sp} = 1.77 \times 10^{-10}$，$[Ag(NH_3)_2]^+$ 的 $K_稳 = 1.1 \times 10^7$。

解：设 0.10mol 的 AgCl 溶解达到平衡时氨水的浓度为 x mol/L。

$$AgCl + 2NH_3 \rightleftharpoons [Ag(NH_3)_2]^+ + Cl^-$$

平衡浓度（mol/L）　　　　　　x　　　　　0.10　　　　0.10

由于该反应的平衡常数 $K = \dfrac{[[Ag(NH_3)_2]^+][Cl^-]}{[NH_3]^2}$

$$= \frac{[[Ag(NH_3)_2]^+][Cl^-]}{[NH_3]^2} \frac{[Ag^+]}{[Ag^+]} = K_{sp}K_稳$$

$$= 1.77 \times 10^{-10} \times 1.1 \times 10^7 = 1.9 \times 10^{-3}$$

所以　　　　　　　　$\dfrac{0.10 \times 0.10}{x^2} = 1.9 \times 10^{-3}$

解得　　　　　　　　$x = [NH_3] = 2.3 (mol/L)$

由反应式可知，溶解 0.10mol 的 AgCl，必定消耗 0.20mol 氨水，故所需氨水的最低浓度为：

$$C_{NH_3} = 2.3 + 0.2 = 2.5(mol/L)$$

答：欲使 0.10mol 的 AgCl 溶于 1L 氨水中，所需氨水的最低浓度为 2.5mol/L。

（三）氧化还原平衡的影响

1. 氧化还原平衡对配位平衡的影响 当向配离子溶液中加入能与中心原子或配体发生氧化还原反应的物质时，中心原子或配体浓度将降低，导致配位平衡向配离子解离方向移动。例如，在血红色的 $[Fe(SCN)]^{2+}$ 配离子溶液中加入 $SnCl_2$ 溶液，因为 Sn^{2+} 与 Fe^{3+} 发生氧化还原反应，则血红色褪去，反应式如下：

$$2[Fe(SCN)]^{2+} + Sn^{2+} \Longrightarrow 2Fe^{2+} + Sn^{4+} + 2SCN^-$$

2. 配位平衡对氧化还原平衡的影响 金属离子形成配离子后，金属离子浓度降低，从而使金属的电极电势降低；形成的配离子越稳定，溶液中金属离子的浓度就越低，相应的电极电势越小，则金属离子的氧化性越弱，金属单质的还原性越强。

（四）配位平衡之间的相互影响

向一种配离子溶液中，加入另一种能与该中心原子形成更稳定配离子的配位剂时，原来的配位平衡将发生转化。例如：

$$[Ag(NH_3)_2]^+ + 2CN^- \Longrightarrow [Ag(CN)_2]^- + 2NH_3$$

由于 $K_{s[Ag(NH_3)_2]^+} = 1.1 \times 10^7$ 小于 $K_{s[Ag(CN)_2]^-} = 1.3 \times 10^{21}$，故正反应趋势很大。所以在 $[Ag(NH_3)_2]^+$ 溶液中，加入足量的 CN^- 离子，$[Ag(NH_3)_2]^+$ 配离子将被破坏而转化为 $[Ag(CN)_2]^-$ 配离子。

即学即练 9 -3

答案解析

在 $[Cu(NH_3)_4]SO_4$ 溶液中，存在下列平衡：$[Cu(NH_3)_4]^{2+} \Longrightarrow Cu^{2+} + 4NH_3$，分别向溶液中加入少量下列物质，请判断平衡移动的方向。
（1）$NH_3 \cdot H_2O$ （2）稀 H_2SO_4 溶液 （3）Na_2S 溶液 （4）KCN 溶液

第三节 配合物在医药学上的应用

PPT

由于自然界中大多数化合物以配合物的形式存在，配合物的形成能够明显地表现出各元素的化学个性，因此配位化学所涉及的范围及应用非常广泛。例如，离子在生成配合物时，常显示某种特征颜色，故可用于离子的定性与定量检验。如检验人体是否是有机汞中毒，取检液酸化后，加入二苯胺基脲醇溶液，若出现紫色或蓝紫色，即说明有 Hg^{2+} 存在。再如检验血清中铜的含量，可于血清中加入三氯乙酸除去蛋白质后，滤液中加入二乙胺基二硫代甲酸钠生成黄色配合物，就可用比色法测其含量。再如一些配合物药物的研制等许多方面都与配位化学密切相关。

一、生物配合物

生物体中必需微量元素如 Mn、Fe、Co、Cu、Mo、I、Zn 等往往都以配合物的形式存在于生物体内，其中金属离子为中心原子，生物大分子（蛋白质、多聚核苷酸、卟啉类化合物等）为配体（称为生物配体），如维生素 B_{12}、血红素、叶绿素等在体内主要以生物配合物的形式存在，同时发挥着重要的生理作用。

有些微量元素是酶的关键成分，约 1/3 的酶是金属生物配合物，如催化二氧化碳可逆水合作用的碳酸酐酶（CA，主要包括碳酸酐酶 B 和碳酸酐酶 C 等）是含 Zn 的酶；清除体内自由基的超氧化物歧化酶（SOD）是含 Zn、Cu 的酶；清除体内 H_2O_2 以及类脂过氧化物的谷胱甘肽过氧化物酶（GSH - px）是含 Se 的酶。有些微量元素参与激素的作用；有些则影响核苷酸和核酸的生理功能等。

二、配合物药物

无机药物可依其来源分为天然无机药物和合成无机药物。天然无机药物主要是矿物药（如雄黄）等；合成无机药物中，最主要的是近几十年来开发出的配合物药物（如顺铂、碳铂）。在医药领域中，一些解毒、杀菌、抗病毒、抗癌、抗风湿、治疗心血管病等配合物药物的研制近年来得到了重大发展，下面简要介绍配合物药物的一些作用。

（一）配合物药物的解毒作用

对于体内的有毒或过量的金属离子，可用配合物药物排除体内有毒或过量元素，一般可选择合适的配位剂（如二巯基丙醇、EDTA 三钠等）与其结合形成螯合物而排出体外。这种方法称为螯合疗法，所用的螯合剂称为促排剂（或解毒剂）。例如二巯基丁二酸钠可以和进入人体的 Hg、As 及某些金属离子形成螯合物而解毒。近年来，医学上用 Ca - EDTA（即 EDTA - 2Na 与钙形成的螯合物又称依地酸钙钠）治疗职业性铅中毒，得到非常良好的效果。Ca - EDTA 在组织中与 Pb^{2+} 作用，成为无毒的可溶性配合物，经肾排出体外；EDTA 的钙盐也是排除人体内 U、Th、Pu 等放射性元素的高效解毒剂。

有些药物如枸橼酸铁铵和酒石酸锑钾本身就是配合物。某些配合剂能与重金属离子形成配离子，在医药上可作为解毒剂使用。如枸橼酸钠是一种防治职业性铅中毒的有效药物，有迅速减轻症状和促进体内铅排出的作用。铅被人体吸收后，经过体内循环，积存于肝、肾而达于骨，在骨内以不溶性的磷酸铅存在，枸橼酸钠溶液能溶解磷酸铅，使铅成为难解离的枸橼酸铅配离子，从肾脏排出。

（二）配合物药物的杀菌、抗病毒作用

一些金属配合物还具有杀菌、抗病毒的生理作用。例如多数抗微生物的药物属配体，与金属配位后往往能增加其活性。某些配合物有抗病毒的活性，病毒的核酸和蛋白体均为配体，能和金属阳离子作用，生成生物金属配合物。配离子或与细胞外病毒作用，或占据细胞表面防止病毒的吸附，或防止病毒在细胞内的再生，从而阻止病毒的增生。抗病毒的配合物一般是以二价的ⅦB、Ⅷ族金属做中心原子，以 1,10 - 菲绕啉或其他乙酰丙酮为配体的配合物。

（三）配合物在新药研制中的作用

在药物分析、新药的研制和开发等方面，配合物的应用也十分广泛。如治疗血吸虫病的酒石酸锑钾配合物药物、治疗糖尿病的胰岛素（锌的配合物）、对人体有重要作用的维生素 B_{12}（钴的配合物）等。1969 年首次报道顺式 $[Pt(NH_3)_2Cl_2]$ 具有抗动物肿瘤活性的能力。特别值得提出的是，我国采用口服剂量的亚硒酸钠对地方性心肌病——克山病的防治取得了显著的成效，有关的研究单位荣获了国际生物无机化学家协会授予的"施瓦茨奖"。该奖是以发现硒元素在机体生命活动中有重要作用的已故美国科学家的姓氏命名的。

 知识链接

配位化学先驱——陈荣悌

陈荣悌是我国配位化学学科的先驱者和推进者之一，还是国际上进行溶液配位化学、热力学和动力学研究的开拓者之一。

1919年11月，陈荣悌出生于四川，1952年获美国印第安纳大学化学专业博士学位。1954年，在祖国的召唤下，陈荣悌义无反顾地回国发展，并任南开大学教授。20世纪50年代末，他正式提出了配位化学中的直线自由能和直线焓关系的定量关系式，引起了国际配位化学界的高度重视。年轻的化学家陈荣悌将他的名字和杰出贡献载入了国际配位化学史册，为中国赢得了荣誉。

80年代，陈荣悌又用大量试验结果证明了配位化学中的线性热力化学函数关系，并将这些线性关系和所有能量之间的线性关系归纳为配位化学中的相关分析。不仅如此，陈荣悌的研究方向还包括了热力学和热化学、动力学及反应机理、结构和配位理论、络合催化理论和应用等方面。

陈荣悌是当之无愧的爱国科学家，为了祖国配位化学领域的发展，为了培育我国化学界科技人才，解决化学领域的实际问题，陈荣悌献出了毕生的心血，做出了卓越的贡献。从他身上，我们看到了中国科学家的风骨和脊梁，这也将影响一代代优秀的年轻人以他为榜样，把有限的生命融入祖国的伟大建设事业中。

实例分析

实例 顺－反异构体不但理化性质不同，甚至在人体内所表现的生理、药理作用也不同。1969年首次报道顺式 $[Pt(NH_3)_2Cl_2]$ 具有抗癌作用，而反式却没有抗癌作用。

问题 试着写出 $[Pt(NH_3)_2Cl_2]$ 的顺式和反式空间构型的排列方式。

答案解析

实践实训

实训九 配合物的组成和性质

一、目的要求

1. **理解** 配离子的生成和组成；配位平衡与沉淀溶解平衡之间相互转化。
2. **应用** 学会区别配合物和复盐、配离子与简单离子。

二、实训指导

配合物是指一定数目的配体以配位键与中心原子结合所形成的复杂化合物。大多数的易溶配合物在水溶液中可完全解离为配离子和外界离子，但配离子在水溶液中较稳定，不易解离。中心原子和配体的浓度极低，不易检测出来。而复盐能完全解离成简单离子。

配离子的稳定性是相对的，在水溶液中能微弱地解离成简单离子，有条件地形成配位平衡。当外界条件发生变化时，如加入沉淀剂、氧化剂、还原剂或改变溶液的酸度，配位平衡会发生移动。

三、实训内容

（一）仪器和试剂

1. 仪器 试管、离心试管、试管夹、药匙、大小表面皿各 1 块、100ml 烧杯、石棉网、铁架台、铁圈、酒精灯、离心机等。

2. 试剂 $6mol/L$ $NH_3 \cdot H_2O$、$6mol/L$ $NaOH$、$2mol/L$ HNO_3；$0.1mol/L$ 的溶液有：$CuSO_4$、$BaCl_2$、$NaOH$、$NH_4Fe(SO_4)_2$、$KSCN$、$FeCl_3$、$K_3[Fe(CN)_6]$、$AgNO_3$、$NaCl$、KBr、$Na_2S_2O_3$、KI、KF；红色石蕊试纸、四氯化碳。

（二）操作步骤 📱微课4

1. 配离子的生成和配离子的稳定性 取 1 支大试管，加入 $0.1mol/L$ $CuSO_4$ 溶液 4ml，逐滴加入 $6mol/L$ $NH_3 \cdot H_2O$，边加边振荡，待生成的沉淀完全溶解后再多加氨水 1～2 滴，观察现象，写出化学反应方程式。

另取 2 支试管，将此溶液各取 5 滴，在其中一支试管中加入 $0.1mol/L$ $BaCl_2$ 溶液 2 滴，在另一试管中加入 $0.1mol/L$ $NaOH$ 溶液 4 滴，观察现象，并加以解释。

2. 配合物和复盐的区别

（1）复盐 $NH_4Fe(SO_4)_2$ 中简单离子的鉴定

1）SO_4^{2-} 鉴定 取 1 支试管，加入 $0.1mol/L$ $NH_4Fe(SO_4)_2$ 溶液 1ml，再滴入 $0.1mol/L$ $BaCl_2$ 溶液 2 滴，观察现象。

2）Fe^{3+} 离子的鉴定 取 1 支试管，加入 $0.1mol/L$ $NH_4Fe(SO_4)_2$ 溶液 1ml，再滴入 $0.1mol/L$ $KSCN$ 溶液 2 滴，观察现象。

3）NH_4^+ 离子的鉴定 在一块大的表面皿中心，滴入 $0.1mol/L$ $NH_4Fe(SO_4)_2$ 溶液 5 滴，再加 $6mol/L$ $NaOH$ 溶液 3 滴，混匀。在另一块较小的表面皿中心黏上一条润湿的红色石蕊试纸，将它盖在大的表面皿上做成气室，将气室放在水浴上微热片刻，观察现象。

（2）配合物 $[Cu(NH_3)_4]SO_4$ 中离子鉴定 SO_4^{2-} 离子的鉴定：取 1 支试管，加入前面配制的 $[Cu(NH_3)_4]SO_4$ 溶液 1ml，再滴入 $0.1mol/L$ $BaCl_2$ 溶液 2 滴，观察现象。

Cu^{2+} 离子的鉴定：取 1 支试管，加入前面配制的 $[Cu(NH_3)_4]SO_4$ 溶液 1ml，再滴入 $0.1mol/L$ $NaOH$ 溶液 4 滴，观察现象，并加以解释。

根据上述实训现象，说明配合物和复盐的区别。

（3）简单离子和配离子的区别 取 1 支试管，加入 $0.1mol/L$ $FeCl_3$ 溶液 1ml，滴入 $0.1mol/L$ $KSCN$ 溶液 3 滴，观察现象。

以 $K_3[Fe(CN)_6]$ 溶液代替 $FeCl_3$ 溶液做相同的实训，观察现象，并加以解释。

3. 配位平衡的移动

（1）沉淀反应的影响 取 1 支离心试管，加入 $0.1mol/L$ $AgNO_3$ 溶液 1ml 和 $0.1mol/L$ $NaCl$ 溶液 1ml，将离心试管放入离心机内，离心后弃去（上）清液，然后向离心试管内加入 $6mol/L$ $NH_3 \cdot H_2O$，边滴边振荡，至沉淀刚好溶解为止，得澄清溶液。然后向此澄清溶液中滴入 $0.1mol/L$ $NaCl$ 溶液 2 滴，观察是否有白色深沉生成。再滴入 $0.1mol/L$ KBr 溶液 2 滴，观察是否有淡黄色沉淀生成，继续滴加 $0.1mol/L$ KBr 溶液，至沉淀不增加为止。将此试管（溶液）离心后弃去清液，在沉淀中加入 $0.1mol/L$ $Na_2S_2O_3$ 溶液，直到沉淀刚好溶解为止。

在此溶液中滴入 0.1mol/L KBr 溶液 2 滴，观察是否有淡黄色沉淀生成，再滴入 0.1mol/L KI 溶液 2 滴，观察是否有黄色沉淀生成。

根据上述实训结果，讨论沉淀平衡与配位平衡的关系，并比较 AgCl、AgBr、AgI 的 K_{sp} 的大小及 $[Ag(NH_3)_2]^+$、$[Ag(S_2O_3)_2]^{3-}$ 配离子稳定性的大小。

（2）氧化还原反应的影响　取 2 支试管，各加入 0.1mol/L FeCl$_3$ 溶液 5 滴，在其中 1 支试管中逐滴加入 0.1mol/L KF 溶液，摇匀至黄色褪去，再过量几滴。然后在这两支试管中分别加入 0.1mol/L KI 溶液 5 滴和四氯化碳 5 滴，振摇，观察这两支试管中各层的颜色。解释现象，写出化学反应方程式。

（3）溶液酸度的影响　取 1 支试管，加入 5 滴 0.1mol/L AgNO$_3$ 溶液，再逐滴加入 6mol/L NH$_3\cdot$H$_2$O 溶液，边加边振荡，待生成的沉淀完全溶解。然后逐滴加入 2mol/L HNO$_3$，观察溶液的颜色变化，是否有沉淀生成。继续加入 2mol/L HNO$_3$ 至溶液显酸性，观察变化并解释现象，写出化学反应方程式。

四、实训注意

1. 实验前检查玻璃器皿是否干净，实验后及时清洗干净玻璃器皿。

2. 使用离心机离心后，轻轻取出离心试管，不要剧烈振动，以防沉淀破碎，溶液浑浊。

五、实训思考

1. AgCl 为什么能溶于氨水？写出有关反应的化学方程式。

2. 在 $[Cu(NH_3)_4]SO_4$ 溶液中加入 NaOH 溶液，为什么没有蓝色沉淀生成？

3. 复盐和配合物有什么不同？怎么用化学方法区别 NH$_4$Fe(SO$_4$)$_2$ 和 K$_3[Fe(CN)_6]$？

目标检测

答案解析

一、单项选择题

1. 在配合物中，中心原子与配位原子相结合的化学键是（　　）。

　A. 离子键　　　　　　　　B. 共价键　　　　　　　　C. 氢键　　　　　　　　D. 配位键

2. 在 $[Cu(en)_2](OH)_2$ 中，中心原子的配位数是（　　）。

　A. 2　　　　　　　　　　B. 4　　　　　　　　　　C. 5　　　　　　　　　　D. 6

3. 配合物 $[Cu(NH_3)_4]SO_4$ 中配体为（　　）。

　A. Cu　　　　　　　　　B. N　　　　　　　　　C. NH$_3$　　　　　　　　D. S

4. $K_2[HgI_4]$ 的正确命名是（　　）。

　A. 四碘一汞二钾　　　　　　　　　　　　B. 四碘汞化钾

　C. 四碘化汞酸钾　　　　　　　　　　　　D. 四碘合汞（Ⅱ）酸钾

5. 下列物质中，能作螯合剂的是（　　）。

　A. NH$_3$　　　　　　　　B. HCN　　　　　　　　C. HCl　　　　　　　　D. EDTA

二、填空题

1. 配合物一般是由_____和_____组成。

2. 配合物的稳定程度通常用（符号）_____或_____表示。

3. 配合物中与中心原子以_____键结合的_____或_____离子称为配体；配体分为_____配体和_____配体两类。

4. 含有 _____ 离子的化合物或 _____ 分子称为配位化合物，简称 _____；由中心原子与 _____ 配体形成的具有环状结构的配合物称为螯合物。

5. 影响配位平衡移动的因素有 _____、_____ 平衡、_____ 平衡以及 _____ 平衡之间的相互影响等。

三、简答题

1. 命名下列配离子或配合物。

　　（1）$[Ag(NH_3)_2]OH$　　　　　　（2）$[Cu(en)_2]^{2+}$

　　（3）$[Fe(CN)_6]^{4-}$　　　　　　　（4）$[Co(NH_3)_4Cl_2]Cl$

2. 写出下列配离子或配合物的化学式。

　　（1）四氨合铜（Ⅱ）配离子　　　　（2）六氰合铁（Ⅲ）配离子

　　（3）五羰基合铁　　　　　　　　　（4）二氯·二氨合铂（Ⅱ）

四、综合题

1. 为何配合物和复盐结构相似但性质不相同？

2. 试计算在含有 0.10mol/L 的 $[Cu(NH_3)_4]^{2+}$ 配离子溶液中，当 NH_3 浓度为 1.0mol/L、2.0mol/L 和 4.0mol/L 时，Cu^{2+} 离子浓度分别为多少？上述计算结果表明了什么？已知 $[Cu(NH_3)_4]^{2+}$ 的 $K_稳 = 2.1 \times 10^{13}$。

书网融合……

　知识回顾　　　　微课1　　　　微课2　　　　微课3　　　　微课4　　　　习题

（石宝珏）

第十章 生命元素和有毒元素

学习引导

随着现代医疗检测技术的发展，越来越多的化学元素在人体内被发现，每种元素在人体都有着非常重要的作用，它们在生物体内广泛参与生命活动，如参与人体内各个组织和器官的组成、结构、性质、代谢等。每种元素的含量也有一定的范围，过多或过少都对人体不好，通过学习本章的知识，借助现在的医疗检测技术，可以探知哪些元素是我们需要补充的，哪些有害元素是我们要避免的。日常生活中我们可以通过调整饮食结构，调节体内的元素含量，从而更好地维护人体健康。

本章主要介绍人体内的必需元素、有益元素、有毒元素和不确定元素的种类以及它们在人体的功能及作用。

📖 学习目标

1. **掌握** 人体必需元素、有毒元素。
2. **熟悉** 常见生命元素的生物学效应。
3. **了解** 人体常见生命元素有关药物和食物。

第一节 概 述 🅔微课1

PPT

生命存在于自然界之中，一切的生命活动都与化学反应有关，化学反应又与物质和元素有关，因此生命体的存在和发展与化学物质和元素存在着紧密和谐的关系，研究化学元素与生命体的健康的关系是生命科学的重要课题，也是现代生命科学和医学研究的前沿领域。

人类至今在自然界中总共发现了 118 种天然的和人工合成的化学元素，其中 94 种是已知天然存在的化学元素。根据目前检测水平，在人体内可以检验出 81 种化学元素。根据这些元素在人体中的生物学效应，分为生命必需元素、有益元素、有毒元素和不确定元素。

一、必需元素

必需元素通常是指构成人体组织和维持正常生命活动的元素。判断某元素是否属于必需元素，要遵循三个原则：①若无该元素存在，生物将停止生长或不能完成其生命周期；②该元素在生物体内的功能不能由其他元素完全代替；③该元素具有一定的生物功能或对生物功能产生直接影响，并参与其代谢过程。生命必需元素包括 H、Na、K、Mg、Ca、V、Cr、Mn、Mo、Fe、Co、Ni、Cu、Zn、C、N、O、P、

F、Si、S、Cl、Se、Br、I 等。

二、有益元素

有些元素的存在对于生命是有益的，缺少这些元素，生命可以维持，但认为是不健康的，如 Ge。

三、有毒元素

对人体生命功能产生毒害的元素，主要包括重金属元素以及部分非金属元素，如 Cd、Pb、Hg、Al、Be、Ga、In、Tl、As、Sb、Bi、Te 等，这些元素过量存在于生物体中会威胁到生物体的健康与生存。

四、不确定元素

生命体中还发现了 20~30 种元素，它们含量较微，种类不定，生物功效不明确，人们暂时称其为不确定元素。

此外，元素还可以根据在生命体内含量不同分为常量元素和微量元素。生命必需常量元素，又称造体元素，如 O、C、H、N、Ca、P、S、K、Na、Cl、Mg、Si，这 12 种元素含量一般在 0.01% 以上。必需微量元素有 13 种，其含量小于 0.01%，包括 V、Cr、Mn、Mo、Fe、Co、Ni、Cu、Zn、F、Se、Br、I。如表 10-1 所示为常见化学元素在现代人体中的平均含量。

表 10-1　常见化学元素在现代人体中的平均含量

元素	质量分数（%）	元素	质量分数（%）	元素	质量分数（%）	元素	质量分数（%）
氧 O*	61	镁 Mg*	0.027	铝 Al	0.00009	钼 Mo*	0.00001
碳 C*	23	硅 Si*	0.026	镉 Cd	0.00007	铬 Cr*	0.000009
氢 H*	10	铁 Fe*	0.006	硼 B	0.00007	铯 Cs	0.000002
氮 N*	2.6	氟 F*	0.0037	钡 Ba	0.00003	钴 Co*	0.000002
钙 Ca*	1.4	锌 Zn*	0.0033	硒 Se*	0.00003	钒 V*	0.000001
磷 P*	1.0	铷 Rb	0.00046	锡 Sn*	0.00002	砷 As	0.00000005
硫 S*	0.20	锶 Sr	0.00046	碘 I*	0.00002	锂 Li	0.000000003
钾 K*	0.20	溴 Br	0.00029	锰 Mn*	0.00002		
钠 Na*	0.14	铅 Pb	0.00017	镍 Ni*	0.00001		
氯 Cl	0.12	铜 Cu*	0.00010	金 Au	0.00001		

注：表中 * 为人体必需元素。

人体对微量元素需求量虽然很低，但它们却起着关键性的作用。微量元素在人体中不能生成，主要通过食物摄入，所以，在人体中微量元素的含量显得非常重要，如果饮食不均衡，极易造成不足或过量积累。许多生命必需的微量元素只有在浓度适宜的情况下才表现出有益的一面，浓度过低，就会出现营养缺乏症；浓度过高，则会导致中毒，影响机体正常生理功能。例如，铜是必需微量元素，有利于血红蛋白及色素的合成，但过量积累对肝脏有伤害作用，甚至会致癌。

即学即练

答案解析

患者，男，12 岁。临床表现为厌食、智力低下、发育迟缓、第二性征发育迟滞等。如果你是医生，会开哪些药品以及怎么建议其日常饮食？

PPT

第二节 金属生命元素

一、ⅠA 金属生命元素

ⅠA 金属生命元素主要包括钠（Na）和钾（K）。

（一）钠

钠（Na）是第 11 号元素，正常成年人体内钠约占总重的 0.14%，其中 80% 分布于细胞外液，血浆中钠的浓度为 0.135~0.148mol/L。钠的主要生理功能是维持细胞外液的渗透压和体液酸碱平衡，并参与神经信息的传递过程。

钠对肌肉运动、心血管功能及能量代谢都有影响。钠不足时，能量的生成和利用较差，以至于神经肌肉传导迟钝。表现为肌无力、神志模糊甚至昏迷，出现心血管功能受抑制的症状。

其钠盐在医药上有很大的用处，临床上用生理氯化钠溶液来治疗出血过多、严重腹泻等引起的脱水症，溴化钠在医药上作镇静剂。无水硫酸钠中药名玄明粉，作缓泻剂。硫代硫酸钠医药上用作卤素、氰化物和重金属中毒时的解毒剂。

（二）钾

钾（K）是第 19 号元素，钾主要分布在人体肌肉中，大约占有 70%，皮肤中占有 10%，其余的 20% 分别存在于细胞、神经、肾脏以及脑髓等组织器官中，骨骼中也含有少量钾。

钾是维持机体正常生长和健康所必需的矿物质营养元素，对维护心脏的正常功能有重要作用，它可通过排泄、扩张血管的作用保持体内水和钠的含量正常，使血压降低，起到降压作用，促使血压值正常。也就是说，钾对预防心脏病和高血压都有一定的作用。除此之外，钾对于细胞新陈代谢起到重要作用，维持细胞的渗透压平衡。在肌肉方面，钾可起到扩张肌肉、维持肌肉收缩能力的作用，尤其对预防心肌受损、维持心脏内部的循环转化等具有重要作用。在神经系统方面，钾有助于神经传导功能正常运行，可防止神经系统功能出现异常。钾和钠共同作用可调节体液酸碱平衡。钾盐在医药上也有很大的用处，如医药上氯化钾用于低血钾的治疗，碘化钾用于治疗甲状腺肿和配制碘酊。

二、ⅡA 金属生命元素 微课2

ⅡA 金属生命元素主要包括镁（Mg）、钙（Ca）和锶（Sr）。

（一）镁

镁（Mg）是第 12 号元素。镁在人体中的含量约为 0.027%，其中约 60% 以磷酸盐和碳酸盐形式沉积在骨骼表层，其余大多数存在细胞内，是人体不可缺少的矿物质元素之一。

镁在人的生命活动中起着重要作用，镁是许多酶系统的辅助因子或激活剂，广泛参与体内各种物质代谢，包括蛋白质、脂肪、糖及核酸的代谢。

镁对人体心脏活动具有重要的调节作用，使心脏的节律和兴奋传导减弱，从而有利于心脏的舒张与休息。人体的血镁水平若突然下降，可导致心律失常或冠心痉挛，免疫力下降。镁可以防止药物或环境的有害物质对心血管系统造成损害，提高心血管系统的抗毒能力。

镁是骨质增强因子，人体摄入的镁有一半进入骨组织。如果缺镁，会导致骨质过早老化，引发关节炎。常参加运动的人应注意补充镁，否则容易发生抽筋痉挛或出现意外。

总的来讲，蛋白质的合成、神经传导、肌肉收缩、体温调节、细胞完整性的维持及能量代谢都离不开镁。许多研究证实，人缺镁时，常出现头痛、烦躁、情绪紧张、四肢无力、抑郁失眠、惊厥，幼儿的生长发育则会受阻。当然镁摄入过多对人体也有危害，会引起麻木症，故要注意日常饮食。

（二）钙

钙（Ca）是第 20 号元素。钙是人体中最活跃的常量元素，其含量占人体体重的 1.4% ~ 2%，其中 99% 以钙盐形式存在于骨骼和牙齿中，另外 1% 以游离或化合状态存在于软组织和细胞外液（包括血液）中。

钙在人体内主要参与血液凝结、激素释放、神经传导、肌肉收缩和乳汁分泌等生理过程。

钙离子对血液的凝固有重要作用，缺钙时血凝易发生障碍，可出现牙龈出血、皮下出血、呕血、月经过多、不规则子宫出血、尿血等出血症状。酶是各种物质代谢过程的催化剂，钙离子对酶反应有激活作用，钙缺乏可影响正常的代谢过程。另外，钙离子还对人体垂体、性腺等内分泌腺的分泌有着决定性影响，因此钙离子与神经、内分泌、呼吸、循环、消化、生殖系统等器官的功能有关。血钙含量的微小变化，可直接影响细胞内外钙浓度的分布，乃至引起一系列生理与病理改变。如人体缺钙时，刺激甲状旁腺分泌甲状旁腺素，甲状旁腺素具有"破骨"作用，使骨脱钙，使血钙升高。脱钙后的骨质疏松严重时可使人体变矮、弯腰驼背、腰腿痛。由于骨的硬度减弱，即硬组织变软，除了骨骼变形外，还容易发生骨折。人体吸收过多的钙也不行，钙含量过高会引起胆结石、动脉粥样硬化等疾病。

（三）锶

锶（Sr）是第 38 号元素，是人体存在的微量元素之一，主要分布在骨骼中，是人体牙齿和骨骼的正常组成成分，在体内代谢与钙相似，能促进骨骼生长发育。锶在改善骨骼质量，治疗心血管疾病、治疗疼痛等发挥着重要作用，研究表明长寿老人聚集地区土壤和饮水中锶含量明显高于其他地区。缺锶可引起龋齿、骨质疏松等，但人体摄入过量锶也会引起关节痛、大骨节病、贫血和肌肉萎缩等，因此锶也被认为是潜在威胁人类健康的金属元素之一。

三、ⅢA 金属生命元素

ⅢA 金属生命元素主要是铝（Al）。

铝（Al）是第 13 号元素，是地壳中含量最多的金属元素。铝是一种低毒、非必需微量元素。

铝的生化功能涉及酶、辅助因子、蛋白质、ATP、DNA 及钙、磷的代谢。有研究表明，机体内的铝含量过高，会干扰磷的代谢，产生骨骼病变，降低核酸及磷脂中磷的含量，从而影响细胞和组织内磷酸化过程。1989 年，世界卫生组织和联合国粮农组织正式将铝确定为食品污染物，建议加以控制，提出成年人每天允许铝摄入量为 60mg。过量摄入铝元素对人体将造成很大的伤害。

人体摄入铝主要来源于食品添加剂明矾，明矾分子式为 $KAl(SO_4)_2 \cdot 12H_2O$，是含有结晶水的硫酸钾和硫酸铝的复盐，是制作蛋糕、面包等膨化食品的食品添加剂，其中铝离子被人食用后，基本不能排出体外，它将永远沉积在人体内，有慢性毒副作用。此外，临床上常用含铝的药物主要为氢氧化铝、硫糖铝和氯贝丁酯铝，用于治疗胃酸、胃溃疡和降血脂，如果长期服用此类药物也会摄入过量的铝。

四、ⅣA 金属生命元素

ⅣA 金属生命元素包括锗（Ge）、锡（Sn）。

（一）锗

锗（Ge）是第 32 号元素。锗对生物体携氧功能有促进作用，能使体内的氧气变得丰富，帮助排出体内有害毒素和废物，促进新陈代谢，加速血液循环，加强身体各器官的机能。此外，锗还具备抗病毒、抑杀细菌、增加人体免疫力、抗衰老、刺激白细胞生长、调节胆固醇、调节血压、清除自由基、诱生 γ - 干扰素、增强巨噬细胞吞噬能力、排除体内毒素、改善自律神经失调症、促进神经细胞活化、缓和身体不适症状等功效。但是目前临床阶段尚未发现可直接服用含锗元素的药物，目前仍只限于皮肤接触的常年摄取补充。而且在西方临床试验中有披露直接服用锗元素致死的案例。锗的氢化物如 GeH_4、Ge_2H_6、Ge_5H_8 的毒性类似于砷化氢。

（二）锡

锡（Sn）是第 50 号元素。锡是人体不可缺少的微量元素。锡的主要生理功能表现为抗肿瘤作用。锡在人体的胸腺中能够产生抗肿瘤的锡化合物，抑制癌细胞的生成。有专家发现乳腺癌、肺肿瘤、结肠癌等疾病患者的肿瘤组织中锡含量比较少，低于其他正常的组织。此外，锡还促进蛋白质和核酸的合成，有利于身体的生长发育；并且可组成多种酶以及参与黄素酶的生物反应，能够增强体内环境的稳定性等。

五、ⅤA 金属生命元素

ⅤA 金属生命元素主要是铋（Bi）。

铋（Bi）是第 83 号元素。铋属于重金属，对人体具有轻微毒性，不溶于水，仅微溶于组织液。铋被吸收后分布于身体各处，以肾脏最多。在体内，铋化合物能形成不易溶于水和稀酸的硫化铋，沉淀在组织中或栓塞在毛细血管中，发生局部溃疡，甚至坏死。硝酸铋在肠道内细菌作用下，可还原为亚硝酸铋，吸收后引起高铁血红蛋白血症。严重慢性中毒时，可出现严重肾炎，其中以肾小管上皮细胞的损害最重。所谓慢性中毒，多是由于长期服用铋剂类的胃药而造成的，长期服用铋剂类药物的患者，可能造成铋在体内累积，引起铋中毒，出现排尿异常、记忆力和判断力减退等症状。

六、d 区和 ds 区金属生命元素

d 区和 ds 区元素为过渡金属元素，其中的生命元素主要包括钒（V）、铬（Cr）、钼（Mo）、锰（Mn）、铁（Fe）、镍（Ni）、铜（Cu）、锌（Zn）等。

（一）钒

钒（V）是第 23 号元素。钒是人体含量最少的必需微量元素，现阶段的研究认为，正常人体内钒的含量为 0.7mg，有多种价态，四价钒和五价钒具有生物学意义。四价钒为氧钒根阳离子（VO^{2+}），易与蛋白质结合形成复合物，而防止被氧化。五价钒为正钒酸根离子，易与其他生物物质结合形成复合物，在许多生化过程中，钒酸根能与磷酸根竞争，或取代磷酸根。钒酸盐易被维生素 C、谷胱甘肽或 NADH 还原。一般认为，钒可防止胆固醇蓄积，降低过高的血糖，防止龋齿，帮助制造红细胞等。钒可调节

（Nak）- ATP 酶、磷酰转移酶、腺苷酸环化酶、蛋白激酶的辅助因子，与体内激素、蛋白质、脂类代谢有密切关系，可抑制年幼大鼠肝脏合成胆固醇。人体内钒含量超标时会引起钒中毒，主要表现为呼吸系统、消化系统等的毒性。临床上主要表现为胸闷、气短、呕吐、腹泻、头晕、心悸、神经障碍等。

（二）铬

铬（Cr）是第 24 号元素。铬是人体必需的微量元素，正常人体含量为 6~7mg。其广泛分布于体内各个组织器官和体液中，主要功能是在糖代谢中产生作用。铬参与糖的代谢，是胰岛素发挥作用时的伴随因子，可增加胰岛素功能，可增加胰岛素的接受体数目和结合能力，增加肝脏、肌肉、脂肪组织的葡萄糖运输。铬元素显著减轻低血糖，降低高血糖，有效对抗糖尿病和预防糖尿病并发症。此外，吡啶甲酸铬可抑制体内胆固醇和脂肪酸的合成，从而降低血液中甘油三酯、胆固醇和脂肪酸的合成，防止动脉粥样硬化症，因而也能用于减肥，称为"低胰岛素减肥法"。铬还能参与蛋白质、核酸的代谢，促进血红蛋白的合成，所以能促进营养不良儿童的发育，增加其体重，改善贫血。

需要注意的是，具有生理学意义的铬（Ⅲ）一般是指三价铬，六价铬则属于有毒元素，对人体毒性很大，可引起皮肤溃烂、皮炎、过敏性喘息、黏膜溃烂、鼻中隔穿孔等中毒症状。人口服 3g 铬酸盐可以致死，可见胃黏膜充血溃烂、肾组织坏死、脑水肿、内脏器官充血。动物实验证明，六价铬化合物可引起腺癌、肉癌和皮肤癌。

（三）钼

钼（Mo）是第 42 号元素。钼是人体必需的微量元素，其生理功能主要通过各种钼酶的活性来实现。钼是黄嘌呤氧化酶、醛氧化酶、亚硫酸氧化酶、硝酸盐还原酶、亚硝酸还原酶的主要成分，钼酶存在于所有生物体中，参与蛋白质、含硫氨基酸和核酸代谢，具有抗癌、防龋齿等功能。研究表明，许多癌症如食管癌、肝癌、直肠癌、宫颈癌、乳腺癌等都与缺钼有一定关系。因此，适量摄入钼对人体健康具有重要意义。

（四）锰

锰（Mn）是第 25 号元素。锰是人体必需的微量元素，在人体器官中，肝脏、肾脏及胰腺的锰含量最高，在这些组织细胞的线粒体内，锰起着维持细胞各种呼吸酶的活性作用。人和动物机体内所需要的多种酶都可以被锰激活，如碱性磷酸酶、脱羧酶、黄素激酶等。在庞大而复杂的酶分子中，锰起着把组成酶的各种成分结合起来的作用，如果没有锰，酶的分子就会散开，酶也就失去活性。锰还参与软骨和骨组织形成时所需糖蛋白的形成，参与脂类的代谢，锰还对肿瘤细胞具有抑制作用。另外，适当补充锰元素，可以缓和烦躁不安的情绪，让大脑的思路更清晰，能增强记忆力，还可以促进激素的调节，改善妇女因内分泌不稳定导致的妇科疾病。

（五）铁

铁（Fe）是第 26 号元素。铁是人体必需元素，存在于人体所有细胞中，各组织器官，包括各内分泌腺都含有铁。肝脏、脾脏和肺组织内含量较为丰富。成年人体内含有 3~5g 铁，大部分都以蛋白质复合物形式存在，极少部分以离子形态存在。人体内大约 65% 铁存在于血红蛋白中，血红蛋白主要起输送氧和携带排出 CO_2 功能，并具有维持血液酸碱平衡作用；人体中大约 35% 铁为储备铁，储备铁主要形式是铁蛋白，主要分布在肝脏、脾脏、骨髓中。铁蛋白分子呈球形，具有相当大的结合和贮存铁的能力，这种能力足以维持体内铁的供应。铁蛋白具有调节肠道铁吸收的功能，还可防止原子铁对组织和细胞产生毒性作用。铁是组织代谢不可或缺的物质，缺铁可引起多种组织病变和功能失调，如影响淋巴组织的发育和对感染的抵抗力。但是铁也具有一定的生物毒性，体内含铁过多时，可引起严重的中毒反应，急性铁中毒症状主要为腹痛、呕吐、黑便等，如不及时处理严重可导致死亡。吸入含铁粉尘可引起呼吸道中毒，长期接触铁氧化物的工人，肺部出现铁沉着，可引发肺癌。因此要合理摄入含铁营养物质。

（六）镍

镍（Ni）是第 28 号元素。镍为人体必需微量元素。镍能激活肽酶的活性，在激素作用和生物大分子结构稳定性上以及一般的新陈代谢过程中都有镍的参与。镍在自然界分布很广，但在人体内却极微量。

镍及其盐类毒性较低，但由于它本身具有生物化学活性，故能激活或抑制一系列酶（精氨酸酶、羧化酶、酸性磷酸酶和脱羧酶）而产生毒性。镍可引起接触性皮炎，直接进入血流的镍盐毒性较大，胶体镍或氯化镍毒性也较大，可引起中枢性循环和呼吸紊乱，使心肌、脑、肺和肾脏出现水肿、出血和变性。吸入镍及氧化镍粉尘，损害肺部，对皮肤和黏膜有强烈刺激作用，出现"镍痒症"或"镍疥"。大量口服时会出现呕吐、腹泻、急性胃肠炎和齿龈炎，长期接触能使头发变白。长期接触低浓度羰基镍，可导致肺、肝、脑等损害，并可导致肺癌、胃癌、副鼻窦癌的发病率和死亡率增高。

长期接触（如冶炼镍、镀镍等）、吸入或注射镍化物，均有致癌作用。主要因为镍能使恶化的细胞向癌转化；镍能使核糖核酸或脱氧核糖核酸复制失真，引起突变，最后致癌；此外，镍化物能抑制苯并芘羟化酶的活性，从外界吸入的苯并芘不被羟化，当体内及组织内此类物质增多（特别是肺内），就容易产生癌肿。

（七）铜

铜（Cu）是第 29 号元素。铜为人体必需微量元素，在人体内具有重要的生理功能。铜在人体内含量为 100 ~ 150mg，血清铜正常值为 100 ~ 120μg/dl，主要从日常饮食中摄入。铜是含铜金属酶的主要成分，含铜的酶有酪氨酸酶、单胺氧化酶、超氧化酶、超氧化物歧化酶、血铜蓝蛋白等。铜对血红蛋白的形成起活化作用，促进铁的吸收和利用，在电子传递、弹性蛋白的合成、结缔组织的代谢、嘌呤代谢、磷脂及神经组织形成方面有重要作用。人体缺铜会引起各种疾病，如贫血、心血管损伤、冠心病、脑障碍、骨质疏松、关节炎等，缺铜也是引起"少白发"的原因之一，甚至会引起脱发、白癜风。应该指出的是，人体对铜的需求量与中毒量十分接近，因此，不可擅自滥服铜制剂，以预防过量中毒。

（八）锌

锌（Zn）是第 30 号元素。锌是人体中必需的微量元素，正常成年人含锌 15 ~ 25g，大部分分布在骨骼、肌肉、血浆和头发中，含锌最高的组织是眼球、精液和前列腺。锌是人体许多金属酶的组成成分或酶的激活剂，参与核酸和能量代谢，参与胰岛素的合成，维持性机能正常，影响味觉和食欲。人体缺锌会出现生长迟缓、免疫力下降、溃疡、白发、脱发、白内障、肝硬化，甚至死亡等。青少年缺锌时会引起厌食、异食、智力低下、发育迟缓、性器官和第二性征发育迟滞、肝脾肿大、精神痴呆等。国外学者研究发现，缺锌与某些恶性癌症有关，如支气管癌、食管癌、贲门癌、淋巴癌等患者血清中锌含量降低，粒细胞白血病和淋巴细胞白血病患者细胞中锌含量比正常人低 10% ~ 14%。锌还是超过氧化歧化酶 SOD 的主要成分，SOD 防止机体老化；锌还能提高 DNA 的复制能力，加速 DNA 和 RNA 的合成，使老化细胞得到更新。最新研究表明，缺锌会加速机体老化。另一方面，锌过量则会引发锌中毒，表现为恶心、呕吐、急性腹痛、腹泻和发热等，体内长期锌过量会引起肠胃炎、前列腺肥大、高血压、冠心病和贫血等。

 知识链接

钒的生物学效应

在动植物以及人体的脂肪内都含有钒元素，它参与很多的生理过程。钒是植物固氮菌所必须的元素，是固氮酶中蛋白质的构成成分，能加强钼元素的功能，促进根瘤菌对空气中游离态氮元素的固定，还可以参与硝酸根的还原使其转化为氮。

相关研究表明，多种钒类化合物有类胰岛素的作用，具有降血糖、提高胰岛素敏感性、降血脂等作用。另外钒还可以影响氨基酸代谢，对多种酶有抑制作用，对胆固醇也有抑制作用并加速其分解。鉴于钒的生物学效应，人们还陆续发现了含钒化合物的药用价值，比如抗癌作用、消炎作用、降血糖等。

人类的健康离不开药物的发明与使用，药物的产生救苍生于水火，挽救了无数生命。但是药物的发明是一项非常艰辛的工作，李时珍、屠呦呦等前辈们用他们不懈努力和克服疾病的坚定信念为我们引领了方向，他们是药学人应学习的榜样，希望药学的同学们能够学习前辈们的精神，为药学事业贡献自己的力量。

七、f 区金属生命元素

f区元素包括镧（La）、锕（Ac）元素以外所有镧系（58～71 号）及锕系（90～103 号）元素，属于第六、七周期，第ⅢB族。

镧系元素及 21 号元素钪、39 号元素钇，称为稀土元素。我国稀土资源十分丰富，储量占全世界 70%～80%，稀土生产及应用也居世界前列。

稀土元素对植物生长具有促进作用，可提高产量、改善品质和提高农作物抗病能力等。稀土对动物机体功能具有调节作用，可以抑制人体肿瘤的生长。有流行病学研究报道，在稀土生产企业及周边地区，环境稀土浓度与肿瘤标化死亡率呈负相关，提出接触稀土时间越长，发生肿瘤的可能性越低。也有研究成果证实，稀土化合物具有某些特殊的药学性质，做成配体结合于传统的药物，能有效改善药物治疗效果，如喹诺酮类抗生素。另外，也有持相反研究结论的报道证实，稀土元素并非人体必需微量元素。其中镧离子与钙离子相似，对人体骨骼有很高的亲和性，可能取代骨中钙离子，对骨骼钙磷代谢产生影响。以游离形式进入血液的稀土离子很容易被肝、脾等脏器富集，出现不同的毒性效应，但值得注意的是，食物链中的稀土离子与蛋白质、多糖等食物成分结合呈络合状态，处于络合状态的稀土进入体内后很快经尿排出。

第三节　非金属生命元素

PPT

一、ⅠA、ⅣA、ⅤA、ⅥA 非金属生命元素 ⓔ 微课3

ⅠA、ⅣA、ⅤA、ⅥA 非金属生命元素主要包括氢（H）、碳（C）、氮（N）、磷（P）、氧（O）、硫（S）、硒（Se）。

（一）氢

1 号元素氢（H）是生命体必需常量元素，是构成生命体中一切有机物不可缺少的重要元素，蛋白质、脂肪、活性肽、多糖、核酸、激素以及维生素的合成，都离不开氢元素，这些生物大分子都与生物体的生老病死等正常生命活动有着密切关系。

（二）碳

6 号元素碳（C）是构成生命体的六大重要元素之一，人体内的糖类、脂肪、氨基酸等营养物质中都含有碳元素。空气中 CO_2 被植物吸收后，通过光合作用，可与水形成碳水化合物及其他有机物，这些物质可直接或间接地被动物和人类利用后又转化为 CO_2 进入大气，周而复始，既为生命体提供能源，又维持着自然界中 C 含量的相对平衡。但随着现代工业、交通运输业发展以及矿物燃料消耗的增加，全球大气中 CO_2 浓度增加，温室效应等环境问题相继出现，已受到国际社会广泛关注，节能减排、低碳生活已经成为全球各国高度重视的一项环境工程。

（三）氮

7 号元素氮（N）是空气中含量最多的元素，也是构成人体内蛋白质和核酸最重要的元素。氮对植物生长发育的影响是十分明显的。当氮充足时，植物可合成较多的蛋白质，促进细胞的分裂和增长，植物叶面积增长加快，能有更多的叶面积用来进行光合作用，但除了豆科植物的根瘤菌和土壤中固氮菌类能将空气中游离氮固定下来供植物利用外，一般动植物不能直接利用空气中的游离氮，为此，人类合成各种氮肥供作物利用，进而生产出高蛋白的植物及其产品来供动物及人类利用。

（四）磷

15 号元素磷（P）普遍存在于动植物组织中，也是人体含量较多的元素之一，仅次于钙排在第六位。磷约占人体重的 1%，成年人体内含有 $600 \sim 900g$ 磷。体内 85.7% 的磷集中于骨骼和牙齿中，其余分布于全身各组织及体液中和肌肉组织中。它不但构成了人体组织成分，且参与生命活动中重要的代谢过程，是机体中重要的元素。磷是 DNA 和 RNA 的基本成分之一，是传递遗传信息和控制机体细胞正常代谢的重要物质，磷在生物体内经过一系列生化过程转化为三磷酸腺苷（ATP），是能量代谢的主要来源。另外，磷在血液中以酸式磷酸盐和碱式磷酸盐形式存在，它通过代谢排出适当的酸碱物质和适当的磷酸盐来调节体内酸碱平衡。

（五）氧

8 号元素氧（O）是地壳中最丰富、分布最广的元素，也是构成生物界与非生物界最重要的元素，在地壳中含量为 48.6%。单质氧在大气中占 21%。人的生命活动离不开氧，组织细胞物质代谢过程需要充足的氧气，称为有氧代谢。如果动脉血中含氧量不足，没有足够氧维持有氧代谢，就将变成无氧代谢，不但不能产生足够的支持生命活动的能量，还将因无氧代谢而产生许多酸性物质，导致人体酸中毒，严重损害细胞结构和功能。然而，健康成人体内只含 $10 \sim 15L$ 的氧，储备量很少，只够 $3 \sim 4$ 分钟消耗。机体物质代谢所需的氧全靠呼吸器官不停地从外界摄取，并通过血液循环系统运输到全身各器官和组织细胞。氧在血液循环中的运输受很多因素影响，其中任何一个环节的障碍，若无相应的机制代偿都将引起组织缺氧。植物中叶绿素通过光合作用可使有机物分解产生的 CO_2 和 H_2O 转化为所需要的葡萄糖（$C_6H_{12}O_6$），并不断释放出 O_2，使得自然界中 CO_2 和 O_2 达到动态平衡。

(六) 硫

16 号元素硫 (S) 是构成氨基酸和动植物蛋白质的重要组成之一, 如半胱氨酸、蛋氨酸中含有硫, 它存在于各种氨基酸中而被人体所吸收。人体的细胞、皮肤、头发和结缔组织中都含有硫, 它是构成细胞蛋白、组织液和各种辅酶的重要常量元素, 有护肤、美甲、美发等一系列美容功效, 是人们保持亮丽容颜所不可缺少的 "天然美容产品"。硫还可维持大脑正常功能、促进肠胃消化吸收及增强人体抵抗力等。有的硫化物能治疗牙龈疾病、口腔溃疡、痤疮、眼睛发火、风湿性关节炎、红斑狼疮、动脉硬化、糖尿病等。由于硫的用途相当广泛, 所以缺乏者所产生的后果也很多, 如解毒功能下降, 易于中毒或过敏, 关节僵硬, 皮肤粗糙, 皮肤湿疹, 牛皮癣, 皮肤起皱和干燥, 脱发, 秃顶, 手指甲或脚趾甲真菌感染、发脆和断裂, 发育缓慢, 智力下降等。

(七) 硒

34 号元素硒 (Se) 是人体必需微量元素, 但人体无法合成, 必须从外界摄取。硒对于维持人的生命活动发挥着重要作用, 与人体健康有密切关系。硒在人体内含量较低, 为 14~20mg, 广泛分布在肝脏、肾脏、胰脏、心脏、脾脏、肌肉、血液、骨骼等组织器官中。硒主要存在于肌肉 (心肌) 之中, 是谷胱甘肽过氧化酶的重要组成部分, 该酶的主要功能是清除体内脂质过氧化物, 维持膜系统的完整性, 对心肌有保护作用, 并能促进损伤的心肌修复和再生。硒能作用于人体转化成硒酶, 大量破坏血管壁损伤处聚集的胆固醇, 提高心脏中辅酶水平, 使心肌所产生的能量提高, 从而保护心脏, 因此, 硒在预防心血管疾病方面起着重要作用, 同时, 还具有抗氧化、抗衰老、抗病毒、防癌、保护视力以及提高免疫力等作用。

人体缺硒会造成重要器官功能失调, 从而导致许多严重疾病发生。硒缺乏时, 肝脏代谢功能紊乱, 导致肝细胞损伤以致坏死, 从而引起肝脏损害。另外, 硒缺乏还能使机体免疫力下降, 降低对病毒性肝炎的抵抗能力。缺硒会造成细胞及细胞膜结构和功能损伤, 干扰核酸、蛋白质、黏多糖及酶的合成及代谢, 直接影响细胞分裂、繁殖、遗传和生长。硒能作用人体转化成硒酶, 大量破坏血管壁损伤处聚集的胆固醇, 使血管保持畅通, 提高心脏中辅酶 A 的水平, 使心肌所产生的能量提高, 从而保护心脏。低硒时, 导致生物膜功能损伤, 心肌溶酶体膜脆性增高, 可引起心肌氧的利用障碍, 可导致动脉壁细胞生物膜功能障碍, 促使冠状动脉粥样硬化的形成。另外硒元素还与肝硬化、克山病、大骨节病、小儿佝偻病等疾病有一定关系。

硒化物具有较强毒性, 其中以亚硒酸和亚硒酸盐毒性最大。在工业生产中多见急性硒中毒, 患者出现头晕、头痛、无力、恶心、呕吐、腹泻和汗液有蒜臭味, 上呼吸道和眼结膜有刺激症状, 还可有支气管炎、寒战、高热、出大汗、手指震颤以及肝脏肿大, 个别甚至发生化学性肺炎和肺水肿, 表现为剧烈咳嗽、胸痛、呼吸困难、发绀、发热、呼气和汗液中有大量蒜臭味, 咽部充血、惊厥, 以致呼吸衰竭。

二、ⅦA 非金属生命元素

ⅦA 非金属生命元素主要包括氟 (F)、氯 (Cl)、溴 (Br)、碘 (I)。

(一) 氟

9 号元素氟 (F) 是人体所需的微量元素, 在体内主要以 CaF_2 形式分布在骨骼、牙齿、指甲和毛发中，尤以牙釉质中含量最多。男性骨骼中氟含量高于女性，且随年龄增长而升高。人的内脏、软组织、血浆中含氟量较低。氟的生理需要量为 $0.5 \sim 1mg/d$，成年人体内含氟约为2.9g。氟可参与钙磷代谢，有助于钙和磷形成氟化磷灰石从而增加骨骼强度。人体骨骼固体60%为骨盐（主要羟磷灰石），而氟能与骨盐结晶表面的离子进行交换，形成氟磷灰石而成为骨盐的组成部分。骨盐中氟多时，骨质坚硬，而且适量的氟有利于钙和磷的利用及在骨骼中沉积，可加速骨骼形成，促进生长，并维护骨骼健康。补充适量的氟，羟基磷灰石的羟基可被氟取代，形成均匀一致的氟化磷灰石。后者溶解度明显降低，其热力学稳定性明显升高，增加了骨骼强度。氟有预防龋齿、保护人牙齿健康的作用，氟的防龋机理与氟对骨骼的代谢作用一致。大部分氟在牙釉质矿化后，仍能取代羟基磷灰石的羟基，形成氟磷灰石，参与牙釉质的晶格结构，在牙齿表面形成氟磷灰石保护层，提高了牙齿强度，增强了牙釉质的抗酸能力。此外，氟对细菌和酶有抑制作用，可减少由于细菌活动所产生的酸，从而更有利于牙齿的防龋作用。

缺氟时，由于釉质中不能形成氟磷灰石而使羟磷灰石结构得不到氟磷灰石的保护，牙釉质易被微生物、有机酸和酶侵蚀而发生龋齿。缺氟时，不但易发生龋齿，也在一定程度上影响骨骼。据流行病学研究，低氟地区居民患骨质疏松症者较多。

与其他微量元素一样，摄入过量氟也可引起中毒，氟中毒严重危害人类的健康，以牙齿和骨骼损害为主，并波及心血管及神经系统。儿童氟中毒主要表现为氟斑牙，成年人主要表现为氟骨症。

（二）氯

17号元素氯（Cl）是生命必需常量元素，人体内氯含量为105g左右，约占体重0.12%，婴儿含量较多，约占体重0.2%。人体内约70%的氯分布在血浆、细胞间液及淋巴液中，胃液和脑脊髓中氯的浓度最高；而肌肉及神经组织中的氯含量最低。在体内主要以氯离子的形式存在，维持细胞外液渗透压、容量、水平衡和酸碱平衡。在红细胞中，氯能迅速从红细胞中转移到血浆中（即氯转移作用）并与重碳酸盐进行交换，使红细胞与血浆间的氯离子与重碳酸盐不断得到平衡，有助于血液将二氧化碳送到肺部排出体外。此外，氯还参与了胃酸形成，这对酸性维生素 B_{12} 和铁的正常吸收、淀粉酶的激活，非常必要。氯是强氧化剂，能氧化细菌原浆蛋白中的活性基因（如巯基酶等）并与蛋白质的氨基酸结合，使之变性，从而达到杀菌和抑制病毒目的。

人体对氯的需要量约为钠的一半，正常饮食即可满足人体需要。在一些病理情况下，可引起血液中氯化物降低，导致氯缺乏或氯血症。长期或严重呕吐、腹泻或洗胃、出汗过多及利尿药应用不当等均可引起氯缺乏。严重缺乏者可发生代谢性碱中毒，出现呼吸慢而浅、倦怠、食欲不振，部分肌肉痉挛以至出现全身痉挛。而氯过高或高氯血症，则是由于严重脱水、氯化物摄入过多、尿路阻塞、肾功能不全等引起，严重时可引起代谢性酸中毒，出现疲乏、眩晕、感觉迟钝、呼吸深快、心率加速、昏迷，以至死亡。

（三）溴

35号元素溴（Br）是一种有益于人体健康的微量元素，人体中溴高达200mg，约60%的溴分布在肌肉，12%分布在血液，脑及全身组织中都含有一定量溴化物。溴对人体中枢神经系统和大脑皮层高级神经活动具有抑制和调节作用。溴矿泉水可用于治疗神经官能症、自主神经紊乱症、神经痛和失眠等。

长期吸入或大量应用溴剂可导致溴蓄积中毒。除表现黏膜刺激症状外，还伴有神经活动障碍，如表情淡漠、嗜睡、智力减退、记忆力下降、谵语，甚至出现运动紊乱，视、听觉失常，皮肤接触溴液可出现水泡。

（四）碘

53 号元素碘（I）是生命体所需的重要微量元素。正常成年人体内含碘量为 25～36mg，人体内有40%～60%的碘聚集在甲状腺内，参与甲状腺素的形成，其余分布在血浆、肌肉、肾上腺、皮肤、中枢神经、卵巢及胸腺等处。碘具有促进蛋白质合成、增强酶活力、调节能量转换、加速生长发育、维持中枢神经系统正常结构、保持正常精神状态及新陈代谢等的重要机能。人体缺碘时可以引起地方性甲状腺肿大和克汀病。人体补充碘的常见食物有海产品、鱼类、菠菜等。碘还具有强大的杀菌作用，能杀灭细菌、芽孢、真菌和阿米巴原虫等。在药物治疗中，碘化钾、碘化钠等碘化合物，可促使支气管黏膜分泌黏液，使痰易咳出。

当人体碘摄入量超过生理需要量后，可能会引起高碘甲状腺肿，其致病剂量低者为 0.5mg/d，高者为 1.0mg/d。另外，长期服用含碘药物，可引起碘中毒，主要症状为恶心、呕吐、局部疼痛，甚至晕厥，突出的症状是血管神经性水肿，咽部水肿可导致窒息。

PPT

第四节　有毒元素

有毒元素是指对人体生命功能产生侵害的元素，轻者损坏机体，重者危及生命。常见的有砷（As）、汞（Hg）、镉（Cd）、铬（Cr）、铅（Pb）、铊（Tl）、锑（Sb）等。

一、砷　微课4

砷（As）是第 33 号元素，俗称砒，砷及其化合物广泛存在于环境中。元素形态砷，不溶于水，几乎没有毒性，有毒性的主要是砷化合物，砷化合物有三价砷和五价砷，其中三价砷化合物比五价砷化合物毒性大。最常见的三价砷是三氧化二砷（As_2O_3），称为砒霜，是毒性最强的化合物，人只要口服几毫克就可以中毒，60～200mg 即可致死。As（Ⅲ）毒性很强是因为 As（Ⅲ）与机体中巯基（—SH）有很强亲和力，能与含巯基的化合物如辅酶 A、胱氨酶及各种带有巯基的蛋白质及酶等结合，形成稳定螯合物，使许多酶的生物作用受到抑制失去活性，造成代谢障碍而出现中毒。As（Ⅲ）毒性强的另一个原因则是其在水中溶解度很大，且在组织中排泄很慢，很容易蓄积于人体组织中，引起蓄积性砷中毒。

砷污染的水、食物和空气进入人体后，可以引起急性或慢性砷中毒。急性砷中毒主要临床表现为呕吐，食道、腹部疼痛出血及血性便等，严重者出现休克、甚至死亡。慢性砷中毒症状和体征因个体和地域不同是有差异的。一般砷进入机体后，蓄积十几年甚至几十年才发病。其危害是多方面的，砷进入人体后随血液流动侵入全身各组织器官，引发多器官组织结构和功能异常改变，引起皮肤癌、肺癌、膀胱癌和肾癌，危害循环系统，诱发与心肌损害有关的心电图异常和局部微循环障碍等。

二、汞

汞（Hg）是第 80 号元素。汞在自然界中主要以元素汞、无机汞和有机汞（甲基汞等）三种形式存在，其中有机汞（甲基汞）毒性最强，无机汞毒性相对较弱。元素汞常温下即可挥发，通过呼吸道侵入人体后可被肺泡吸收，并经血液循环侵入全身，皮肤也有一定吸收，尤其皮肤在破损或溃烂时吸收量较多。元素汞慢性中毒主要临床表现为神经性症状，如头痛、头晕、乏力、运动失调等；吸入过量汞蒸气会出现急性中毒，主要表现为肝炎、肾炎、尿血和尿毒等。短期内服用大量汞盐、升汞等无机态汞致使高浓度汞离子在体内蓄积时，会对人体肾脏、肝脏、心脏、甲状腺、脑等器官造成损伤，甚至导致神经系统紊乱和慢性汞中毒。无机汞中毒主要表现为轻度易兴奋症、汞毒性震颤、中毒性脑病和严重肝肾损害等。

在微生物作用下元素汞和无机汞会直接或间接地转化为有机汞，在鱼体、动物体及人体内无机汞也会转化为有机汞，主要为甲基汞、二甲基汞等。与元素汞和无机汞相比，有机汞消化吸收率最高，易被消化道吸收，可在鱼类和贝类中经生物富集进一步浓缩蓄积。甲基汞主要在神经、肾脏、心血管、生殖以及免疫系统等方面对人体产生毒害作用，尤以神经毒性最为严重，主要表现为精神和行为障碍，如包括视觉及语言和听觉障碍、感觉异常、四肢乏力等。

三、镉

镉（Cd）是第 48 号元素，是一种半衰期很长（长达 10～35 年）的多器官、多系统毒物，其危害仅次于汞、铅。随着工农业生产发展，受污染环境中镉含量逐年上升。

镉主要通过呼吸道和消化道侵入人体。它不是人体必需微量元素，新生儿体内并不含镉，但随着年龄的增长，即使无职业接触，50 岁左右的人体内含镉也可达到 20～30μg/kg。通常情况下，一般人每日从食物中摄入镉 100～300mg，每天从饮水中摄入 0～20μg，从大气中可吸入 0～1.5μg。

镉进入人体后，可分布到全身各个器官，主要与富含半胱氨酸的胞质蛋白相结合，形成金属硫蛋白而存在，这种金属硫蛋白对镉在体内的分布、代谢起着重要的作用。金属硫蛋白主要在肝脏内合成。镉摄取量增加时，金属硫蛋白合成也增加，合成后经血液转移至肾脏，在肾小管被吸收而蓄积在肾脏中。正常人体内含镉量为 30～40mg，其中 33% 在肾脏，14% 在肝脏内，2% 在肺部，0.13% 在胰腺内，当镉的浓度在各器官中超过该限度时，就会发生镉中毒。

急性镉中毒可引起肺水肿、肺气肿。慢性镉中毒则主要对肾脏、骨骼、心血管、免疫系统以及生殖系统产生不同程度的毒性影响。

四、铬

铬（Cr）是第 24 号元素。铬在天然食品中含量较低，均以三价的形式存在。人们从食物中获取的铬很少且对人体无害，并且三价铬 [Cr(Ⅲ)] 是人体必需的微量元素，但六价铬 [Cr(Ⅵ)] 的化合物是公认的致癌物。

口服重铬酸钾，对胃肠黏膜产生刺激作用，临床表现为口腔黏膜变黄、呕吐黄色或绿色物质、吞咽困难、上腹部烧灼痛、腹泻、血水样便，严重者出现休克、青紫、呼吸困难。重铬酸钾对肝肾都有毒性，尿中出现蛋白，严重者出现急性肾功能衰竭。

工业上接触铬及其化合物，主要是铬矿石和铬冶炼时产生的粉尘和烟雾，电镀时产生的铬酸雾，以及在生产过程中产生六价铬化合物。铬对皮肤损害主要表现为皮肤出现红斑、水肿、水疱、溃疡。铬对呼吸系统损害主要表现为鼻中隔穿孔、鼻黏膜溃疡、咽炎、肺炎、咳嗽、头痛、气短、胸闷、发热、青紫，还有可能引起肺癌。因此含铬的废水必须经过严格的处理才能排放。

五、铅

铅（Pb）是第82号元素。铅对人体危害极大，如对神经系统、骨骼造血功能、消化系统、男性生殖系统等均有危害。特别是大脑处于神经系统敏感期的儿童，对铅有特殊敏感性。研究表明，儿童智力低下的发病率随铅含量增加而升高。儿童体内血铅每上升 $10\mu g/100ml$，儿童智力则下降 $6\sim8$ 分，当血铅含量超过 $200\mu g/L$ 时，儿童会有多动、注意力不集中等表现；超过 $400\mu g/L$ 时会出现严重贫血；大于 $700\mu g/L$ 则会腹绞痛，严重的出现昏迷、抽筋等症状。

铅是一种蓄积性毒物，作用相当缓慢而且毒性隐蔽，在毒性发作之前不容易被觉察，在国外被称为"隐匿杀手"，它能致癌、致畸、致突变。人体内铅主要来自食物，也有以铅烟和铅尘的形式通过呼吸道和消化系统进入人体，借肺泡的弥散和吞噬细胞作用，迅速被吸收进入血液，分布在脑部、肝脏、肾脏、肺部、脾脏中，其中肝脏中铅含量最多。

铅主要损害造血系统、神经系统、消化系统、心血管系统等，引发脑部及周围神经疾病，导致智力下降、记忆力减退等，严重者会出现脑水肿、脑血管异常等。此外，过量吸入铅还会影响人体心血管系统，导致人体免疫系统功能紊乱，降低人体免疫力，导致肿瘤和传染性疾病的产生。

急性铅中毒表现为口内有金属味、流涎、恶心、呕吐、阵发性腹痛、便秘或腹泻、头痛、血压升高、出汗多、尿少等，严重者出现痉挛、抽搐、昏迷，合并有中毒性肝病、中毒性肾病和贫血等。慢性铅中毒表现为头痛、头晕、失眠、多梦、记忆力减退、乏力、肌肉关节酸痛、消化不良、口内金属味、食欲不振、恶心呕吐、便秘等，贫血伴有心悸、气短、疲劳、易激动、头痛等，严重者合并震颤、麻痹、血管病变、中毒性脑病等。

六、铊

铊（Tl）是第81号元素。铊在地壳中的含量约为十万分之三，以低浓度分布在长石、云母和铁、铜的硫化物矿中，独立的铊矿很少。

铊是有毒元素，其毒性高于铅（PB）和汞（Hg），为强烈的神经毒物。此外，铊具有强蓄积性，可对患者造成永久性损害，如肌肉萎缩、肝肾的永久性损伤等。成年人的最小致死剂量为 $12mg/kg$，儿童为 $8.8\sim15mg/kg$。急性铊中毒多数为非职业性中毒，如由于误服、使用铊化合物药物或其他原因引起。急性职业中毒主要为吸入铊烟尘、蒸气所致。人经口大量摄入此类物质时能引起消化道的刺激症状（腹部绞痛、恶心、呕吐、腹泻）、末梢神经炎、中枢神经系统障碍、精神不安、脱发、失明、四肢疼痛、手足颤动及走路不稳等。有机铊化合物可燃、剧毒，粉尘能刺激眼睛、鼻子，产生恶心、呕吐、腹痛等症状。

七、锑

锑（Sb）是第51号元素。锑及其许多化合物都具有毒性，最小致死量（大鼠，腹腔）为 $100mg/kg$。其主要是与体内巯基结合，从而抑制巯基酶的活性，干扰体内蛋白质和糖的代谢，损害肝脏、心脏及神经系统，对黏膜产生刺激作用。锑及其化合物可通过呼吸道、消化道和皮肤进入人体，并广泛分布于各组织器官中，并引起中毒，诱发肺水肿、心肌及肝功能损害、肾小管性变、红细胞皱缩、血浓缩、产生溶血，严重时可导致死亡。

锑是否对人体产生危害取决于其在人体内的累积量，它对于人的危害要长时间才能体现出来。

目标检测

答案解析

一、单项选择题

1. 人们从食盐中可摄取的一种必需常量元素是（ ）。

    A. 钠   B. 钾   C. 镁   D. 钙

2. 下列物质属于空气污染物的是（ ）。

    A. O_2 B. N_2 C. NO_2 D. CO_2

3. 下能引起温室效应的气体是（ ）。

    A. O_2 B. N_2 C. SO_2 D. CO_2

4. 在组成生物体的化学元素中，质量分数最多的是（ ）。

    A. O   B. C   C. H   D. N

5. 在生物体内含量极少，但对维持生物体正常生命活动必不可少的元素有（ ）。

    A. Fe、Mn、Zn、Mg   B. Zn、Cu、Fe、Mn

    C. Mg、Mn、Cu、Mo   D. Zn、Cu、Mn、Ca

6. 下列不属于有毒元素的是（ ）。

    A. 砷   B. 汞   C. 铅   D. 氢

7. 测定某一物质时，发现其中 C、H、N 三种元素的质量分数仅占 1%，该物质可能是（ ）。

    A. 鲜花   B. 干种子   C. 岩石   D. 骨

8. 可预防龋齿和保护牙齿健康的元素是（ ）。

    A. 钠   B. 钙   C. 氟   D. 铁

9. 地壳含量最丰富的生命元素是（ ）。

    A. O   B. Fe   C. Ca   D. Zn

10. 下列属于常量元素的是（ ）。

    A. 氢   B. 锶   C. 铝   D. 钒

二、填空题

1. 多吃海带可预防"大脖子病"是因为海带中含有丰富的_____。

2. 空气中含量最多的元素是_____，地壳中含量最多的元素是_____，地壳中含量最多的金属元素是_____。

3. _____、_____、_____、_____、_____、_____被称为构成生命体的六大重要元素。

4. _____是人体最基本的电解质，钠有维持血压的功能。

5. _____是人体必需微量元素，其四价和五价化合物对人体都具有生物学意义。

三、简答题

什么是有毒元素？

四、综合题

长期或大量摄入铝元素对人体大脑和神经系统会造成损害，建议限制铝的摄入量。根据你的生活经验，应采取哪些措施限制铝元素的摄入？

书网融合……

知识回顾　　　微课1　　　微课2　　　微课3　　　微课4　　　习题

（王　静）

附录

附录一

化学实训基本常识

为了保证实训的顺利进行和获得准确的分析结果，实训人员必须了解和掌握有关化学实训基本常识。

一、化学实训学生守则

1. 实训前，必须认真预习实训内容，明确实训目的，领会实训原理，了解实训操作技术、步骤和注意事项，完成一份预习报告。

2. 进入实训室，必须穿实训服，佩戴个人识别卡。禁止穿拖鞋、高跟鞋、背心、短裤（裙）或披发。禁止携带、饮用食物，禁止吸烟、玩手机、大声喧哗。

3. 实训前，应先清点实训仪器、试剂是否齐全，发现问题及时报告实训指导老师登记、补领或调换。如对仪器使用方法、试剂性质不明确时，严禁开始实训，以免发生意外。

4. 实训指导老师讲解时，要认真听讲，积极思考。实训时，要严格按照规范的操作流程进行，仔细观察实训现象和结果并及时记录，所有实训中的原始数据必须记录在实训记录本上，不得涂改、编造实训数据。

5. 实训时自觉遵守实训室各项规章制度，保持实训室内安静，实训台面、地面整洁，树立环境保护意识，节约水、电、试剂，爱护仪器和公用设施，使用精密仪器后应在使用登记卡上签字，养成良好的实训工作习惯。

6. 注意安全，了解消防设施和安全通道的位置。遇到事故应立即采取紧急措施，并及时向实训老师报告。

7. 公共仪器和药品用毕，随即放回原处，不得擅自拿走。废品、纸屑、火柴梗等放入废物桶内，有毒废物倒入指定地点回收，进行无害化处理，严禁投放在水槽中，以免腐蚀和堵塞水槽及下水道，污染环境。

8. 实训完毕后应及时整理物品，将仪器、试剂架、实训桌面清理干净，将仪器整齐摆放回仪器柜。如有损坏，必须及时登记补领。实训室一切物品不得带离实训室。

9. 值日生负责做好整个实训室的清洁、整理工作，并关好水、电、门窗等，经实训老师检查同意后，方可离开实训室。

10. 实训后，需对实训现象进行总结，对实训原始数据进行处理，并对实训结果进行讨论，按要求、按格式书写实训报告，并按时交给指导教师审阅。

二、化学实训安全守则

1. 实训室是进行化学知识学习和科学研究的场所。进入实训室前必须要熟悉和遵守实训室安全规则。

2. 了解实训室水、电、气（煤气）总开关所在位置，了解消防器材（消火栓、灭火器等）、紧急急救箱、紧急淋洗器、洗眼装置等的位置和正确使用方法以及安全通道。

3. 了解实训室的主要设施及布局，仪器设备以及通风实训柜的位置、开关和安全使用方法。产生刺激性、恶臭、有毒气体（如 Cl_2、Br_2、HF、HCl、H_2S、O_2、NO_2、CO 等）的实训应在通风橱内进行。

4. 不允许用手直接取用固体药品。白磷、钾、钠等暴露在空气中易燃烧，须将白磷保存在水中，钾、钠保存在煤油中，取用时，用镊子夹取。乙醇、乙醚、丙酮、苯等有机物容易引燃，使用时，必须远离明火，用完立即盖紧瓶塞。

5. 嗅闻气体时，鼻子不能直接对着瓶口或试管口，而应用手轻轻将少量气体扇向鼻子。

6. 在不了解药品性质时，不允许将药品任意混合，以免发生意外事故。强氧化剂（如氯酸钾、高氯酸等）及其混合物（如氯酸钾与红磷、碳、硫等混合物），不能研磨，否则易发生爆炸。

7. 使用酒精灯或煤气灯，应随用随点，不用时，将酒精灯盖上灯罩，关闭煤气开关。

8. 加热时，不能将容器口朝向自己或他人，不能俯视正在加热的液体，以防液体溅出伤人。不得在加热过程中随意离开加热装置，以免被加热物质激烈反应或溶液被烧干等引起事故。不要用潮湿的手接触电器以免触电。

9. 浓酸、浓碱有强腐蚀性，使用时一定要小心，切勿溅在衣服、皮肤及眼睛上。稀释浓硫酸时，应将浓硫酸沿玻璃棒缓慢注入水中，并不断搅拌，绝不能将水倒入浓硫酸中。

10. 有毒药品（如重铬酸钾、铅盐、镉盐、砷的化合物、汞的化合物等）不得进入人体内或接触伤口，不得将其倒入水槽中，应按实训老师要求专门收集，统一无害化处理。

11. 金属汞易挥发，被吸入体内，易引起慢性中毒。一旦有汞洒落在桌面或地上，必须尽可能收集起来，并用硫黄粉覆盖在洒落过的地方，使汞变成不挥发的硫化汞。

12. 不纯氢气、甲烷遇火易爆炸，操作时应严禁烟火。点燃前，必须先检查其纯度，以确保安全。银氨溶液不能长时间保存，因久置后易爆炸。

13. 使用玻璃仪器必须小心操作，以免打碎、划伤自己或他人。

14. 实训室所有的药品不得携带出室外。用剩的有毒药品要交还指导教师。一切废弃物必须放在指定的废物收集器内，贴上标签。

15. 实训结束后由实训老师签字，填写教学日志和实训日志，方可离开实训室。

16. 任何有关实训安全问题，皆可询问实训指导老师。发生事故，必须立即报告，即时处理。

三、试剂使用规则

1. 化学试剂的等级　通用的化学试剂，共分为四个纯度。市售化学试剂在瓶子的标签上用不同的符号和颜色标明它的纯度等级。下面是试剂的纯度及其适用范围。

（1）优级纯（一级）　　GR 绿色，用于分析实验和科研。

（2）分析纯（二级）　　AR 红色，用于分析实验和科研。

（3）化学纯（三级）　　CP 蓝色，用于要求较高的化学实验。

（4）实验试剂（四级）　　LR 黄色，用于一般要求的化学实验。

2. 化学试剂的分类保管　化学实训所用药品种类多，有些对人有毒害作用，另些易燃、易爆或有剧毒。药品的管理要以安全、不变质为原则。

（1）一般试剂的分类保管　无机物按单质（金属和非金属），氧化物（碱性氧化物、酸性氧化物和两性氧化物），碱、酸和盐进行分类。

（2）易变质试剂的保管　有些化学试剂易挥发和吸湿而潮解，有些试剂见光易分解，保管时按试剂性质妥善保管；易挥发的试剂如浓盐酸、浓氨水等应严密盖紧，放在阴凉处；易潮解的试剂如氯化钙、硝酸钠等应严密盖紧，还可加蜡密封；见光易分解的试剂如浓硝酸、硝酸银等应用棕色瓶盛装，放在阴凉避光处。

（3）危险药品的管理　凡是能发生燃烧、爆炸、中毒、灼烧等灾害的化学试剂都属于化学危险品。保存要严格遵守公安部门的使用规定。例如浓盐酸和浓硝酸保存在阴凉通风处，跟其他药品隔离放置。又如氯酸钾和高锰酸钾保存在阴凉通风处，跟酸、木炭粉、金属粉等易燃物分开存放。磷、氯化汞等剧毒危险品，放置在专柜里，加锁、专人负责保管。

3. 试剂使用规则　化学试剂使用不当，极易发生变质或被污染，将会影响分析结果的准确度，甚至造成实验的失败。因此须按要求使用化学试剂。

（1）使用前要认清标签，取用时不可将瓶盖随意乱放，应将瓶盖反放在干净的地方，取用后应立即盖好，以防试剂被其他物质玷污。

（2）不准用手直接取用试剂，固体试剂应用洁净、干燥的牛角勺（或镊子）取用，液体试剂应用干净的量筒或烧杯倒取，倒取时标签朝上。

（3）必须按实训规定用量取用试剂，如没有指定用量，则尽可能用最少量（可节约药品和时间），绝不允许将各种试剂任意混用。

（4）取出的试剂未用完时，不能倒回原瓶，以防污染试剂，应倾倒在实训指导老师教师指定的容器中。

四、化学实训室事故的处理

在化学实训过程中，会接触某些毒性的试剂、气体或烟雾偶尔还会发生割伤、烫伤、烧伤等事故，因此，应具备一定的毒物知识和安全防护知识，尽量避免发生事故。而当事故一旦发生后，能采取紧急处理措施，减少损失与伤害。

1. 割伤　若一般轻伤，应及时挤出污血，并在伤口处，涂上红药水或甲紫药水，并用纱布包扎。伤口内，若有玻璃碎片或污物，先用消毒过的镊子取出，用生理氯化钠溶液清洗伤口，再用 3% H_2O_2 消毒，然后涂上红药水，撒上消炎药，并用绷带包扎。若伤口过深、出血过多时，可用云南白药止血或扎止血带，送往医院救治。

2. 烫伤　在烫伤处，抹上烫伤膏或万花油，或用高锰酸钾或苦味酸涂于烫伤处，再搽上凡士林、烫伤膏。若烫伤后起泡，要注意不要挑破水泡。

3. 酸烧伤　先用干布蘸干，再用饱和碳酸氢钠溶液或稀氨水冲洗，最后用水冲洗。若酸液溅入眼睛内，则应立即用大量细水流长时间冲洗，再用 2% 硼砂溶液洗，最后用蒸馏水冲洗（有条件可用洗眼器冲洗）。冲洗时，避免用水流直射眼睛，也不要揉搓眼睛。

4. 碱烧伤　先用大量水冲洗，再用 2% 醋酸溶液冲洗，最后用水冲洗。若碱液溅入眼睛内，则应立即用大量细水流长时间冲洗，再用 3% 硼酸溶液冲洗，最后用蒸馏水冲洗。

5. 白磷灼伤　用 1% 硫酸铜或高锰酸钾溶液冲洗伤口，再用水冲洗。

6. 吸入有毒气体　吸入硫化氢气体时，应立即到室外，呼吸新鲜空气；吸入氯气、氯化氢气体时，可吸入少量乙醇和乙醚混合蒸气解毒；吸入溴蒸气时，可吸入氨气和新鲜空气解毒。

7. 毒物进入口 把 5～10ml 稀硫酸铜或高锰酸钾溶液（约5%）加入一杯温水中，内服后，用手指或匙柄伸入咽喉，促使呕吐，并立即送医院救治。

8. 触电 立即切断电源，必要时，进行人工呼吸，对伤势严重者，立即送医院救治。

9. 火灾 实训过程中，万一不慎起火，切勿惊慌，应立即采取相应措施灭火。

五、实训室灭火常识

火灾对实训室构成的威胁最为严重和直接，一场严重的火灾，将对实训室的人身、财产和资料造成毁灭性的致命打击。

1. 实训室火灾的成因

（1）易燃、易爆危险品引起火灾 在化学实训中，各种化学危险品使用普遍，种类繁多。这些物品性质活泼，稳定性差，有的物质相互接触即能发生着火或爆炸，在储存和使用中，稍有不慎就可能酿成火灾事故。

（2）加热设备引起火灾 实验室里常使用煤气灯、酒精灯或酒精喷灯、电炉、电烘箱等加热设备和器具，增大了实训室的火灾危险性。煤气灯加热过程中，若煤气漏气，易与空气形成爆炸性混合物。乙醇则易挥发、易燃，其蒸气在空气中能爆炸。电烘箱若运行时间长，易出现控制系统故障，发热量增多，温度升高，造成火灾。

（3）电气设备引起火灾 电气故障是发生火灾的重要原因之一。化学实训室大量使用各类电气设备，电气设备发生过载、短路、断线、接点松动、接触不良、绝缘下降等故障会产生电热和电火花，引燃周围的可燃物。

（4）违反操作规程引起火灾 实训室经常进行萃取、重结晶、化学反应等典型操作，危险性大。若实训者工作前没准备，操作不熟练或违反操作规则，不听劝阻或指导未经批准擅自操作等，均易诱发火灾爆炸事故。

2. 实训室火灾的预防方法

（1）易燃、易爆危险品操作时的防火要求 操作、倾倒易燃液体，应远离火源。危险性大的，如乙醚或二硫化碳操作，应在通风柜或防护罩内进行，危险性操作若能喷出火焰、腐蚀性物质、毒物、爆炸物，容器口应对向无人处；黄磷、金属钾、钠等自燃物，数量较多者应在防火实训室内操作；钾、钠操作时应防止与水、卤代烷接触。

接触可引起燃爆事故的性质不相容物，如氧化剂与易燃物，不得一起研磨；蒸馏或回流实验中，必须预先放置助沸物（沸石、素瓷片等）；严禁向近沸液体中添加助沸物，应先移去热源，待液体冷却后再添加，以免大量液体从瓶口喷出起火。

使用易燃溶剂重结晶时，应采用蒸汽浴、液浴或密闭电热板加热，用锥形瓶盛装，不得用烧杯。

设置专用废液器收集废液、废物，不得随意倾倒，以免引起燃爆事故。如有溅散，立即用纸巾吸除，并作适当处理。

（2）使用加热设备的防火要求 点燃煤气灯时，附近不得放置易燃、易爆物品。为防止煤气爆炸，应按规定顺序序点燃、熄灭煤气灯。煤气系统要严密不漏，煤气管道、灯具应勤检。

使用酒精灯和酒精喷灯时，乙醇的添加量不超过灯具容量的2/3，切勿倒满以防乙醇外溢。严禁用已燃着的酒精灯去点燃别的酒精灯，燃着的灯焰应用灯帽盖灭，以防灯内乙醇气燃。灯内乙醇量少于灯容量的 1/4 时，即应添加乙醇，以免瓶内发生爆炸。

（3）使用电器设备的防火要求　对实验室内的各类电气设备应严格管理，电气线路的铺设、电气设备的安装、保护和维修都应严格执行国家的有关规范。有些电气设备功率较大，使用时应注意防止过载。经常使用易燃、易爆气体和液体的实训室的电气设施应达到整体防爆要求。

（4）严格执行操作规程　是做好实训室防火工作的最基本、最可靠的手段。实训室要根据各类实训性质，建立科学的实训安全操作规程。实训人员应严格按规程操作。

（5）加强防火安全管理　易燃、易爆的危险实训用品做到专库专人保管并配备标准的全套灭火器；实训剩余且常用的少量易燃、易爆化学物品，应放置到黄色安全柜柜内由专人保管，量多的应及时交回危化品库房储存，实训指导老师应指导学生充分做好实训前的准备工作，熟悉实训内容，掌握实训步骤；实训时严格按实训规程操作，杜绝不规范操作造成的火灾。

3. 实训室灭火方法　万一发生着火，要沉着、冷静快速处理。首先要切断热源、电源，把附近的可燃物品移走，再针对燃烧物的性质采取适当的灭火措施。切不可将燃烧物抱着往外跑，因为跑时空气更流通会烧得更猛。

常用的灭火措施有以下几种，使用时要根据火灾的轻重，燃烧物的性质，周围环境和现有条件进行选择。

（1）石棉布　适用于小火。用石棉布盖上以隔绝空气，就能灭火。如果火很小，用湿抹布或石棉板盖上就行。

（2）干沙土　一般装于砂箱内，只要抛洒在着火物体上就可灭火。适用于不能用水扑救的燃烧，但对火势很猛，面积很大的火焰欠佳。砂土应该用干的。

（3）水　是常用的救火物质。它能使燃烧物的温度下降，但一般有机物着火不适用，因溶剂与水不相溶，且比水轻，水浇上去后，溶剂漂在水面上，扩散开来继续燃烧。但若燃烧物与水互溶时，或用水没有其他危险时可用水灭火。在溶剂着火时，先用泡沫灭火器把火扑灭，再用水降温是有效的救火方法。

（4）泡沫灭火器　是实验室常用的灭火器材，使用时，把灭火器倒过来，往火场喷，由于它生成二氧化碳及泡沫，使燃烧物与空气隔绝而灭火，适用于除电流起火外的灭火。

（5）二氧化碳灭火器　在小钢瓶中装入液态二氧化碳，救火时打开阀门，把喇叭口对准火场喷射出二氧化碳以灭火，它不损坏仪器，不留残渣，对于通电的仪器也可以使用。

（6）石墨粉　当钾、钠或锂着火时，不能用水、泡沫灭火器、二氧化碳等灭火，可用石墨粉扑灭。在积极扑救火灾的同时，应根据火灾状况及时报警。

六、实训室废物处理

实训室废弃物品应分为毒性化学物质、有机废液、无机废液、有机固体废弃物及固体废弃物等五项，其中还有些是剧毒物质和致癌物质，如果直接排放，就会污染环境，损害人体健康。须经过必要的处理才能排放，处理原则如下。

1. 毒性化学物质废弃物　依行环境保护法规定办理。

2. 有机废液　有机废液中除剧毒与有致癌作用之溶剂外，可采取以下几种方法。

（1）醇类及低碳之酮类化合物　可经由大量清水稀释后，由下水道排放（如丙酮）。

（2）含卤素碳氢化合物　集中收集于固定的容器中，定期由专人或委托校外有执照的人代清除、代处理。

（3）碳氢化合物　集中收集于固定之容器中，定期由专人或委托校外有执照的人代清除、代处理。

（4）无机或有机酸　需中和至中性或以水大量稀释，再排入下水道中。

3. 无机废液　处理分为二种。

（1）含重金属废液　集中收集于固定之容器中，定期由专人或委托校外有执照的人代清除、代处理。

（2）一般无机化合物溶液　可经由大量清水稀释后，由下水道排放。

4. 有机固体及一般固体废弃物　分别利用广口玻璃瓶贮存，并于瓶外贴上标签，注明内存物、贮存日期及贮存人。

5. 一般废弃物的贮存

（1）酸　应远离活泼金属（如钠、钾、镁等），氧化性的酸或易燃有机物。

（2）碱　应远离酸及一些性质活泼的药物。

（3）易燃物　应放在暗冷处并远离一切有氧化作用的酸。

（4）与水作用的药物　应存放于冷处，并远离水。

（5）见光易变化的药物　应存放于棕色瓶中，勿被阳光照射。

（6）剧毒药物应藏在不易取得之隐秘之处。

6. 一般废弃物的贮存容器

（1）贮存桶若严重生锈、损坏，不得使用。

（2）易燃物贮存，不相容之废弃物贮存桶，应分开放置，以免发生意外。

（3）贮存桶应于表面明显处标示内容物及开始贮存日期。

7. 未经许可不得将任何废弃物带出实训室。

8. 贮存位置应绝对禁止烟火及渗水，以防意外发生。

无机化学实训常用仪器介绍

仪器名称	规　格	主要用途	注意事项
试管	玻璃质。分硬质和软质。普通试管无刻度，以外径×长度（mm）或体积（ml）表示	用于少量试剂的反应器，便于操作和观察。也可用于少量气体的收集	一般大试管可直接加热，小试管用水浴加热；加热时用试管夹夹持，加热液体时，试管口不要对自己或他人，加热固体时，试管口略向下倾斜，加热后未冷却的试管用试管夹夹好并悬于试管架上
试管架	材质有木、铝质和塑料质等，有6、12、24孔等大小不同、形状各异的多种规格	盛放试管用	可将试管放置于试管架上滴加试剂，观察实训现象；使用时要防止被洒落的试剂腐蚀
试管夹	材质有木、金属	夹持试管用	木质试管夹使用时要防止被火烧坏或试剂腐蚀；金属弹簧应有足够弹性，并做防锈处理防止烧损或锈蚀
试管刷	钢丝绳为骨架，上面带有向外伸展的细刷丝，材料有尼龙丝、纤维毛、金属丝等	刷洗玻璃仪器内外壁用	依据不同仪器选用不同材质、大小、长短的刷子，小心刷子顶端的铁丝绳，洗刷时不要碰撞玻璃仪器
研钵	材质有瓷、玻璃、玛瑙、金属等，以口径（mm）表示	用于研磨固体物质及固体物质的混合；按固体物质的性质和硬度选用	不能加热和做反应器用；研磨的量不能超过研钵体积1/3；研磨时不能捣碎，只能碾压，不能研磨易燃、易爆物质
药匙（药勺）	由牛角、金属、瓷或塑料制成。有些药匙两头各有一个勺，一大一小	用来取固体（粉体或小颗粒）药品用	根据试剂用量选用大小合适钥匙；最好专匙专用；不能用药匙取用热药品，也不能接触酸、碱溶液；取用药品后，应及时用纸把药匙擦干净；取固体粉末置于试管中时，先将试管倾斜，把盛药品的药匙（或纸槽）小心地送入试管底部，再使试管直立
烧杯	玻璃质。分硬质、软质；普通型、高型；有刻度和无刻度；规格以容量（ml）表示	作反应容器用；用于溶解、加热、沉淀、结晶等；也可用于简易水浴的盛水器	反应液体不能超过烧杯容积的2/3；加热前，外壁要擦干，加热时，要下垫石棉网，使受热均匀；加热后未冷却的烧杯，不能直接置于桌面上，应置于石棉网上

续表

仪器名称	规　格	主要用途	注意事项
玻璃棒	玻璃仪器	用于搅拌加速溶解，促进互溶；引流或蘸取少量液体；加热搅拌，防止因受热不均匀而引起飞溅等	搅拌时不要太用力，以免玻璃棒或容器破裂；搅拌不要连续碰撞容器壁、容器底，不要发出连续响声；搅拌时要向一个方向搅拌（顺时针或逆时针）
石棉网	是由两片铁丝网夹着一张石棉水浸泡后晾干的棉布做成的铁丝网	加热时，垫在受热容器和热源之间，使受热均匀	石棉脱落的，不能使用；不能卷折，以免石棉脱落；不要与水接触，以免石棉脱落或铁丝锈蚀；因石棉致癌，国外已用高温陶瓷代替
铁架台、铁圈、铁夹	铁架台是铁制品，配有上下移动、大小不同的铁圈、铁夹，用于固定或放置反应器等；铁圈有大小号之分；铁夹有烧瓶夹和冷凝管夹等	用于固定或放置容器（如烧杯、烧瓶、冷凝管等）；铁圈可代替漏斗架使用	铁夹内应垫石棉布，夹在仪器合适位置，以仪器不脱落或旋转为宜，不能过紧或过松；固定时，仪器和铁架台的重心应落在铁架台底座中央，防止不稳倾倒
酒精灯	以乙醇为燃料的加热工具，由灯体、棉灯绳、瓷灯芯、灯帽和乙醇五大部分组成；有 60ml、150ml、250ml 等规格	用作热源；酒精灯火焰温度为 500～600℃	酒精灯乙醇量不能超过容积的 2/3，不少于 1/4；用外焰加热；熄灭时，用灯帽盖灭，不能用嘴或气体吹灭
蒸发皿	常用陶瓷质地，也有玻璃、石英制的；分为圆底、平底；规格以口径（mm）或容量（ml）表示	蒸发、浓缩用；随液体性质不同选用不同材质的蒸发皿	盛液量不超过容积的 2/3；耐高温，可直接加热，但不宜骤冷；加热时，应不断搅拌，临近蒸干时，应用小火或停止加热，利用余温蒸干
坩埚	有陶瓷、石英、金属等质地；规格以容积（ml）表示	用于灼烧固体用，耐高温；随固体性质选用不同材质的坩埚	灼烧时，置于泥三角上，直接用火烧或放入高温炉中煅烧；炽热的坩埚不能骤冷；热的坩埚置于石棉网上或搪瓷盘内冷却，稍冷后，转入干燥器中存放；用坩埚钳夹取坩埚或盖子时，坩埚钳需预热，以免炸裂
坩埚钳	铁质；有大小不同规格	从热源（如酒精灯、电炉、马福炉等）中，夹持取放坩埚或蒸发皿	使用前，要洗干净；夹取灼热的坩埚时，钳尖要先预热，以免坩埚因局部骤冷而破裂。使用前后，钳尖应向上，放在桌面或石棉网（温度高时）上
三脚架	铁质；有大小、高低之分	放置较大或较重的容器加热	要放平稳；高度选择以灯火外焰加热达到最高温度为原则；不能触碰刚加热过的三脚架以免烫伤

续表

仪器名称	规　格	主要用途	注意事项
泥三角	用铁丝拧成，套以瓷管；有大小之分	用于搁置坩埚或蒸发皿加热	选择泥三角时，要使搁在其上的坩埚所露出的上部不超过本身高度的1/3；坩埚底应横着斜放在三个瓷管中的一个上；灼热的泥三角，不要放在桌面上，不要接触水，以免瓷管骤冷破裂
漏斗	一般为玻璃质或塑料质；有短颈、长颈、粗颈、无颈等几种，以口径（mm）大小表示	用于过滤或引导溶液入小口容器中	不能用火直接加热；过滤时，漏斗颈尖端必须紧靠接液容器内壁。长颈漏斗用于加液时，颈应插入液面下
漏斗架	木质或有机玻璃材质，有螺丝可固定于木架上或铁架台上	过滤时用于放置漏斗，也可用于支撑分液漏斗	固定漏斗板时，不要把它倒放；有时铁架台加铁圈可代替漏斗架使用
分液漏斗	玻璃质；有球形、梨形、筒形、锥形等几种，颈有长、短之分。以容积（ml）大小表示	用于互不相溶的液体分离；也可用于向反应体系中滴加溶液原料	不能加热；漏斗塞子不能互换，活塞处不能漏液；分液时下层液体从漏斗下口流出，上层液体从上口倒出；向反应体系中滴加溶液时，下口应插入液面下。漏斗上口活塞及颈部活塞，都是磨砂配套的，应系好，防止滑出跌碎；分液操作时，先打开顶塞，使漏斗与大气相通
布氏漏斗、吸滤瓶	布氏漏斗为瓷质，以容量（ml）或口径（mm）大小表示；吸滤瓶为玻璃质，以容量（ml）大小表示，有250ml、500ml、1000ml等	两者配套，用于制备实验中晶体或沉淀的减压过滤	漏斗大小与吸滤瓶要匹配，与过滤的沉淀或晶体的量要适应；滤纸应略小于布氏漏斗内径；漏斗斜口对准吸滤瓶支管口（即抽气口）；先用玻璃棒引流向漏斗内转移上层清液，再转移晶体或沉淀；漏斗内溶液量不要超过漏斗容积的2/3
量筒、量杯	玻璃质；以所能度量的最大积（ml）表示；上口大，下端小的称为量杯；一般精确到±0.1ml	用于量取一定体积液体	选用比所量体积稍大量筒；不能加热和烘干，不能量热的或太冷的液体；不能用作反应容器，也不能用于有明显热量变化的混合或稀释实验；读数时放平稳，保持视线、筒内液体凹液面最低点和刻度水平
移液管、吸量管	玻璃质；以所能度量的最大体积（ml）表示。一般精确到±0.01ml	用于准确量取一定体积的溶液	不能加热和烘干。使用前要做体积校准
洗耳球	橡胶材质，也称吸耳球，规格有30ml、60ml、90ml、120ml	主要用于移液管或吸量管定量移取液体	洗耳球应保持清洁，禁止与酸、碱、油、有机溶剂等接触，远离热源

仪器名称	规　　格	主要用途	注意事项
容量瓶	玻璃质；大小以容积（ml）表示	用于直接配制标准溶液或稀释定容	不能加热和烘干，不能长期贮存溶液；使用前要做体积校准；磨口瓶塞与瓶体是配套使用，不能互换
锥形瓶	玻璃质；大小以容积（ml）表示，常见容量有125ml、250ml、500ml等	作反应容器，加热时，可避免液体大量蒸发；振摇方便，用于滴定分析	加热时外壁不能有水，要放在石棉网上，加热后也要放在石棉网上。不要与湿物接触，不可干加热
滴管	由橡皮乳头和尖嘴玻璃管构成	用于吸取或加少量试剂，分离沉淀时吸取上层清液	滴加液体时滴管要保持垂直于容器正上方，不要倾斜、横置或倒立，不可伸入容器内部或碰到容器壁。严禁用未经清洗的滴管再吸取其他试剂
滴瓶	大小以容积（ml）表示。分无色、棕色两种	盛放少量液体试剂或溶液，便于取用	不能加热。棕色瓶盛放见光易分解或不稳定的试剂；滴液时，滴管要保持垂直，不能接触接收容器内壁；滴管要专用，切忌互换；不宜长期贮存试剂，尤其是腐蚀性的试剂
点滴板	分黑、白两种，按凹穴数量多少分为四穴、六穴和十二穴等	点滴试剂，观察反应现象或放置试纸用于测试等	滴加试剂量不能超过穴孔的容量；不能加热；生成白色沉淀的，用黑色点滴板；生成有色沉淀或溶液的，用白色点滴板
表面皿	玻璃质；规格以口径（mm）大小表示	盖在容器上，防止液体溅出；晾干晶体；用作点滴反应、承放器皿烘干或称量等	不能用火直接加热，以防止破裂；作盖用时，直径应略大于被盖容器
细口瓶、广口瓶、试剂瓶	材质有玻璃、塑料；大小以容积（ml）表示。玻璃的分磨口、非磨口，无色、棕色等	广口瓶用于贮存固体或收集气体。细口瓶用于贮存液体	不能直接加热；取用试剂时瓶盖应倒放在桌上，不能弄脏、弄乱；有磨口塞的试剂瓶不用时应洗净，并在磨口处垫上纸条；贮存碱液时要用橡皮塞，以免腐蚀黏牢打不开；棕色瓶用于见光易分解或不稳定的物质
称量瓶	玻璃质；以外径（mm）×高度（mm）表示。分扁型和筒型两种	准确称取一定量的固体样品时用	不能用火直接加热；瓶身和瓶塞是配套的，不能互换使用；用前，洗净烘干，不用时，应洗净并在磨口处垫一小纸条
洗瓶（塑料）	以容积（ml）表示。	用于盛装清洗剂或蒸馏水，配有发射细液流装置；用于清洗仪器和器皿，配制溶液、洗涤沉淀等	塑料制品禁止加热，注意瓶口处密封

续表

仪器名称	规　　格	主要用途	注意事项
电加热套	以容积（ml）表示。实训室常用加热仪器之一，普通电热套可达400℃，高温电热套可达800~1000℃	能用于玻璃容器精确控温加热，温控精度在±1℃	由无碱玻璃纤维和金属加热丝编制的半球形加热内套和控制电路组成。使用时应有良好接地，液体溢入套内时，要迅速关闭电源，将电热套放在通风处，待干燥后方可使用，以免漏电或短路；第一次使用时，套内有白烟和异味冒出，颜色由白色变为褐色再变成白色属于正常
水浴锅	水浴锅通常用铜或铝制作，以加热功率（W）或工作室尺寸 W×D×H（mm）表示，型号有二孔、四孔、六孔、八孔	用于实训室中蒸馏、干燥、浓缩、温渍化学药品或生物制品，也可用于恒温加热和其他温度试验	注水时不可将水流入控制箱内以防发生触电；注意不要把水浴锅烧干，也不要把水浴锅作为沙盘使用
烘箱	烘箱是利用电热丝隔层加热使物体干燥的设备，一般由箱体、电热系统和自动控温系统三部分组成，精度为0.1℃	用来干燥玻璃仪器或烘干无腐蚀性、受热不分解的物品	挥发性、易燃物或刚用乙醇、丙酮淋洗过的玻璃仪器切勿放入烘箱内，以免引起爆炸；箱内物品切勿过挤，必需留出气体对流的空间；用完后，须将电源局部切断，常保持箱内外干净

（蒋立英）

常见弱酸、弱碱在水中的解离常数(298.15K)

化合物	化学式	K_a	化合物	化学式	K_a
醋酸	HAc	1.75×10^{-5}	水	H_2O	1.00×10^{-14}
氢氰酸	HCN	6.2×10^{-10}	硼酸	H_3BO_3	5.8×10^{-10}
甲酸	HCOOH	1.77×10^{-4}	过氧化氢	H_2O_2	2.2×10^{-12}
碳酸	H_2CO_3	$K_{a_1} = 4.30 \times 10^{-7}$	硫代硫酸	$H_2S_2O_3$	$K_{a_1} = 0.25$
		$K_{a_2} = 5.61 \times 10^{-11}$			$K_{a_2} = 1.9 \times 10^{-2}$
氢硫酸	H_2S	$K_{a_1} = 8.9 \times 10^{-8}$	铬酸	H_2CrO_4	$K_{a_1} = 1.8 \times 10^{-1}$
		$K_{a_2} = 1.0 \times 10^{-19}$			$K_{a_2} = 3.2 \times 10^{-7}$
草酸	$H_2C_2O_4$	$K_{a_1} = 5.9 \times 10^{-2}$	邻苯二甲酸	$C_6H_4(COOH)_2$	$K_{a_1} = 1.1 \times 10^{-3}$
		$K_{a_2} = 6.4 \times 10^{-5}$			$K_{a_2} = 2.9 \times 10^{-6}$
磷酸	H_3PO_4	$K_{a_1} = 6.9 \times 10^{-3}$	枸橼酸	$C_6H_8O_7$	$K_{a_1} = 7.4 \times 10^{-4}$
		$K_{a_2} = 6.2 \times 10^{-8}$			$K_{a_2} = 1.7 \times 10^{-5}$
		$K_{a_3} = 4.8 \times 10^{-13}$			$K_{a_3} = 4.0 \times 10^{-7}$
亚磷酸	H_3PO_3	$K_{a_1} = 3.7 \times 10^{-2}$	酒石酸	$C_4H_6O_6$	$K_{a_1} = 9.1 \times 10^{-4}$
		$K_{a_2} = 2.9 \times 10^{-7}$			$K_{a_2} = 4.3 \times 10^{-5}$
氢氟酸	HF	6.8×10^{-4}	苯酚	C_6H_5OH	1.1×10^{-10}
硫酸	H_2SO_4	$K_{a_2} = 1.0 \times 10^{-2}$	苯甲酸	C_6H_5COOH	6.2×10^{-5}
亚硫酸	H_2SO_3	$K_{a_1} = 1.2 \times 10^{-2}$	羟胺	NH_2OH	1.1×10^{-6}
		$K_{a_2} = 1.6 \times 10^{-8}$			
碘酸	HIO_3	0.49	肼	NH_2NH_2	8.5×10^{-9}
次氯酸	HClO	4.6×10^{-11}	氨水	NH_3	5.59×10^{-10}
次溴酸	HBrO	2.3×10^{-9}	甲胺	CH_5N	2.3×10^{-11}
次磺酸	HIO	2.3×10^{-11}	苯胺	$C_6H_5NH_2$	2.51×10^{-5}
亚氯酸	$HClO_2$	1.1×10^{-2}	乙醇胺	C_2H_7ON	3.18×10^{-10}
亚硝酸	HNO_2	7.1×10^{-4}	吡啶	C_5H_5N	5.90×10^{-6}
砷酸	H_3AsO_4	$K_{a_1} = 6.2 \times 10^{-3}$	乙胺	$C_2H_5NH_2$	2.0×10^{-11}
		$K_{a_2} = 1.2 \times 10^{-7}$			
		$K_{a_3} = 3.1 \times 10^{-12}$			
亚砷酸	H_3AsO_3	5.1×10^{-10}			

常见难溶化合物的溶度积(298.15K)

难溶化合物	K_{sp}	难溶化合物	K_{sp}
AgAc	1.94×10^{-3}	$Co(OH)_2$（新析出）	1.6×10^{-15}
AgBr	5.35×10^{-13}	$Co(OH)_3$	1.6×10^{-44}
Ag_2CO_3	8.46×10^{-12}	$\alpha - CoS$（新析出）	4.0×10^{-21}
AgCl	1.77×10^{-10}	$\beta - CoS$（陈化）	2.0×10^{-25}
$Ag_2C_2O_4$	5.40×10^{-12}	$Cr(OH)_3$	6.3×10^{-31}
Ag_2CrO_4	1.12×10^{-12}	CuBr	6.27×10^{-9}
$Ag_2Cr_2O_7$	2.0×10^{-7}	CuCN	3.47×10^{-20}
AgI	8.52×10^{-17}	$CuCO_3$	1.4×10^{-10}
$AgIO_3$	3.17×10^{-8}	CuCl	1.72×10^{-7}
$AgNO_2$	6.0×10^{-4}	$CuCrO_4$	3.6×10^{-6}
AgOH	2.0×10^{-8}	CuI	1.27×10^{-12}
Ag_3PO_4	8.89×10^{-17}	CuOH	1.0×10^{-14}
Ag_2S	6.3×10^{-50}	$Cu(OH)_2$	2.2×10^{-20}
Ag_2SO_4	1.20×10^{-5}	$Cu_3(PO_4)_2$	1.40×10^{-37}
$Al(OH)_3$	1.3×10^{-33}	$Cu_2P_2O_7$	8.3×10^{-16}
AuCl	2.0×10^{-13}	CuS	6.3×10^{-36}
$AuCl_3$	3.2×10^{-25}	Cu_2S	2.5×10^{-48}
$Au(OH)_3$	5.5×10^{-46}	$FeCO_3$	3.2×10^{-11}
$BaCO_3$	2.58×10^{-9}	$FeC_2O_4 \cdot 2H_2O$	3.2×10^{-7}
BaC_2O_4	1.6×10^{-7}	$Fe(OH)_2$	4.87×10^{-17}
$BaCrO_4$	1.17×10^{-10}	$Fe(OH)_3$	2.79×10^{-39}
BaF_2	1.84×10^{-7}	FeS	6.3×10^{-18}
$Ba_3(PO_4)_2$	3.4×10^{-23}	Hg_2Cl_2	1.43×10^{-18}
$BaSO_3$	5.0×10^{-10}	Hg_2I_2	5.2×10^{-29}
$BaSO_4$	1.08×10^{-10}	$Hg(OH)_2$	3.0×10^{-26}
BaS_2O_3	1.6×10^{-5}	Hg_2S	1.0×10^{-47}
$Bi(OH)_3$	4.0×10^{-31}	HgS（红）	4.0×10^{-53}
BiOCl	1.8×10^{-31}	HgS（黑）	1.6×10^{-52}
Bi_2S_3	1.0×10^{-97}	Hg_2SO_4	6.5×10^{-7}
$CaCO_3$	3.36×10^{-9}	KIO_4	3.71×10^{-4}
$CaC_2O_4 \cdot H_2O$	2.32×10^{-9}	$K_2[PtCl_6]$	7.48×10^{-6}
$CaCrO_4$	7.1×10^{-4}	$K_2[SiF_6]$	8.7×10^{-7}
CaF_2	3.45×10^{-11}	Li_2CO_3	8.15×10^{-4}
$CaHPO_4$	1.0×10^{-7}	LiF	1.84×10^{-3}

续表

难溶化合物	K_{sp}	难溶化合物	K_{sp}
$Ca(OH)_2$	5.02×10^{-6}	$MgCO_3$	6.82×10^{-6}
$Ca_3(PO_4)_2$	2.07×10^{-33}	MgF_2	5.16×10^{-11}
$CaSO_4$	4.93×10^{-5}	$Mg(OH)_2$	5.61×10^{-12}
$CaSO_3 \cdot 0.5H_2O$	3.1×10^{-7}	$MnCO_3$	2.24×10^{-11}
$CdCO_3$	1.0×10^{-12}	$Mn(OH)_2$	1.9×10^{-13}
$CdC_2O_4 \cdot 3H_2O$	1.42×10^{-8}	MnS (无定形)	2.5×10^{-10}
$Cd(OH)_2$ （新析出）	2.5×10^{-14}	MnS (结晶)	2.5×10^{-13}
CdS	8.0×10^{-27}	Na_3ALF_6	4.0×10^{-10}
$CoCO_3$	1.40×10^{-13}	$NiCO_3$	1.42×10^{-7}
$Ni(OH)_2$ （新析出）	2.0×10^{-15}	PbI_2	9.8×10^{-9}
$\alpha - NiS$	3.2×10^{-19}	$PbSO_4$	2.53×10^{-8}
$Pb(OH)_2$	1.43×10^{-20}	$Sn(OH)_2$	5.45×10^{-27}
$Pb(OH)_4$	3.2×10^{-44}	$Sn(OH)_4$	1.0×10^{-56}
$Pb_3(PO_4)_2$	8.0×10^{-40}	SnS	1.0×10^{-25}
$PbMoO_4$	1.0×10^{-13}	$SrCO_3$	5.60×10^{-10}
PbS	8.0×10^{-28}	$SrC_2O_4 \cdot H_2O$	1.60×10^{-7}
$\beta - NiS$	1.0×10^{-24}	SrC_2O_4	2.2×10^{-5}
$\gamma - NiS$	2.0×10^{-26}	$SrSO_4$	3.44×10^{-7}
$PbBr_2$	6.60×10^{-6}	$ZnCO_3$	1.46×10^{-10}
$PbCO_3$	7.4×10^{-14}	$ZnC_2O_4 \cdot 2H_2O$	1.38×10^{-9}
$PbCl_2$	1.70×10^{-5}	$Zn(OH)_2$	3.0×10^{-17}
PbC_2O_4	4.8×10^{-10}	$\alpha - ZnS$	1.6×10^{-24}
$PbCrO_4$	2.8×10^{-13}	$\beta - ZnS$	2.5×10^{-22}

标准电极电势(298.15K)

电极反应	$\varphi^{\ominus}(\text{V})$	电极反应	$\varphi^{\ominus}(\text{V})$
$Ag^+ + e \rightleftharpoons Ag$	0.7996	$Br_3^- + 2e \rightleftharpoons 3Br^-$	1.05
$AgBr + e \rightleftharpoons Ag + Br^-$	0.07133	$HBrO + H^+ + e \rightleftharpoons 1/2Br_2(aq) + H_2O$	1.574
$AgCl + e \rightleftharpoons Ag + Cl^-$	0.22233	$HBrO + H^+ + e \rightleftharpoons 1/2Br_2(l) + H_2O$	1.596
$AgCN + e \rightleftharpoons Ag + CN^-$	−0.017	$BrO_3^- + 6H^+ + 5e \rightleftharpoons 1/2Br_2 + 3H_2O$	1.482
$Ag_2CrO_4 + 2e \rightleftharpoons 2Ag + CrO_4^{2-}$	0.4470	$BrO_3^- + 6H^+ + 6e \rightleftharpoons Br^- + 3H_2O$	1.423
$AgF + e \rightleftharpoons Ag + F^-$	0.779	$BrO_3^- + 3H_2O + 6e \rightleftharpoons Br^- + 6OH^-$	0.61
$AgI + e \rightleftharpoons Ag + I^-$	−0.15224	$2CO_2 + 2H^+ + 2e \rightleftharpoons H_2C_2O_4$	−0.49
$Ag_2S + 2e \rightleftharpoons 2Ag + S^{2-}$	−0.691	$CO_2 + 2H^+ + 2e \rightleftharpoons HCOOH$	−0.199
$Ag_2S + 2H^+ + 2e \rightleftharpoons 2Ag + H_2S$	−0.0366	$Ca^{2+} + 2e \rightleftharpoons Ca$	−2.868
$AgSCN + e \rightleftharpoons Ag + SCN^-$	0.08951	$Ca(OH)_2 + 2e \rightleftharpoons Ca + 2OH^-$	−3.02
$Al^{3+} + 3e \rightleftharpoons Al$	−1.662	Calomel electrode, saturated KCl(SCE)	0.2438
$Al(OH)_3 + 3e \rightleftharpoons Al + 3OH^-$	−2.31	$Cd^{2+} + 2e \rightleftharpoons Cd$	−0.4030
$AlF_6^{3-} + 3e \rightleftharpoons Al + 6F^-$	−2.069	$Cd^{2+} + 2e \rightleftharpoons Cd(Hg)$	−0.3521
$As_2O_3 + 6H^+ + 6e \rightleftharpoons 2As + 3H_2O$	0.234	$CdSO_4 + 2e \rightleftharpoons Cd + SO_4^{2-}$	−0.246
$HAsO_2 + 3H^+ + 3e \rightleftharpoons As + 2H_2O$	0.248	$Ce^{3+} + 3e \rightleftharpoons Ce$	−2.336
$AsO_2^- + 2H_2O + 3e \rightleftharpoons As + 4OH^-$	−0.68	$Ce^{3+} + 3e \rightleftharpoons Ce(Hg)$	−1.4373
$H_3AsO_4 + 2H^+ + 2e \rightleftharpoons HAsO_2 + 2H_2O$	0.560	$Ce^{4+} + e \rightleftharpoons Ce^{3+}$	1.72
$AsO_4^{3-} + 2H_2O + 2e \rightleftharpoons AsO_2^- + 4OH^-$	−0.71	$Cl_2(g) + 2e \rightleftharpoons 2Cl^-$	1.35827
$Au^{3+} + 3e \rightleftharpoons Au$	1.498	$HClO + H^+ + e \rightleftharpoons 1/2Cl_2 + H_2O$	1.611
$AuBr_4^- + 3e \rightleftharpoons Au + 4Br^-$	0.854	$ClO^- + H_2O + 2e \rightleftharpoons Cl^- + 2OH^-$	0.81
$AuCl_4^- + 3e \rightleftharpoons Au + 4Cl^-$	1.002	$HClO_2 + 2H^+ + 2e \rightleftharpoons HClO + H_2O$	1.645
$Au(OH)_3 + 3H^+ + 3e \rightleftharpoons Au + 3H_2O$	1.45	$HClO_2 + 3H^+ + 3e \rightleftharpoons 1/2Cl_2 + 2H_2O$	1.628
$Ba^{2+} + 2e \rightleftharpoons Ba$	−2.912	$HClO_2 + 3H^+ + 4e \rightleftharpoons Cl^- + 2H_2O$	1.570
$Ba(OH)_2 + 2e \rightleftharpoons Ba + 2OH^-$	−2.99	$ClO_2^- + H_2O + 2e \rightleftharpoons ClO^- + 2OH^-$	0.66
$Be^{2+} + 2e \rightleftharpoons Be$	−1.847	$ClO_3^- + 6H^+ + 5e \rightleftharpoons 1/2Cl_2 + 3H_2O$	1.47
$Bi^{3+} + 3e \rightleftharpoons Bi$	0.308	$ClO_3^- + 6H^+ + 5e \rightleftharpoons Cl^- + 3H_2O$	1.451
$BiOCl + 2H^+ + 3e \rightleftharpoons Bi + H_2O + Cl^-$	0.1583	$ClO_3^- + 3H_2O + 6e \rightleftharpoons Cl^- + 6OH^-$	0.62
$BiO^+ + 2H^+ + 3e \rightleftharpoons Bi + H_2O$	0.320	$ClO_4^- + 2H^+ + 2e \rightleftharpoons ClO_3^- + H_2O$	1.189
$Br_2(aq) + 2e \rightleftharpoons 2Br^-$	1.0873	$ClO_4^- + H_2O + 2e \rightleftharpoons ClO_3^- + 2OH^-$	0.36
$Br_2(l) + 2e \rightleftharpoons 2Br^-$	1.066	$ClO_4^- + 8H^+ + 7e \rightleftharpoons 1/2Cl_2 + 4H_2O$	1.39
$ClO_4^- + 8H^+ + 8e \rightleftharpoons Cl^- + 4H_2O$	1.389	$Hg_2(Ac)_2 + 2e \rightleftharpoons 2Hg + 2Ac^-$	0.51163
$Co^{2+} + 2e \rightleftharpoons Co$	−0.28	$I_2(s) + 2e \rightleftharpoons 2I^-$	0.5355
$Co^{3+} + e \rightleftharpoons Co^{2+}$	1.92	$I_3^- + 2e \rightleftharpoons 3I^-$	0.536
$Cr^{3+} + 3e \rightleftharpoons Cr$	−0.744	$In^{3+} + 3e \rightleftharpoons In$	−0.3382
$Cr^{3+} + e \rightleftharpoons Cr^{2+}$	−0.407	$2HIO + 2H^+ + 2e \rightleftharpoons I_2 + 2H_2O$	1.439

续表

电极反应	$\varphi^{\ominus}$ (V)	电极反应	$\varphi^{\ominus}$ (V)
$Cr_2O_7^{2-} + 14H^+ + 6e \Longrightarrow 2Cr^{3+} + 7H_2O$	1.36	$HIO + H^+ + 2e \Longrightarrow I^- + H_2O$	0.987
$HCrO_4^- + 7H^+ + 3e \Longrightarrow Cr^{3+} + 4H_2O$	1.350	$2IO_3^- + 12H^+ + 10e \Longrightarrow I_2 + 6H_2O$	1.195
$CrO_2 + 4H^+ + e \Longrightarrow Cr^{3+} + 2H_2O$	1.48	$IO_3^- + 6H^+ + 6e \Longrightarrow I^- + 3H_2O$	1.085
$CrO_4^{2-} + 4H_2O + 3e \Longrightarrow Cr(OH)_3 + 5OH^-$	-0.13	$H_5IO_6 + H^+ + 2e \Longrightarrow IO_3^- + 3H_2O$	1.601
$Cs^+ + e \Longrightarrow Cs$	-3.028	$H_3IO_6^{2-} + 2e \Longrightarrow IO_3^- + 3OH^-$	0.7
$Cu^+ + e \Longrightarrow Cu$	0.521	$K^+ + e \Longrightarrow K$	-2.931
$Cu^{2+} + 2e \Longrightarrow Cu$	0.3419	$La^{3+} + 3e \Longrightarrow La$	-2.379
$Cu^{2+} + e \Longrightarrow Cu^+$	0.153	$La(OH)_3 + 3e \Longrightarrow La + 3OH^-$	-2.90
$Cu^{2+} + 2CN^- + e \Longrightarrow [Cu(CN)_2]^-$	1.103	$Li^+ + e \Longrightarrow Li$	-3.0401
$Cu^{2+} + I^- + e \Longrightarrow CuI(s)$	0.86	$Mg^{2+} + 2e \Longrightarrow Mg$	-2.372
$2Cu(OH)_2 + 2e \Longrightarrow Cu_2O + 2OH^- + H_2O$	-0.080	$Mg(OH)_2 + 2e \Longrightarrow Mg + 2OH^-$	-2.690
$F_2(g) + 2H^+ + 2e \Longrightarrow 2HF$	3.053	$Mn^{2+} + 2e \Longrightarrow Mn$	-1.185
$F_2(g) + 2e \Longrightarrow 2F^-$	2.866	$MnO_2(s) + 4H^+ + 2e \Longrightarrow Mn^{2+} + 2H_2O$	1.224
$Fe^{2+} + 2e \Longrightarrow Fe$	-0.447	$MnO_4^- + e \Longrightarrow MnO_4^{2-}$	0.558
$Fe^{3+} + e \Longrightarrow Fe^{2+}$	0.771	$MnO_4^- + 4H^+ + 3e \Longrightarrow MnO_2 + 3H_2O$	1.679
$[Fe(CN)_6]^{3-} + e \Longrightarrow [Fe(CN)_6]^{4-}$	0.358	$MnO_4^- + 8H^+ + 5e \Longrightarrow Mn^{2+} + 4H_2O$	1.507
$Fe(OH)_3 + e \Longrightarrow Fe(OH)_2 + OH^-$	-0.56	$MnO_4^- + 2H_2O + 3e \Longrightarrow MnO_2 + 4OH^-$	0.595
$2H^+ + 2e \Longrightarrow H_2$	0.00000	$MnO_4^{2-} + 2H_2O + 2e \Longrightarrow MnO_2 + 4OH^-$	0.60
$H_2 + 2e \Longrightarrow 2H^-$	-2.23	$Mn(OH)_2 + 2e \Longrightarrow Mn + 2OH^-$	-1.56
$2H_2O + 2e \Longrightarrow H_2 + 2OH^-$	-0.8277	$Mo^{3+} + 3e \Longrightarrow Mo$	-0.200
$H_2O_2 + 2H^+ + 2e \Longrightarrow 2H_2O$	1.776	$N_2 + 2H_2O + 6H^+ + 6e \Longrightarrow 2NH_4OH$	0.092
$H_2O_2 + 2e \Longrightarrow 2OH^-$	0.88	$NO_3^- + 3H^+ + 2e \Longrightarrow HNO_2 + H_2O$	0.934
$Hg^{2+} + 2e \Longrightarrow Hg$	0.851	$NO_3^- + 4H^+ + 3e \Longrightarrow NO + 2H_2O$	0.957
$2Hg^{2+} + 2e \Longrightarrow Hg_2^{2+}$	0.920	$2NO_3^- + 4H^+ + 2e \Longrightarrow N_2O_4 + 2H_2O$	0.803
$Hg_2^{2+} + 2e \Longrightarrow 2Hg$	0.7973	$HNO_2 + H^+ + e \Longrightarrow NO + H_2O$	0.983
$Hg_2Cl_2(s) + 2e \Longrightarrow 2Hg + 2Cl^-$	0.26808	$NO_2 + H^+ + e \Longrightarrow HNO_2$	1.07
$Hg_2SO_4(s) + 2e \Longrightarrow 2Hg + SO_4^{2-}$	0.6125	$N_2O_4 + 2e \Longrightarrow 2NO_2^-$	0.867
$N_2O_4 + 2H^+ + 2e \Longrightarrow 2HNO_2$	1.065	$S + 2e \Longrightarrow S^{2-}$	-0.47627
$Na^+ + e \Longrightarrow Na$	-2.71	$S + 2H^+ + 2e \Longrightarrow H_2S(aq)$	0.142
$Ni^{2+} + 2e \Longrightarrow Ni$	-0.257	$2S + 2e \Longrightarrow S_2^{2-}$	-0.42836
$Ni(OH)_2 + 2e \Longrightarrow Ni + 2OH^-$	-0.72	$S_2O_6^{2-} + 4H^+ + 2e \Longrightarrow 2H_2SO_3$	0.564
$NiO_2 + 4H^+ + 2e \Longrightarrow Ni^{2+} + 2H_2O$	1.678	$S_2O_8^{2-} + 2e \Longrightarrow 2SO_4^{2-}$	2.010
$NiO_2 + 2H_2O + 2e \Longrightarrow Ni(OH)_2 + 2OH^-$	-0.490	$S_2O_8^{2-} + 2H^+ + 2e \Longrightarrow 2HSO_4^-$	2.123
$O_2(g) + 2H^+ + 2e \Longrightarrow H_2O_2$	0.695	$S_4O_6^{2-} + 2e \Longrightarrow 2S_2O_3^{2-}$	0.08
$O_2(g) + 4H^+ + 4e \Longrightarrow 2H_2O$	1.229	$H_2SO_3 + 4H^+ + 4e \Longrightarrow S + 3H_2O$	0.449
$O_3 + 2H^+ + 2e \Longrightarrow O_2 + H_2O$	2.076	$2SO_2(aq) + 2H^+ + 4e \Longrightarrow S_2O_3^{2-} + H_2O$	0.40
$O_3 + H_2O + 2e \Longrightarrow O_2 + 2OH^-$	1.24	$4SO_2(aq) + 4H^+ + 6e \Longrightarrow S_4O_6^{2-} + 2H_2O$	0.51

电极反应	$\varphi^{\ominus}(\mathbf{V})$	电极反应	$\varphi^{\ominus}(\mathbf{V})$
$P(红)+3H^++3e \Longrightarrow PH_3(g)$	-0.111	$2SO_3^{2-}+3H_2O+4e \Longrightarrow S_2O_3^{2-}+6OH^-$	-0.571
$P(白)+3H^++3e \Longrightarrow PH_3(g)$	-0.063	$2SO_4^{2-}+4H^++2e \Longrightarrow S_2O_6^{2-}+2H_2O$	-0.22
$H_3PO_4+2H^++2e \Longrightarrow H_3PO_3+H_2O$	-0.276	$SO_4^{2-}+4H^++2e \Longrightarrow H_2SO_3+H_2O$	0.172
$PO_4^{3-}+2H_2O+2e \Longrightarrow HPO_3^{2-}+3OH^-$	-1.05	$SO_4^{2-}+H_2O+2e \Longrightarrow SO_3^{2-}+2OH^-$	-0.93
$H_3PO_3+2H^++2e \Longrightarrow H_3PO_2+H_2O$	-0.499	$Sb+3H^++3e \Longrightarrow SbH_3$	-0.510
$H_3PO_3+3H^++3e \Longrightarrow P+3H_2O$	-0.454	$Sb_2O_3+6H^++6e \Longrightarrow 2Sb+3H_2O$	0.152
$HPO_3^{2-}+2H_2O+2e \Longrightarrow H_2PO_2^-+3OH^-$	-1.65	$Sb_2O_5(方锑矿)+4H^++4e \Longrightarrow Sb_2O_3+2H_2O$	0.671
$HPO_3^{2-}+2H_2O+3e \Longrightarrow P+5OH^-$	-1.71	$Sb_2O_5(锑华)+4H^++4e \Longrightarrow Sb_2O_3+2H_2O$	0.649
$Pb^{2+}+2e \Longrightarrow Pb$	-0.1262	$Sb_2O_5+6H^++4e \Longrightarrow 2SbO^++3H_2O$	0.581
$PbCl_2+2e \Longrightarrow Pb+2Cl^-$	-0.2675	$SbO^++2H^++3e \Longrightarrow Sb+H_2O$	0.212
$PbI_2+2e \Longrightarrow Pb+2I^-$	-0.365	$Sc^{3+}+3e \Longrightarrow Sc$	-2.077
$PbO_2+4H^++2e \Longrightarrow Pb^{2+}+2H_2O$	1.455	$Se+2e \Longrightarrow Se^{2-}$	-0.924
$PbSO_4+2e \Longrightarrow Pb^{2+}+SO_4^{2-}$	-0.3588	$Se+2H^++2e \Longrightarrow H_2Se(aq)$	-0.399
$PbO_2+SO_4^{2-}+4H^++2e \Longrightarrow PbSO_4+2H_2O$	1.6913	$Se+2H^++2e \Longrightarrow H_2Se$	-0.082
$Pd^{2+}+2e \Longrightarrow Pd$	0.951	$H_2SeO_3+4H^++4e \Longrightarrow Se+3H_2O$	0.74
$[PdCl_4]^{2-}+2e \Longrightarrow Pd+4Cl^-$	0.591	$SeO_3^{2-}+3H_2O+4e \Longrightarrow Se+6OH^-$	-0.366
$[PdCl_6]^{2-}+2e \Longrightarrow [PdCl_4]^{2-}+4Cl^-$	1.288	$SiF_6^{2-}+4e \Longrightarrow Si+6F^-$	-1.24
$Pd(OH)_2+2e \Longrightarrow Pd+2OH^-$	0.07	$SiO_2(石英)+4H^++4e \Longrightarrow Si+2H_2O$	0.857
$Pt^{2+}+2e \Longrightarrow Pt$	1.18	$SiO_3^{2-}+3H_2O+4e \Longrightarrow Se+6OH^-$	-1.697
$[PtCl_4]^{2-}+2e \Longrightarrow Pt+4Cl^-$	0.755	$Sn^{2+}+2e \Longrightarrow Sn$	-0.1375
$[PtCl_6]^{2-}+2e \Longrightarrow [PtCl_4]^{2-}+4Cl^-$	0.68	$Sn^{4+}+2e \Longrightarrow Sn^{2+}$	0.151
$Rb^{2+}+2e \Longrightarrow Rb$	-2.98	$SnO_2+4H^++2e \Longrightarrow Sn^{2+}+2H_2O$	-0.094
$SnO_2+4H^++4e \Longrightarrow Sn+2H_2O$	-0.117	$VO^{2+}+2H^++e \Longrightarrow V^{3+}+H_2O$	0.337
$SnO_2+2H_2O+4e \Longrightarrow Sn+4OH^-$	-0.945	$V_2O_5+6H^++2e \Longrightarrow 2VO^{2+}+3H_2O$	0.957
$HSnO_2^-+H_2O+2e \Longrightarrow Sn+3OH^-$	-0.909	$W^{3+}+3e \Longrightarrow W$	0.1
$Sr^{2+}+2e \Longrightarrow Sr$	-2.899	$H_4XeO_6+2H^++2e \Longrightarrow XeO_3+3H_2O$	2.42
$Sr^{2+}+2e \Longrightarrow Sr(Hg)$	-1.793	$XeO_3+6H^++6e \Longrightarrow Xe+3H_2O$	2.10
$Ta^{3+}+3e \Longrightarrow Ta$	-0.6	$XeF+e \Longrightarrow Xe+F^-$	3.4
$Te+2e \Longrightarrow Te^{2-}$	-1.142	$Y^{3+}+3e \Longrightarrow Y$	-2.372
$Te+2H^++2e \Longrightarrow H_2Te$	-0.793	$Zn^{2+}+2e \Longrightarrow Zn$	-0.7618
$Ti^{2+}+2e \Longrightarrow Ti$	-1.630	$Zn^{2+}+2e \Longrightarrow Zn(Hg)$	-0.7628
$TiO_2+4H^++4e \Longrightarrow Ti+2H_2O$	-0.502	$ZnO_2^{2-}+2H_2O+2e \Longrightarrow Zn+4OH^-$	-1.215
$Tl^{3+}+3e \Longrightarrow Tl$	0.741	$Zn(OH)_2+2e \Longrightarrow Zn+2OH^-$	-1.249
$U^{3+}+3e \Longrightarrow U$	-1.798	$ZnO+2H_2O+2e \Longrightarrow Zn+2OH^-$	-1.260
$U^{4+}+3e \Longrightarrow U^{3+}$	-0.607	$Zr^{2+}+4e \Longrightarrow Zr$	-1.45
$V^{2+}+2e \Longrightarrow V$	-1.175	$ZrO_2+4H^++4e \Longrightarrow Zr+2H_2O$	-1.553
$V^{3+}+2e \Longrightarrow V^{2+}$	-0.255	$ZrO(OH)_2+2H_2O+4e \Longrightarrow Zr+4OH^-$	-2.36

配离子的稳定常数(298.15K)

配离子	$K_稳$	配离子	$K_稳$
$[AuCl_2]^+$	6.3×10^9	$[Co(en)_3]^{2+}$	8.69×10^{13}
$[CdCl_4]^{2-}$	6.33×10^2	$[Co(en)_3]^{3+}$	4.90×10^{48}
$[CuCl_3]^{2-}$	5.0×10^5	$[Cr(en)_2]^{2+}$	1.55×10^9
$[CuCl_2]^{2-}$	3.1×10^5	$[Cu(en)_2]^+$	6.33×10^{10}
$[FeCl]^+$	2.29	$[Cu(en)_3]^{2+}$	1.0×10^{21}
$[FeCl_4]^-$	1.02	$[Fe(en)_3]^{2+}$	5.00×10^9
$[HgCl_4]^{2-}$	1.17×10^{15}	$[Hg(en)_2]^{2+}$	2.00×10^{23}
$[PbCl_4]^{2-}$	39.8	$[Mn(en)_3]^{2+}$	4.67×10^5
$[PtCl_4]^{2-}$	1.0×10^{16}	$[Ni(en)_3]^{2+}$	2.14×10^{18}
$[SnCl_4]^{2-}$	30.2	$[Zn(en)_3]^{2+}$	1.29×10^{14}
$[ZnCl_4]^{2-}$	1.58	$[AlF_6]^{3-}$	6.94×10^{19}
$[Ag(CN)_2]^-$	1.3×10^{21}	$[FeF_6]^{3-}$	1.0×10^{16}
$[Ag(CN)_4]^{3-}$	4.0×10^{20}	$[AgI_3]^{2-}$	4.78×10^{13}
$[Au(CN)_2]^-$	2.0×10^{38}	$[AgI_2]^-$	5.94×10^{11}
$[Cd(CN)_4]^{2-}$	6.02×10^{18}	$[CdI_4]^{2-}$	2.57×10^5
$[Cu(CN)_2]^-$	1.0×10^{16}	$[CuI_2]^-$	7.09×10^8
$[Cu(CN)_4]^{3-}$	2.00×10^{30}	$[PbI_4]^{2-}$	2.95×10^4
$[Fe(CN)_6]^{4-}$	1.0×10^{35}	$[HgI_4]^{2-}$	6.76×10^{29}
$[Fe(CN)_6]^{3-}$	1.0×10^{42}	$[Ag(NH_3)_2]^+$	1.12×10^7
$[Hg(CN)_4]^{2-}$	2.5×10^{41}	$[Cd(NH_3)_6]^{2+}$	1.38×10^5
$[Ni(CN)_4]^{2-}$	2.0×10^{31}	$[Cd(NH_3)_4]^{2+}$	1.32×10^7
$[Zn(CN)_4]^{2-}$	5.0×10^{16}	$[Co(NH_3)_6]^{3+}$	1.58×10^{35}
$[Ag(SCN)_4]^{3-}$	1.20×10^{10}	$[Cu(NH_3)_2]^+$	7.25×10^{10}
$[Ag(SCN)_2]^-$	3.72×10^7	$[Cu(NH_3)_4]^{2+}$	2.09×10^{13}
$[Au(SCN)_4]^{3-}$	1.0×10^{42}	$[Fe(NH_3)_2]^{2+}$	1.6×10^2
$[Au(SCN)_2]^-$	1.0×10^{23}	$[Hg(NH_3)_4]^{2+}$	1.90×10^{19}
$[Cd(SCN)_4]^{2-}$	3.98×10^3	$[Mg(NH_3)_2]^{2+}$	20
$[Co(SCN)_4]^{2-}$	1.00×10^5	$[Ni(NH_3)_6]^{2+}$	5.49×10^8
$[Cr(NCS)_2]^+$	9.52×10^2	$[Ni(NH_3)_4]^{2+}$	9.09×10^7
$[Cu(SCN)_2]^-$	1.51×10^5	$[Pt(NH_3)_6]^{2+}$	2.00×10^{35}
$[Fe(NCS)_2]^+$	2.29×10^3	$[Zn(NH_3)_4]^{2+}$	2.88×10^9
$[Hg(SCN)_4]^{2-}$	1.70×10^{21}	$[Al(OH)_4]^-$	1.07×10^{33}
$[Ni(SCN)_3]^-$	64.5	$[Bi(OH)_4]^-$	1.59×10^{35}
$[AgEDTA]^{3-}$	2.09×10^5	$[Cd(OH)_4]^{2-}$	4.17×10^8

续表

配离子	$K_稳$	配离子	$K_稳$
$[AlEDTA]^-$	1.29×10^{16}	$[Cr(OH)_4]^-$	7.94×10^{29}
$[CaEDTA]^{2-}$	1.0×10^{11}	$[Cu(OH)_4]^{2-}$	3.16×10^{18}
$[CdEDTA]^{2-}$	2.5×10^7	$[Fe(OH)_4]^{2-}$	3.80×10^8
$[CoEDTA]^{2-}$	2.04×10^{16}	$[Ca(P_2O_7)]^{2-}$	4.0×10^4
$[CoEDTA]^-$	1.0×10^{36}	$[Cd(P_2O_7)]^{2-}$	4.0×10^5
$[CuEDTA]^{2-}$	5.0×10^{18}	$[Cu(P_2O_7)]^{2-}$	1.0×10^8
$[FeEDTA]^{2-}$	2.14×10^{14}	$[Pb(P_2O_7)]^{2-}$	2.0×10^5
$[FeEDTA]^-$	1.70×10^{24}	$[Ni(P_2O_7)_2]^{6-}$	2.5×10^2
$[HgEDTA]^{2-}$	6.33×10^{21}	$[Ag(S_2O_3)]^-$	6.62×10^8
$[MgEDTA]^{2-}$	4.37×10^8	$[Ag(S_2O_3)_2]^{3-}$	2.88×10^{13}
$[MnEDTA]^{2-}$	6.3×10^{13}	$[Cd(S_2O_3)_2]^{2-}$	2.75×10^6
$[NiEDTA]^{2-}$	3.64×10^{18}	$[Cu(S_2O_3)_2]^{3-}$	1.66×10^{12}
$[ZnEDTA]^{2-}$	2.5×10^{16}	$[Pb(S_2O_3)_2]^{2-}$	1.35×10^5
$[Ag(en)_2]^+$	5.00×10^7	$[Hg(S_2O_3)_4]^{6-}$	1.74×10^{33}
$[Cd(en)_3]^{2+}$	1.20×10^{12}	$[Hg(S_2O_3)_2]^{2-}$	2.75×10^{29}

常用缓冲溶液的配制和 pH

缓冲液组成	配制方法	pH
氨基乙酸－盐酸	在 500ml 水中溶解氨基乙酸150g，加80ml 浓盐酸，再加水稀释至1L	2.3
一氯乙酸－氢氧化钠	在 200ml 水中溶解 200g 一氯乙酸后，加 40g NaOH 溶解后，再加水稀释至1L	2.8
邻苯二甲酸氢钾－盐酸	将 25.0ml 0.2mol/L 的邻苯二甲酸氢钾溶液与 6.0ml 0.1mol/L HCl 混合均匀，加水稀释至 100 ml	3.6
醋酸铵－醋酸	在 200ml 水中溶解 77g 醋酸铵，加59ml 冰醋酸，加水稀释至1L	4.5
醋酸钠－醋酸	160g 无水醋酸钠溶于水中，加60ml 冰醋酸，加水稀释至1L	5.0
六次甲基四胺－盐酸	在 200ml 水中溶解 40g 六次甲基四胺 40g，加浓 HCl 10ml，加水稀释至1L	5.4
磷酸二氢钾－氢氧化钠	将 25.0ml 0.2mol/L 的磷酸二氢钾与 23.6ml 0.1mol/L NaOH 混合均匀，加水稀释至100ml	6.8
硼酸－氯化钾－氢氧化钠	将 25.0ml 0.2mol/L 的硼酸－氯化钾与 4.0ml 0.1mol/L NaOH 混合均匀，加水稀释至100ml	8.0
氯化铵－氨水	将 0.1mol/L 氯化铵与 0.1mol/L 氨水以 2∶1 比例混合均匀	9.1
硼酸－氯化钾－氢氧化钠	将 25.0ml 0.2mol/L 的硼酸－氯化钾与 43.9ml 0.1mol/L NaOH 混合均匀，加水稀释至100ml	10.0
氨基乙酸－氯化钠－氢氧化钠	将 49.0ml 0.1mol/L 氨基乙酸－氯化钠与 51.0ml 0.1mol/L NaOH 混合均匀	11.6
磷酸氢二钠－氢氧化钠	将 50.0ml 0.05mol/L Na_2HPO_4 与 26.9ml 0.1 mol/L NaOH 混合均匀，加水稀释至100ml	12.0

（蒋　文）

参考文献

[1] 姜斌，夏振展. 医用化学 [M]. 北京：科学出版社，2018.

[2] 叶国华. 无机化学 [M]. 北京：中国中医药出版社，2015.

[3] 蔡自由，叶国华. 无机化学 [M]. 3版. 北京：中国医药科技出版社，2017.

[4] 张雪昀，董会钰，俞晨秀. 基础化学 [M]. 北京：中国医药科技出版社，2019.

[5] 李远蓉. 舌尖上的化学 [M]. 北京：化学工业出版社，2016.

[6] 冯务群. 无机化学 [M]. 3版. 北京：人民卫生出版社，2014.

[7] 张天蓝，姜凤超. 无机化学 [M]. 7版. 北京：人民卫生出版社，2016.

[8] 石宝珏，宋守正. 基础化学 [M]. 北京：人民卫生出版社，2015.

[9] 石宝珏，刘俊萍. 医用化学基础 [M]. 2版. 北京：高等教育出版社，2020.

[10] 林珍. 无机化学基础 [M]. 北京：中国中医药出版社，2013.

[11] 丁秋玲. 无机化学 [M]. 2版. 北京：人民卫生出版社，2008.

[12] 潘道皑，赵成大，郑载兴. 物质结构 [M]. 北京：高等教育出版社，1990.

[13] 徐光宪，黎乐民. 量子化学（基本原理和从头计算法）[M]. 北京：科学出版社，1980.

[14] 魏祖期，刘德育. 基础化学 [M]. 北京：人民卫生出版社，2013.

[15] 刘德育，刘有训. 无机化学 [M]. 北京：科学出版社，2009.

[16] 傅春华，黄月君. 基础化学 [M]. 3版. 北京：人民卫生出版社，2018

[17] 牛秀明，林珍. 无机化学 [M]. 3版. 北京：人民卫生出版社，2018.

[18] 刘斌，付洪涛. 无机化学 [M]. 北京：人民卫生出版社，2015.

[19] 傅春华. 基础化学 [M]. 2版. 北京：人民卫生出版社，2013.

元素周期表

图例说明:

- 原子序数 → 92 U
- 元素符号,红色指放射性元素
- 元素名称 注*的是人造元素 → 铀
- 外围电子层排布,括号指可能的电子层排布 → 5f³6d¹7s²
- 相对原子质量(加括号的数据为该放射性元素半衰期最长同位素的质量数) → 238.0

金 属 | 稀有气体
非金属 | 过渡元素

族 周期	ⅠA 1	ⅡA 2	ⅢB 3	ⅣB 4	ⅤB 5	ⅥB 6	ⅦB 7	ⅧB 8	ⅧB 9	ⅧB 10	ⅠB 11	ⅡB 12	ⅢA 13	ⅣA 14	ⅤA 15	ⅥA 16	ⅦA 17	0 18	电子层	0族电子数
1	1 H 氢 1s¹ 1.008																	2 He 氦 1s² 4.003	K	2
2	3 Li 锂 2s¹ 6.941	4 Be 铍 2s² 9.012											5 B 硼 2s²2p¹ 10.81	6 C 碳 2s²2p² 12.01	7 N 氮 2s²2p³ 14.01	8 O 氧 2s²2p⁴ 16.00	9 F 氟 2s²2p⁵ 19.00	10 Ne 氖 2s²2p⁶ 20.18	L K	8 2
3	11 Na 钠 3s¹ 22.99	12 Mg 镁 3s² 24.31											13 Al 铝 3s²3p¹ 26.98	14 Si 硅 3s²3p² 28.09	15 P 磷 3s²3p³ 30.96	16 S 硫 3s²3p⁴ 32.06	17 Cl 氯 3s²3p⁵ 35.45	18 Ar 氩 3s²3p⁶ 39.95	M L K	8 8 2
4	19 K 钾 4s¹ 39.10	20 Ca 钙 4s² 40.08	21 Sc 钪 3d¹4s² 44.96	22 Ti 钛 3d²4s² 47.87	23 V 钒 3d³4s² 50.94	24 Cr 铬 3d⁵4s¹ 52.00	25 Mn 锰 3d⁵4s² 54.94	26 Fe 铁 3d⁶4s² 55.85	27 Co 钴 3d⁷4s² 58.93	28 Ni 镍 3d⁸4s² 58.69	29 Cu 铜 3d¹⁰4s¹ 63.55	30 Zn 锌 3d¹⁰4s² 65.39	31 Ga 镓 4s²4p¹ 69.72	32 Ge 锗 4s²4p² 72.64	33 As 砷 4s²4p³ 74.92	34 Se 硒 4s²4p⁴ 78.96	35 Br 溴 4s²4p⁵ 79.90	36 Kr 氪 4s²4p⁶ 83.80	N M L K	8 18 8 2
5	37 Rb 铷 5s¹ 85.47	38 Sr 锶 5s² 87.62	39 Y 钇 4d¹5s² 88.91	40 Zr 锆 4d²5s² 91.22	41 Nb 铌 4d⁴5s¹ 92.91	42 Mo 钼 4d⁵5s¹ 95.94	43 Tc 锝 4d⁵5s² [98]	44 Ru 钌 4d⁷5s¹ 101.1	45 Rh 铑 4d⁸5s¹ 102.9	46 Pd 钯 4d¹⁰ 106.4	47 Ag 银 4d¹⁰5s¹ 107.9	48 Cd 镉 4d¹⁰5s² 112.4	49 In 铟 5s²5p¹ 114.8	50 Sn 锡 5s²5p² 118.7	51 Sb 锑 5s²5p³ 121.8	52 Te 碲 5s²5p⁴ 127.6	53 I 碘 5s²5p⁵ 126.9	54 Xe 氙 5s²5p⁶ 131.3	O N M L K	8 18 18 8 2
6	55 Cs 铯 6s¹ 132.9	56 Ba 钡 6s² 137.3	57~71 La~Lu 镧系	72 Hf 铪 5d²6s² 178.5	73 Ta 钽 5d³6s² 180.9	74 W 钨 5d⁴6s² 183.8	75 Re 铼 5d⁵6s² 186.2	76 Os 锇 5d⁶6s² 190.2	77 Ir 铱 5d⁷6s² 192.2	78 Pt 铂 5d⁹6s¹ 195.1	79 Au 金 5d¹⁰6s¹ 197.0	80 Hg 汞 5d¹⁰6s² 200.6	81 Tl 铊 6s²6p¹ 204.4	82 Pb 铅 6s²6p² 207.2	83 Bi 铋 6s²6p³ 209.0	84 Po 钋 6s²6p⁴ [209]	85 At 砹 6s²6p⁵ [210]	86 Rn 氡 6s²6p⁶ [222]	P O N M L K	8 18 32 18 8 2
7	87 Fr 钫 7s¹ [223]	88 Ra 镭 7s² [226]	89~103 Ac~Lr 锕系	104 Rf 𬬻* (6d²7s²) [261]	105 Db 𬭊* (6d³7s²) [262]	106 Sg 𬭳* (6d⁴7s²) [263]	107 Bh 𬭛* (6d⁵7s²) [264]	108 Hs 𬭶* (6d⁶7s²) [265]	109 Mt 鿏* (6d⁷7s²) [268]	110 Ds 𫟼* [269]	111 Rg 𬬭* [272]	112 Cn 鿔* [277]	113 Nh 鿭* [284]	114 Fl 𫓧* [289]	115 Mc 镆* [288]	116 Lv 𫟷* [293]	117 Ts 鿬* [294]	118 Og 鿫* [294]		

镧系	57 La 镧 5d¹6s² 138.9	58 Ce 铈 4f¹5d¹6s² 140.1	59 Pr 镨 4f³6s² 140.9	60 Nd 钕 4f⁴6s² 144.2	61 Pm 钷 4f⁵6s² [145]	62 Sm 钐 4f⁶6s² 150.4	63 Eu 铕 4f⁷6s² 152.0	64 Gd 钆 4f⁷5d¹6s² 157.3	65 Tb 铽 4f⁹6s² 158.9	66 Dy 镝 4f¹⁰6s² 162.5	67 Ho 钬 4f¹¹6s² 164.9	68 Er 铒 4f¹²6s² 167.3	69 Tm 铥 4f¹³6s² 168.9	70 Yb 镱 4f¹⁴6s² 173.0	71 Lu 镥 4f¹⁴5d¹6s² 175.0
锕系	89 Ac 锕 6d¹7s² [227]	90 Th 钍 6d²7s² 232.0	91 Pa 镤 5f²6d¹7s² 231.0	92 U 铀 5f³6d¹7s² 238.0	93 Np 镎 5f⁴6d¹7s² [237]	94 Pu 钚 5f⁶7s² [244]	95 Am 镅* 5f⁷7s² [243]	96 Cm 锔* 5f⁷6d¹7s² [247]	97 Bk 锫* 5f⁹7s² [247]	98 Cf 锎* 5f¹⁰7s² [251]	99 Es 锿* 5f¹¹7s² [252]	100 Fm 镄* 5f¹²7s² [257]	101 Md 钔* 5f¹³7s² [258]	102 No 锘* 5f¹⁴7s² [259]	103 Lr 铹* 5f¹⁴6d¹7s² [262]

注:相对原子质量录自1999年国际原子量表,并全部取4位有效数字。